计算机监控系统的仿真开发

Simulated Development Practice on Computer Monitoring System

马玉春　著

国防工业出版社

·北京·

内 容 简 介

本书是作者十余年从事计算机监控项目开发和理论研究的结晶,以自主研发的基于泓格科技实物的软件仿真模块和辅助工具为基础,可以无成本搭建支持多种通信模式的可裁剪的计算机监控系统仿真开发平台,并提供了快速开发计算机监控系统的主控机和受控机软件包及系统测试工具。本书可以作为大专院校低年级学生的 Visual Basic 2010 程序设计教材、高年级学生的选修课教材和课程设计与毕业设计综合实训的参考书,也可为计算机与自动控制专业相关的工程技术人员及硕士研究生从事项目研发时提供技术方案参考。

图书在版编目(CIP)数据

计算机监控系统的仿真开发/马玉春著. —北京:国防工业出版社,2015.2
ISBN 978 - 7 - 118 - 09949 - 2

Ⅰ.①计… Ⅱ.①马… Ⅲ.①计算机监控系统 - 系统仿真 Ⅳ.①TP277

中国版本图书馆 CIP 数据核字(2015)第 018957 号

※

*国防工业出版社*出版发行

(北京市海淀区紫竹院南路 23 号 邮政编码 100048)
北京奥鑫印刷厂印刷
新华书店经售

*

开本 787×1092 1/16 印张 21¾ 字数 483 千字
2015 年 2 月第 1 版第 1 次印刷 印数 1—4000 册 定价 48.00 元(含光盘)

(本书如有印装错误,我社负责调换)

国防书店:(010)88540777 发行邮购:(010)88540776
发行传真:(010)88540755 发行业务:(010)88540717

前　　言

《国务院关于加快发展现代职业教育的决定》指出,要引导普通本科高等学校转型发展,采取试点推动、示范引领等方式,引导一批普通本科高等学校向应用技术类型高等学校转型,重点举办本科职业教育。推进人才培养模式创新,坚持校企合作、工学结合,强化教学、学习、实训相融合的教育教学活动。推行项目教学、案例教学、工作过程导向教学等教学模式。引导全社会确立尊重劳动、尊重知识、尊重技术、尊重创新的观念,促进形成"崇尚一技之长、不唯学历凭能力"的社会氛围,提高职业教育社会影响力和吸引力。计算机监控系统集成了计算机软件、硬件和信息通信系统,综合了计算机相关专业的多门核心课程的知识点,学习计算机监控技术,有助于提高知识的综合应用水平,培养一技之长。

本书的积累过程与应用前景

作者在江苏理工大学读研期间师从赵跃华教授,参与研发了世界银行贷款的"浙江省钱塘江大型泵站监控系统"、国家大型水利工程"引滦入津——天津尔王庄泵站监控系统"。由于具有工程项目经验,硕士毕业后顺利进京工作,并在北京邮电通信设备厂主持完成400万元的"杭甬温数字微波电路高山无人站电源监控系统"。作者从北京理工大学博士毕业后进入高校任教,为了培养学生的工程项目经验,研发了一系列软件仿真模块、辅助工具和通用多功能计算机监控系统测试软件,可以无成本(计算机、接口转换器及连接电缆除外)搭建支持多种通信模式的可裁剪的计算机监控系统仿真开发平台。此教学成果先后在燕山大学、东北大学、海南软件职业技术学院、宁德师范学院、龙岩学院和仰恩大学举办讲座,并在仰恩大学创建了计算机监控系统开发与实战实验室。

最简单的计算机监控系统由分别运行于两台计算机上的一个软件仿真模块和主控程序组成,通过 RS-485 接口连接。在这个系统上,可以尝试 C 语言和 .NET 语言的软件开发、计算机接口、数据编码与校验方法、数据库的使用等。任课教师可以先演示程序的运行,展示声光效果,激发学生的兴趣。然后,让学生操作、模仿和改进。在此基础之上,可以使用其他通信模式,可以增加模块建立网络,甚至使用无线传感器网络。提供的仿真环境充分利用了计算机比较普及的优势,让教师在计算机房增加工程研发经验,在一定程度上培养了有企业工程背景的教师;让学生在宿舍积累工程研发经验,在某种意义上达到了让学生到企业实践,进行项目实训的效果。

作者长期从事计算机监控技术的项目研发与应用研究,发表论文 70 余篇,出版专著 2 部,这些成果被国内外同仁他引 300 篇次以上。本书是作者最新科研成果的结晶,所有软件仿真模块、辅助工具、测试软件以及主控软件都采用微软公司免费的 Visual Basic 2010 速成版开发完成,受控软件采用 C 语言开发完成。本书的主要章节都配有精心设计的简捷的实例,解释详尽,通俗易懂,所有代码都经过了严格的测试。通过理论与实践的比对,可以让读者在轻松模仿实例、边学边做的同时,循序渐进地掌握开发工具的使用方法与使用技巧,并具备独立承担工程项目的能力。

本书的主要内容

本书是作者前后 10 余年的应用实践与理论研究的结晶。第 1 章"概述",主要介绍计算机监控系统的基本概念、主要通信接口与通信协议以及仿真开发实验室的搭建方法。第 2 章"软件仿真模块和常用工具",从实际的硬件实例出发,介绍了通用多功能计算机监控系统测试软件的使用方法,接着介绍了泓格科技 I – 7065D、M – 7065D 和 I – 7013D 实物软件仿真模块,然后介绍了基于 TCP 客户机的计算机监控系统测试软件,最后介绍了 RS – 232 / RJ – 45 接口转换软件。第 2 章的仿真模块和辅助工具可用于搭建支持多种通信模式的可裁剪的计算机监控系统仿真开发平台,两个测试工具可以对系统进行测试。仿真开发实验室可用于新生的入学介绍,形象具体,有助于激发学生的学习兴趣,树立学习目标。由于搭建仿真开发平台的软件及主控软件都是采用 Visual Basic 2010 速成版开发完成,随后详细介绍了该开发工具的使用与编程技巧,并突出了与计算机监控系统相关的技术。

第一部分(第 3 ~ 7 章)首先介绍了 Visual Basic 2010 的开发环境、插入代码段、程序的编写、调试以及如何寻求帮助和提高编程水平的心得体会。接着讲解界面设计,涉及常用控件的使用方法。图形程序设计是绘制计算机监控系统中的实时曲线,以及增加程序的美观和动态效果的有效手段,该部分介绍了坐标变换、绘制各种形状及实时曲线等内容。My 命名空间对于提高编程效率非常有用,其中的方法可以用来方便地访问资源元素、播放音频、访问用户设置、读写文件等。随后介绍了常用的编程技巧,包括消息框、对话框、环境变量、String 类的使用、时间与日期的处理、可变数组与控件数组的使用以及多线程的实现和调试内容的输出等内容。这部分内容可以作为第三学期"Visual Basic 2010程序设计"的教学内容,建议 18 学时的理论授课和 18 学时的实验上机,在引导学生学习可视化编程的过程中,为学生的综合训练打开一扇窗。

第二部分(第 8 ~ 11 章)首先介绍了数据库基础及 ADO. NET 的基本原理及简单的数据库操作技术,随后介绍了作者创建的 Access 数据库类,可以方便地用于检索和更新各个版本的 Access 数据库。数据库的显示与操作是应用程序编程中的重要内容,作者创建的 DataGridView 模板可以方便地处理 Access 数据库,程序界面代码可以自动生成,省却了程序员调整界面的麻烦。Windows 事务提醒程序是一个比较综合的数据库应用程序,主要利用了 Access 数据库类和 DataGridView 模板,可以用来提醒用户,避免用户遗忘重要事务。这部分内容可以作为"数据库系统原理"课程设计的主要参考资料。

第三部分(第 12 ~ 15 章)是一个完整独到的基于 Visual Basic 2010 的串行通信解决方案,是作者从事多项大型计算机监控系统研发和长期理论研究的软件结晶。数据编码与处理技术主要涉及字节、字符(包括汉字)与十六进制字符串之间的相互转换,随机字节(数组)的生成,字节的置位与复位技术等,可以用于各种场合,包括对手机短信的编码与解码。数据包的校验技术以数据编码与处理技术为基础,提供异或、累加和、循环冗余与累加求补四种校验方式,可以用来对串行通信协议和 TCP/IP 协议中的数据包进行校验。串口操作技术则以编码和校验技术为基础,除了打开、关闭串口的功能外,还可以发送指定校验码和结尾码的数据包,读取串口数据也极其简单可靠。办公电话自动拨号程序是基于 Modem 的串口操作技术,可以自动判断内线、市话和长途电话,自动添加外线号码和 IP 号码,拨打电话非常方便,而且,可以自动登记拨打电话的历史记录。这部分内容可用于计算机接口的课程设计。

第四部分(第 16～17 章)的 .NET 网络通信解决方案,首先在 TcpClient 类的基础之上创建了自定义 TCP 客户机类,充实了 TcpClient 类的状态并添加了事件,在此基础之上又设计了一个通用 TCP 客户机程序。同理,在 TcpListener 类的基础之上创建了自定义服务器类,又设计了一个通用 TCP 服务器程序。由于提供了事件处理,使用这两个类可以快速方便地构建 TCP 客户机与服务器程序。这部分内容可用于计算机网络的课程设计,也可作为毕业设计的技术素材。

第五部分(第 18～19 章)是主控机与受控机软件开发实例。主控机软件开发部分分别介绍了模块工作参数设置软件,可以便捷地设置模块参数,方便项目研发;模块地址查找软件,在忘记模块地址的情况下,不需要进入 INIT 模式即可快速查找其地址;然后依次介绍了对泓格科技 M－7065D、I－7065D 和 I－7013D 模块的监控方法,并实现了数据的快速接收与处理。受控机软件的 C 语言解决方案是对“.NET 串行通信解决方案”的 C 语言描述,详细介绍了用 C 语言实现数据编码与处理、数据包的校验以及串口操作,最后给出了一个应用实例,并对代码做了分析。这部分内容既可用于 C 语言课程设计,计算机接口课程设计,经过变通后也可用于单片机编程。

附录 A 以 7188E5－485 嵌入式系统模块为例,介绍了计算机监控系统的开发步骤。该部分内容综合了本书大部分知识点,所完成的系统已经在仰恩大学计算机监控系统开发与实战实验室投入运行,本书提供了全部优化后的代码。这部分内容可以作为毕业设计的选题。

为什么选用泓格科技的产品

泓格科技是一家国际化的公司,成立于 1993 年,以 PC based I/O 卡为最初的研发产品线。1998 年,公司将整个研发重心移到了各种嵌入式控制器、远程 I/O 模块等产品线。经过多年的努力经营,在中国市场已经站稳 PAC 产品领跑者的地位。目前总公司位于台湾新竹工业区,在中国大陆以上海为总部,在北京、哈尔滨、武汉、成都、深圳和南京等地设有办事处。并在德国成立了 ICP DAS Europe,在美国成立了 ICP DAS USA 等服务网点,全世界的经销伙伴不下 100 家。

作者在北京邮电通信设备厂主持完成的“杭甬温数字微波电路高山无人站电源监控系统”主要采用了泓格科技的产品;最近又在仰恩大学创建了计算机监控系统开发与实战实验室,全部采用泓格科技的产品。为此积累了丰富的关于泓格科技产品的研发经验,同时,泓格科技产品可靠性较高,服务到位,所以,以泓格科技产品为例研发了实物仿真模块。但是,本书的技术综合了多个工程项目的经验,也可以很好地适用于泓格科技以外的硬件产品。

谁应该阅读本书

- 在校大专院校学生：本书综合了计算机相关专业的多门主干课程，人手一册，可以在求学的各个阶段学到实用技术。早一日掌握一技之长，早一日找到理想的工作。
- 本科毕业班学生和工程硕士研究生：利用本书的软件可以搭建支持多种通信模式的可裁剪的仿真开发平台，简单的可用于本科毕业设计，复杂的可用于工程硕士毕业论文。
- 高校教师：利用本书授课，不但可以给学生传授实践技能，而且可以丰富自己的工程经验，有利于发表论文、承接横向项目和申报纵向项目；利用本书指导本科毕业设计，省力省心高效。
- 硕士研究生：研究生与导师一起从事计算机监控项目的研发，本书完整独特的串行通信解决方案和网络通信技术，无疑非常有帮助。
- 工程技术人员：阅读本书可以快速提升自己的价值和地位，利用本书提供的通用源代码开发项目，可以节省时间，增强系统的可靠性。

本书的特色

- 自主知识产权：建立在自主研发的软件仿真模块及辅助工具和测试软件之上。
- 编排合理：先介绍概念、工具使用、主要技术，最后介绍综合实例与模型。
- 例程丰富：主要章节都配有实例，且解释详尽，通俗易懂，便于模仿。
- 自定义数据库类：方便用户快速创建数据库管理程序，方便检索和更新。
- DataGridView 模板：方便用户显示和操作数据库，且自动生成界面代码。
- 独特的串行通信解决方案：可以直接应用于计算机监控系统。
- 网络编程：提供支持事件的 TCP 客户机与服务器类，可快速构建网络程序。
- 真实的英文原版硬件与软件用户手册，全方位锻炼学生的工程实践能力。
- 真实的受控机系统展示，多种通信模式的主控机系统实现，提供全部源代码。

本书的学习方法

本书的主要章节都有源代码实例，阅读章节内容时，首先打开相应的例程，一边操作例程，一边学习书本知识。遇到有疑问的地方，则设置断点跟踪程序的运行，如此弄清程序的逻辑。光盘中的子目录名与每章内容相对应，以 Ch 开头，后跟章的序号。VB_NET 文件夹中存放的是通用 Visual Basic 2010 源代码，Classes 子文件夹中存放的是自定义数据库类、TCP 客户机类和服务器类；Modules 子文件夹中存放的是常用模块，包括串行通信解决方案相关的模块、文件操作与 BASE64 编码模块等；DataGridView_ACCESS 子文件夹中存放的是 DataGridView 模板。对于容易引起歧义的章节，都在子目录下用 ReadMe. txt 文件进行了简短的说明。另外，每章后面都有"教学提示"，帮助教师做好教学工作，进一步辅导学生领会本章的学习方法。

致　谢

本书的技术积累先后得到中国高等教育学会"十一五"教育科学研究规划课题(批准号:06AIJ0240070)、海南省自然科学基金项目(编号:610225)、2010—2011年海南省高等学校计算机类课程教学改革项目(编号:HJJSJ2010 – 19)、琼州学院学科带头人和博士科研启动基金项目(编号:QYXB201007)、海南省"十二五"规划首批高等学校优秀中青年骨干教师基金和三亚市院地科技合作项目(批准号:2013YD29)等的资助。江苏迪杰特教育科技有限公司总裁吕启辉先生热衷教育事业,对本书的技术非常感兴趣,并无偿提供了一定的资助。

特别感谢教育部计算机科学与技术专业教学指导委员会委员、厦门大学教授赵致琢博士。赵老师曾荣获国家教学成果二等奖,在仰恩大学做教学试点时力推创建计算机监控系统研发创新实验室,并对实验室方案给予了指导。上海金泓格国际贸易有限公司深圳分公司李志先生无偿外借了相关模块,使得作者能够按时完成实验室软件的研发。厦门恒泰克公司韩结荣先生负责硬件系统设计,实施前多次与作者沟通改进方案,实施后配合作者进行系统调试。同事苑囡囡老师、刘明老师、陈美伊老师和孙冰老师撰写了本书的部分章节,并参与了部分程序的调试。在此对所有为本书顺利出版做出贡献的各位同仁表示衷心的感谢。

声　明

　　本书中的所有应用程序或软件工具都是作者独立开发,已经或正在申报软件著作权,软件的使用仅限于购买了本书的读者本人或已经取得作者或出版社授权的单位,未经许可不得以任何形式复制传播。作者所使用的操作系统为 Windows 7 Service Pack 1 版本,不同的操作系统程序界面可能会有所差别。由于学识有限,书中不足和疏漏之处在所难免,请读者不吝赐教,以便于作者进一步完善(walker_ma@163.com)。

马玉春

2014 年 9 月 14 日下午

于三亚

目　　录

第一部分　编程基础与技巧

第 3 章　Visual Basic 2010 入门 ·· 32

第 4 章　界面设计 ··· 48

第二部分　数据库操作技术

第三部分　.NET 串行通信解决方案

第四部分　.NET 网络通信解决方案

第五部分　主控机与受控机软件开发实例

第1章 概 述

计算机监控系统集成了计算机软件、硬件和信息通信系统，并广泛应用于安防、消防、军事、工业控制、航空航天、高速公路监控等众多领域。目前中国软件产业的发展，既有软件人才在数量上供不应求的问题，更有质量上结构不合理的问题，现在缺少的是多层次、复合型、交叉型、国际化的软件人才。随着信息技术产业的不断发展，作为其核心和灵魂的软件产业越来越受到各个国家的重视，软件产业已经成为关系到国家经济和社会发展的重点战略性产业之一。只要能够独立研发计算机监控系统，具备计算机软件、硬件和信息通信系统相关的技能和理论基础，都可以成为一个复合型软件人才，在国民经济建设和社会信息化发展中找到自己的位置。

1.1 计算机监控系统的概念与主要特点

计算机监控系统是指具有数据采集、传输与处理和对象控制功能的计算机系统，是以监测控制计算机为主体，加上以传感器支撑的检测装置、执行机构与被监测控制的对象共同构成的整体。在这个系统中，计算机直接参与被监控对象的检测、监督和控制，其主要特点如下。

实时性 计算机监控系统是一种实时计算机系统，可以根据采集到的数据，立即采取相应的动作。例如，检测到化学反应罐的压力超限，可以立即打开减压阀，这样就避免了爆炸的危险。实时性是区别于普通计算机系统的关键特点，也是衡量计算机监控系统性能的一个重要指标。

可靠性 计算机监控系统的可靠性是指系统无故障运行的能力。在监控过程中即使系统由于其他原因出现故障错误，计算机系统仍能作出实时响应并记录完整的数据。可靠性常用"平均无故障运行时间"，即平均的故障间隔时间来定量地衡量。在设计计算机监控系统的时候，应充分考虑系统运行的健壮性。

可维护性 可维护性是指进行维护工作时的方便快捷程度。计算机监控系统的故障会影响正常的操作，有时会大面积地影响监控过程的进行，甚至使整个过程瘫痪。因此，方便地维护监控系统的正常运行，在最短时间内排除故障，成为计算机监控系统的一个重要特点。可维护性也与硬件、软件等诸多因素有关，要求监控软件具有在线实时诊断程序，可以在不影响系统运行的情况下及时发现故障。对监控系统的维护，可以采取现场或通过 Internet 进行远程维护两种方式。计算机监控系统应该具有紧急手动控制装置，以便于计算机监控系统发生重大故障时进行人工控制和管理。

数据自动采集处理 自动地对被监测对象进行数据采集，能将采集的数据进行分类处理、数学运算、误差修正及工程单位换算等。例如，被监测对象的温度范围为 0～100℃，实际得到的被测数据为 0~255，那么，就需要将实测数据转换为对应温度，进行显示和作出相应的处理。

人机交互　在计算机监控系统中，人机交互的方式应该友好简捷，便于操作，并且有良好的声音提示和一目了然的数据表达模式，特别是数据的动态显示。

通信功能　这里所说的通信，主要是指在监控系统中，计算机与计算机之间、相同类型或不同类型总线之间以及计算机网络之间的信息传输。本书主要涉及串行通信和基于 TCP/IP 协议的网络通信。

信息处理和控制算法　信息处理和控制算法主要是软件工作，这些软件的开发除了和采用的操作系统、软件开发工具有关外，还和硬件(特别是接口部件)以及生产工艺要求有密切关系。同样是针对调制解调器(Modem)的操作，在此型号的 Modem 上测试通过的软件，换一个 Modem，未必能通过。在开发软件产品时，必须反复调试，确保软件的健壮性。

管理功能　大多数监控系统建立了相应的数据库，兼有办公管理或工程管理的功能，可以根据要求统计、分析和打印各种报表。对于重要情况，可以实时通过短信或邮件来通知系统管理员。

自动运行　能按预先设计好的策略自动运行。如有特殊要求，操作人员可以更改程序自动运行的规则，以后按照新的规则运行。在自动运行状态，可以不需要人工的介入。

自动报警　监控系统本身应该具有故障诊断、报警的功能，对监测对象的设备或工艺运行参数进行监视，如超过了设计规定值，能进行自动报警。报警有多种方式，如声音报警、电子邮件报警、短信报警等，并登记相关事件。

自动调度决策　有的系统能按一定的工艺模型运行，自动选择测试、监控项目，使被监控对象处于最佳状态。如浙江省钱塘江大型泵站监控系统，通过调整泵的叶轮角度，来达到节能目的。

1.2　计算机监控系统的应用

在电力系统中的应用　计算机监控系统在电力系统中应用时间较早，规模也比较大，尤其是华东、华北和东北等各大电力系统总调监控系统，当时都是引进世界先进水平的系统。现在，各省、区，各供电局、供电所都有监控系统，无人值班变电所也开始运行。

在交通监控系统中的应用　在交通运输行业应用计算机监控系统发展很快，如机动车辆智能收费系统、高速公路交通监控系统、移动巡警车等。其中的智能交通系统发展较快，可以对交通流量进行计算机监控和调度，已成了当前的研究热点。

在消防监控系统中的应用　随着生活水平的提高，电气设备的增多，高层及超高层建筑的增加以及商场超市等群众聚集场所规模的迅速扩大，消防安全的重要性越来越突出，越来越多的新型建筑采用了智能消防系统。它由两部分构成，一部分是火灾自动报警系统，与消防指挥调度中心联网；另一部分是联动灭火系统，即执行系统。这种智能消防系统能及时发现建筑的火灾隐患，采取相应措施，避免损失。

在各行业中的应用　计算机监控系统广泛应用于钢铁、化工、环保、国防、航空航天、工业水处理、工矿企业、商业、金融机构、政府机关及教育卫生、住宅、小区等诸多领域，几乎所有行业都不同程度地采用各种测控、监控设备。计算机监控系统已经渗透到每个国家的政治、经济活动的一切领域，甚至管理国家的一切事务。

1.3　计算机监控系统的实例

假设银行金库有 4 道门需要监测，每道门都有一个相应的责任人。如果门的状态发生变化，则需要闭合报警铃的开关发出报警声，同时还需要向责任人发送短信。以台湾泓格科技的产品为例，这里需要 I-7065D 模块一个，如图 1.1 所示，该模块可以采集 4 路开关量，同时可以输出 5 路开关量。

为了使 I-7065D 工作，必须外接电源和 4 个光电传感器用来检测开关量输入，但是，检测到输入开关的变化后，其数据保存在模块内部，另外，输入开关与输出开关没有关联。这就需要一个控制器，即一个主控模块，在里面写程序，定期给 I-7065D 模块发送查询命令，当发现输入开关状态变化时，就执行相应的动作，即向 I-7065D 发送控制命令，控制输出开关闭合或断开，同时再给责任人发送短信。这个控制器可以采用 I-7188E5-485 嵌入式模块(下文简称 7188 模块)，如图 1.2 所示。

图 1.1　I-7065D 模块

图 1.2　I-7188E5-485 模块

7188 模块有 1 个 RS-232 接口、4 个 RS-485 接口和 1 个 RJ-45 接口，用户软件可以采用 C 语言编写，编译成 EXE 文件后下载到本模块中。这个监控实例的系统逻辑图如图 1.3 所示，主控机可以用工业控制计算机充当，用户程序在主控机中完成开发，通过 RJ-45(网口)下载到 7188 模块中，由于 7188 中运行了用户软件并实现所有逻辑功能，因而工作过程中，主控机可以参与，也可以不参与。4 个光电传感器将输入开关量传入 I-7065D，I-7065D 的 5 个输出开关实际通过 7188 控制(逻辑关系见图中虚线)，输入开关信号发生变化，可以通过 7188 的 RS-232 接口向责任人发送报警短信。

图 1.3 中，7188 模块充当主控机的受控机。主控机和受控机是相对的，某设备对下一层次的设备来说是主控机，但对上一层次的设备来说又是受控机；在主控机中运行的软件一般称作主控机软件，在受控机中运行的软件一般称作受控机软件。主控机也可称作上位机，受控机也可称作下位机。

7188 模块也相当于一台计算机，但是没有界面。因而，如果发生通信问题，例如，向 I-7065D 发送查询命令没有得到响应，到底是发送命令的格式错误，还是收到数据后的处理出了问题？由于 7188 模块的 RS-485 接口有冗余，可以用来调试系统，即将发送到 I-7065D 模块的命令再发送到另一个端口，收到 I-7065D 响应的数据后再原封不动地发送到其他端口，分别用测试工具接收分析冗余端口的数据，即可找到问题所在。

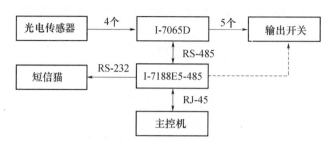

图 1.3　监控实例的系统逻辑图

1.4　串 行 接 口

串行接口(简称串口)一般包括 RS-232/422/485，其技术简单成熟，性能可靠，价格低廉，所要求的软硬件环境或条件都很低，广泛应用于计算机及相关领域，遍及 Modem、串行打印机、各种监控模块、PLC、摄像头云台、数控机床、单片机及相关智能设备，甚至路由器也不例外(可通过串口设置参数)。在计算机监控系统中，受控机一般采用串口与输入/输出(Input/Output，I/O)模块相连，I/O 模块再连接相应的传感器和执行器。

1.4.1　RS-232 接口

RS-232 接口是一种用于近距离(一般在 15m 之内，最长不超过 60m)、慢速度、点对点的通信协议。虽然有 9 根线，但是，只要发送线 TxD、接收线 RxD 和地线 GND 即可工作。在 RS-232 中一个信号只用到一条信号线，采取与地电压参考的方式，因而在长距离传输后，发送端和接收端的对地电压有出入，容易造成通信出错或速度降低。如果采用光电隔离的长线驱动器，也可使通信距离延长至 2000m。RS-232 的最高速率一般可达到 115200 bit/s，通常默认的工作参数为：9600 bit/s，无校验，8 位数据位，1 位停止位。图 1.4 所示是 RS-232 接口的 DB-9 型连接器，其中图 1.4(a)为针状，称作公口；图 1.4(b)为孔状，称作母口。两种接口的针或孔都标有数字 1～9，数字 5 一般对应地线。

(a)　　　　　　　　　　　　　　(b)

图 1.4　DB-9 型连接器

(a) 公口；(b) 母口。

表 1.1 所示是 DB-9 型连接器的引脚说明，分为三类，即联络控制信号线、数据发送与接收线以及地线。表中的 DTE(Data Terminal Equipment)是数据终端设备，是广义的概念，计算机也可以是数据终端。DCE(Data Communications Equipment)是数据通信设备，

用来连接 DTE，Modem 就是典型的 DCE。

表 1.1　DB-9 引脚说明

序号	功能说明	英文缩写	序号	功能说明	英文缩写
1	数据载波检测	DCD	6	DCE 准备好	DSR
2	数据接收	RxD	7	请求发送	RTS
3	发送数据	TxD	8	清除发送	CTS
4	DTE 准备好	DTR	9	振铃	RI
5	信号地	GND			

1．联络控制信号线

数据设备准备好(Data Set Ready，DSR)　其状态为有效，表明 Modem 处于可以使用的状态。

数据终端准备好(Data Terminal Ready，DTR)　其状态为有效，表明数据终端可以使用。

有时将 DSR 与 DTR 连到电源上，一上电就立即有效。这两个设备状态信号有效，只表示设备本身可用，并不说明通信链路可以开始进行通信了，能否开始进行通信要由下面的控制信号决定。

请求发送(Request To Send，RTS)　如果 DTE(如计算机)要向 DCE(如 Modem)发送数据，就使 RTS 有效。

允许发送(Clear To Send，CTS)　如果 Modem 有接收空间，就使 CTS 有效，然后，计算机开始发送数据；否则，如果 Modem 没有接收空间，就不会发送 CTS 有效信号，因而，计算机就不能发送数据。

RTS/CTS 用于半双工 Modem 系统中发送方式和接收方式之间的切换。在全双工系统中，因配置双向通道，故不需要 RTS/CTS 联络信号。

载波数据检测(Data Carrier Detection，DCD)　用来表示 DCE 已经接通通信链路，告知 DTE 准备接收数据。当本地的 Modem 收到由通信链路另一端(远地)的 Modem 送来的载波信号时，使 DCD 有效，通知终端准备接收，并且，由 Modem 将接收下来的载波信号解调成数字量数据后，沿接收数据线 RxD 送到终端。

振铃指示(Ring Indicator，RI)　当 Modem 收到交换台送来的振铃呼叫信号时，使该信号有效，然后通知终端，已被呼叫。

2．数据发送与接收线

发送数据(Transmitted Data，TxD)　通过 TxD 终端将串行数据发送到 Modem。

接收数据(Received Data，RxD)　通过 RxD 终端接收从 Modem 发来的串行数据。

3．地线

地线(Ground，GND)　在两个串口之间传输数据，地线直接相连。

1.4.2　RS-422 与 RS-485 接口

RS-232 作为一种通信标准得到了广泛的应用，但是，通信距离短、速度慢，在一个连接中不能有超过两台以上的设备。为了满足通信发展对更快的速度、更长的连接和多节点连接的需求，RS-422 与 RS-485 应运而生。

RS-422 由 RS-232-C 发展而来，定义了一种平衡通信接口，将传输速率提高到 10 Mbit/s，是一种单机发送、多机接收的单向、平衡传输规范，被命名为 TIA/EIA-422-A 标准。为了扩展应用范围，EIA 又于 1983 年在 RS-422 的基础之上制定了 RS-485 标准，增加了多点、双向通信能力，即允许多个发送器连接到同一条总线上，同时增加了发送器的驱动能力和冲突保护特性，扩展了总线共模范围，后命名为 TIA/EIA-485-A 标准。由于 EIA 提出的建议标准都是以"RS"作为前缀，所以，在通信工业领域，仍然习惯将上述标准以 RS 作前缀称谓。

RS-422/485 接口采用不同的方式：每个信号都采用双绞线(两根信号线)传送，两条线间的电压差用于表示数字信号。例如，将双绞线中的一根标为 A(正)，另一根标为 B(负)，当 A 为正电压时(通常为+5V)，B 为负电压时(通常为 0V)，表示信号"1"；反之，A 为负电压，B 为正电压时，表示信号"0"。RS-422/485 的通信距离可达到 1200 m。

RS-422 与 RS-485 采用相同的通信协议，但有所不同：RS-422 通常作为 RS-232 通信的扩展，它采用两根双绞线，数据可以同时双向传递(全双工)。RS-485 则采用一根双绞线，输入与输出信号不能同时进行(半双工)。

1.4.3 对等接口之间的通信连接方法

两台 RS-232 设备之间的通信连接，只要发送线与接收线交叉连接，地线直接连接即可。一般用于主控机(如工控机)与受控机(嵌入式模块)之间的连接。有的设备之间的连接还需要一些联络信号，如计算机跟 GSM Modem(俗称短信猫)进行通信，为了可靠，要求进行 CTS/RTS 联络，如果 GSM Modem 处于此状态，而计算机不使用联络信号，将会导致计算机发送数据给 GSM Modem 后，无法接收到 GSM Modem 响应的数据，直到也使用联络信号。这就是别人的主控程序发送给受控设备相同的命令能得到响应，而自己的程序却无回应的主要原因。图 1.5 所示是一个 RS-232 连接简图。

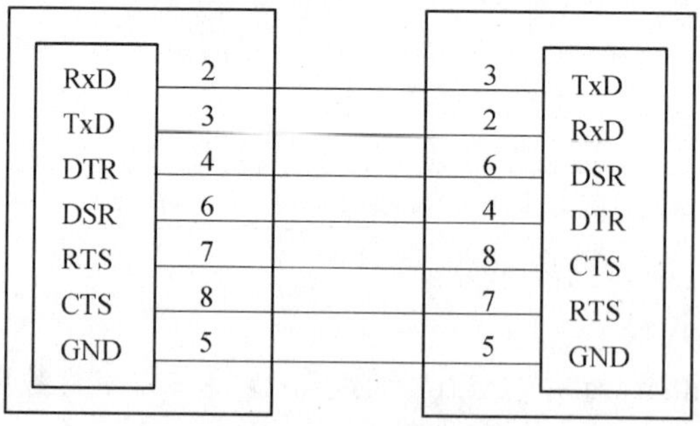

图 1.5　RS-232 连接方法

RS-422 是对 RS-232 的扩展，RS-232 只能进行半双工通信，而 RS-422 可以进行全双工通信，而且传输速率高，距离远。两台 RS-422 设备之间的通信连接，也只是发送线与接收线交叉连接。由于发送线和接收线各自有两根，交叉后正极与正极相连，负极与负极相连。这种情况主要用于支持 RS-422 接口的受控机离主控机距离较远，在主控机上

6

使用 RS-232/RS-422 或 USB/RS-422 接口转换器，从而实现两台 RS-422 设备之间的连接。图 1.6 所示是 RS-422 设备连接图。

RS-485 可以说是最简单高效的串口了，传输速率高，距离远，一条信号线上一般可以连接多达 128 台设备，执行器一般配备此接口。两台 RS-485 设备之间的通信连接，只要直连即可，即正极连接正极，负极连接负极。受控机一般配备标准的串口，即 RS-232，同时配备 RS-485，用于跟距离较远的多台执行器通信，发送命令或查询设备状态。图 1.7 所示是 RS-485 设备连接图，工程效果见图 2.1。

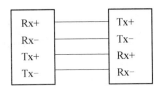

图 1.6　RS-422 连接方法

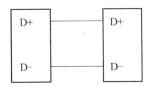

图 1.7　RS-485 连接方法

1.5　网络接口

RS-232 只能用于近距离传输数据，RS-422/485 的传输距离也非常有限。由于 Internet 的普及，如果计算机监控系统的数据不能通过 TCP/IP 协议进行传输，那么，这种监控系统将缺乏灵活性和方便性。

网口一般使用 RJ-45 接口(俗称水晶头)，采用 8 芯(4 对)双绞线，只用其中 2 对，另外 2 对将来扩展使用。8 芯双绞线的作用和颜色如表 1.2 所示(RJ-45 头的金属线向上，双绞线靠近自己，从左到右即为 1～8 的顺序)。在双绞线中橙、绿两对线比另外两对绕得更紧一些，所以在有关标准中规定用这两对线作收发线，可以有更长的传输距离。网口的传输速率可以根据实际需要进行设定，只要不超过网卡的参数和网络带宽及计算机的处理速度。图 1.8 所示是水晶头的实物图。

表 1.2　双绞线的功能和颜色

序号	颜色	功能	说明	序号	颜色	功能	说明
1	白橙	T_x+	数据发送的正极	5	白蓝	—	未用
2	橙	T_x-	数据发送的负极	6	绿	R_x-	数据接收的负极
3	白绿	R_x+	数据接收的正极	7	白棕	—	未用
4	蓝	—	未用	8	棕	—	未用

有线网络主要使用我们都很熟悉的双绞线进行互连。现在，千兆以太网正在逐步取代百兆以太网。网线主要有两种类型：

(1) 直通线，最广泛使用的双绞线；

(2) 交叉线，用于特殊情况下的连接。

使用直通线的网络设备一般连接到交换机(Switch)或集线器(Hub)上，如果想要直接连接两种同类设备，比如两台 PC 机，则可以使用交叉线而无需通过交换机或集线器，其连线方法如图 1.9 所示，其他的 4、5、7、8 线直连即可。

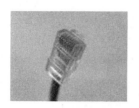

図 1.8 RJ-45 实物图

<table>
<tr><td>R_x+</td><td>3</td><td>1</td><td>T_x+</td></tr>
</table>

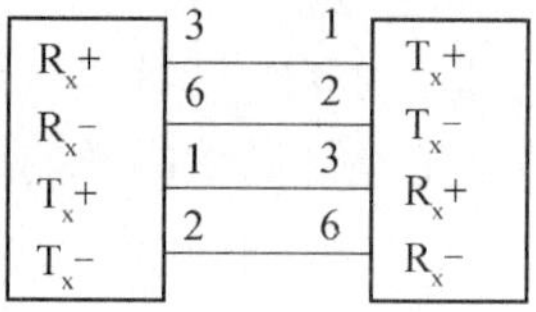

图 1.9 RJ-45 交叉连线方法

1.6 通 信 协 议

计算机监控系统集成了计算机软件、硬件和信息通信系统，没有信息通信系统，计算机监控系统就不能完成系统内部和系统外部的信息传输。所谓的信息通信，可以简单地理解为"有特定意义"的字节数据的发送和接收。双方通信必须遵循的规范就是所谓的通信协议，如下是通信协议的常用格式：

前导字符，地址码，功能码[，数据字节][，校验码][，结尾码]

相同厂家或类型的模块往往有相同的前导字符，地址码是对一条数据总线上的设备(如图 2.1 所示)标识，就像 IP 地址是对计算机的标识一样，功能码表示这条协议是读取对方模块中的数据，还是发送控制命令等，如果是返回的协议，一般会跟数据字节(一个或多个，视数据量而定)，校验码用来检查所发送或接收的数据是否正确，结尾码是协议结束的标志。对方收到此协议后，首先对协议进行检查：前导字符、地址码、校验码与结尾码是否正确，如果错误，就不予理睬；如果正确，就开始检查功能码，根据功能码做出相应的处理。

按照表示形式来分，协议有字符形式的协议和字节形式的协议。调制解调器使用的 AT 命令就是字符形式的协议，每个字节都可以显示为可见字符(结尾码回车符除外)。图 1.1 所示的 I-7065D 模块也采用字符协议，这种协议又称作 DCON 协议，具体的查询模块的 I/O 开关状态的协议为

$ AA 6 [CheckSum] (CR)

"$"为前导字符，"AA"为模块地址，范围为"00"至"FF"，"6"为查询模块开关状态的功能码，"CheckSum"为可选的累加和校验码，该协议必须以回车符(0x0D)结尾。这里假设模块地址为"01"，必须添加累加和校验码，则实际发送的字符串为

$ 01 6 BB (CR)

以上空格不计，主要用于增加可读性。累加和校验码通过累加"$016"这四个字符的 ASCII 码值，所得和取低字节为 0xBB，再转换为字符串"BB"，因而，加上结尾码实际需要发送 7 个字符。

字节形式的协议可用于传输各种形式的数据。M-7065D 模块与 I-7065D 模块的逻辑功能和外围电路一致，但是，采用字节形式的 Modbus RTU 协议。例如，如下协议读取 M-7065D 模块的输入通道数据，即 4 个输入开关的状态：

AA 01 0020 0004 (CRC)

其中，AA 为地址码，取 1~247，即 0x01 至 0xF7； 0x01 为读取模块状态的功能码，

表示本协议的作用；0x0020 是开始通道，0x0004 表示数量，即读取 4 个光电传感器的检测状态；最后的 CRC 是两个字节的循环冗余校验码，用来检验数据包(即一条完整的通信协议)是否正确，本协议没有结尾码。关于校验码的计算将在第 13 章介绍。

1.7 仿真开发实验室的搭建

每所高校都有通用计算机房，为了便于安排全国计算机等级考试，计算机都要通过交换机连接在一起，并最终通过路由器连接到外网。这些计算机可以用于计算机基础和计算机相关专业的软件开发的教学实践。每台计算机一般都有网口和 USB 接口，插上一个 "USB/RS-485" 转接口(40 元以内即可)，即可构建工业控制 RS-485 总线网络。

I-7013D 模块可以采集 1 路温度模拟量，采用 DCON 协议，上文也提到了 I-7065D 及 M-7065D 模块，本书完成了这三个实物模块的软件仿真，利用单个软件仿真模块或其组合，即可搭建可裁剪的计算机监控系统仿真开发平台。每台计算机通过 "USB/RS-485" 转接口充当一个 M-7065D、I-7065D 或 I-7013D 模块，主控机(另一台计算机充当)可以监控一个仿真模块，也可监控若干个仿真模块或其组合。如图 1.10 所示，每个粗线框都表示一台计算机，主控机监控 3 个仿真模块。对于信号的变化，主控机可以通过 E-mail 转短信的方式进行报警，也可通过外接短信猫直接发送短信进行报警。由于主控机与仿真模块之间的通信是通过 RS-485 网络进行的，因而，为了远程查看模块状态，可以用一台计算机充当 RS-485/TCP 转换接口(该转换工具的使用将在下一章介绍)，这样，即可通过远程机了解模块的状态，报警功能也可在远程机上实现。

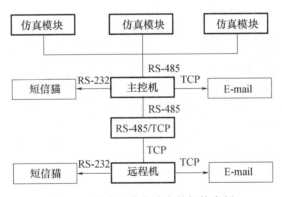

图 1.10　仿真开发实验室的架构案例

在获得一定的感性认识后，图 1.10 中的案例可以全部集成到一台计算机上，因而，便于学生在宿舍训练计算机监控技术。

1.8　本 章 小 结

本章主要介绍了计算机监控系统的基本概念和特点要求及主要应用领域，然后给出了一个计算机监控系统的实例，包括所使用的主要模块及系统逻辑图。信息通信是计算机监控系统中的关键部分，随后介绍了计算机监控系统中常用的串行接口、网络接口，并以 DCON 和 Modbus RTU 协议为例，对通信协议的格式与含义做了简单介绍。

罗克韦尔自动化有限公司是全球最大的致力于工业自动化与信息的公司，总部位于美国威斯康星州密尔沃基市。目前国内与罗克韦尔公司合作的高校只有清华大学、浙江大学、哈尔滨工业大学、东南大学与上海交通大学等少数 985 高校。仰恩大学已经创建了计算机监控系统开发与实战实验室，相当于一个简版的罗克韦尔实验室，取得了较好的教学效果。

计算机监控系统仿真开发实验室以现有通用计算机房为基础，无需硬件设备即可搭建可裁剪的计算机监控系统仿真开发平台，随着感性认识的增加，所有元素可以集成到一台计算机进行，因而便于学生在宿舍学习。为了更好地提升教学效果，高校可以设置小批量的实物实验室，以加深学生的感性认识，为更好地宣传和利用仿真模块做好铺垫，从而提高学生的学习兴趣和节约实验室建设成本。下一章介绍软件仿真模块和常用工具的使用方法，这些软件综合应用了多种接口，利用这些软件即可搭建可裁剪的计算机监控系统仿真开发平台。

教 学 提 示

在新生入学教育中，可以向学生介绍计算机监控系统仿真开发平台的基本功能与应用，让学生操作，产生感性认识。引导学生在"计算机导论"课程的学习过程中，强化字节编码与字节的逻辑运算，这些基本技术在计算机监控系统中应用比较普遍。

思考与练习

1. 简述计算机监控系统的特点。
2. 计算机监控系统的主要应用领域有哪些？
3. 画出计算机监控系统的实例图，并说明其意义。
4. 串行接口有几种形式，分别如何对等连接？
5. 网络接口如何对等连接？
6. 通信协议有何作用，其基本格式如何？
7. 如何搭建计算机监控系统仿真开发平台？请举例说明。

第 2 章　软件仿真模块和常用工具

计算机监控系统集成了计算机软件、硬件和信息通信系统，没有硬件设备就无法学习计算机监控系统的开发。本章首先展示一个计算机监控系统的综合实例，让读者有一个感性认识，接着介绍通用多功能计算机监控系统测试软件、软件仿真模块和其他测试工具与辅助工具。

2.1　综合硬件实例

图 2.1 所示是一个计算机监控系统的综合硬件实例。左侧的 Controller(控制器，又可称作主控机或上位机)可以采用 PC 机和专用嵌入式模块，右侧主要通过 RS-485 总线挂接 I/O 模块。主控机中有主控程序，用来向挂接的模块发送命令。收到命令的模块，分析命令后，如果该命令是针对自己的，就发出响应。没有这套昂贵的硬件设备，如何学习计算机监控技术？

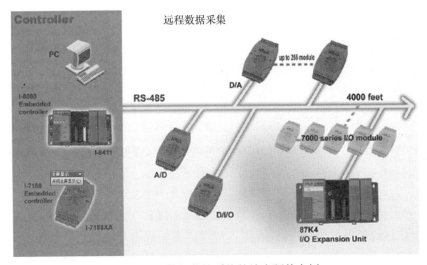

图 2.1　计算机监控系统的综合硬件实例

简单地说，计算机监控系统就是硬件加软件，首先，要根据设计要求购买硬件，然后将硬件连接起来。RS-485 接口只需要两根信号线，即可进行数据通信，而且，传输距离可以达到 1200m，因而，工业控制中应用非常广泛。RS-485 总线上可以并联连接多达 256 个设备(在工程实践中一般不超过 100 个)。图 2.2 所示是对图 2.1 的抽象，一台计算机通过 RS-485 总线连接了三个 I/O 模块，计算机通过 RS-485 接口发送命令，三个模块都能收到，但是，到底哪一个模块做出响应呢？1.7 节提到，数据传输都有一套格式，即通信协议，其中有一个字节为地址，用来对模块进行编号。不妨假设第二个字节为地址

11

码，图 2.2 中，三个模块从左到右依次为 01、02、03，如果计算机发送的命令中，第二个字节为 03，则第三个模块做出响应，其他模块不做任何处理。同理，I/O 模块响应时也应加上自己的地址码，这可以让计算机知道是哪一个模块发送了响应数据。

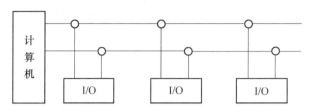

图 2.2 综合硬件实例的抽象接线图

掌握了连接计算机监控模块的方法，还是无法开发计算机监控系统，因为普通计算机没有配备 RS-485 接口。这可以通过"USB/RS-485"接口转换器来实现，如图 2.3 所示，USB 端插入计算机的 USB 接口，即可引出两根 RS-485 连接线。

图 2.3 USB/RS-485 转换器

RS-485 与 RS-232 的编程方法基本相同，只要有 I/O 模块，就可以学习计算机监控系统的开发了，本章的软件仿真模块正可以满足这一需求，但是在学习使用软件仿真模块之前，必须先学习通用多功能计算机监控系统测试软件。

2.2 通用多功能计算机监控系统测试软件

简单的计算机监控系统主要分为主控机和受控机两级结构，通用多功能计算机监控系统测试软件(TestPort)既能充当主控机用来测试受控机，又能充当受控机用来测试主控机。TestPort 基于 RS-232 接口，由于 RS-485 接口一般增加了自动转向功能，因而两者的外部编程特性基本一致，TestPort 通过"USB/RS-485"接口转换器可以直接跟 RS-485 模块通信。在协议处理方面，TestPort 可以自动添加校验码和结尾码，选择以普通字符串或者十六进制形式显示收发数据，同时在主窗口自动记录数据收发及引脚变化的时间(精确到 ms)，并且，可以根据需要将某时间片内的数据自动合并为一个数据包。下面是 TestPort 的一些典型功能和技术特点。

(1) 基本功能：自动添加异或、累加和、CRC 和累加求补校验码以及 CR 和 CRLF 结尾码，以普通字符串或十六进制形式显示收发数据，同时显示引脚信号变化并加上时间戳，用来测试基于串行接口的"设备/模块/系统"(为方便行文，以下统称"智能设备")，获取通信参数，为系统开发做前期准备。

(2) 充当主控机：自动测试受控机，并记录受控机的错误响应数据包，自动统计数据通信的准确率，还可以自动保存受控机的响应协议(采用 Access 数据库)。

(3) 充当受控机：用来测试主控机，自动动态响应，即随机模拟传感器数据，还可以自动记录主控机的协议，该功能可以用于计算机监控系统的"单机仿真开发"。

(4) 远程调试：与"RS-232/RJ-45 接口转换器"结合，可以实现基于 Internet 的计算机监控系统的远程调试。

(5) Modem 功能：可以用来通过 Modem 拨号，实现电话抢拨，还可以用来辅助开发"基于 Modem 的电话客户管理系统"。

2.2.1 基本功能

通过串口发送数据相对简单，在时间上可以随意控制，如果使用微软提供的 SerialPort 组件，只要直接调用其 Write 方法即可完成数据的发送；使用 Turbo C 2.0 语言或汇编语言，也只要在一个循环之内向串口的数据端口写数据即可。但是，接收数据则比较繁琐，因为中断接收时，数据的传输并不一定流畅，其中存在空白间隔，给数据处理带来困难。大部分监控模块都有串口初始化函数、数据发送和接收函数，如果直接使用数据接收函数来接收数据，则由于以上问题，常常接收到残缺的数据，使工作无法完成，尽管软件在逻辑上没有任何错误。

为了确保通信的可靠，将间隔时间在某一设定的时间片之内的所有数据进行合并，作为一个数据包进行处理。在具体实现上，设 t 为当前时间(不断变化)，t_0 为参考时间点，T 为等待的最长时间，首先将当前时间 t 赋给 t_0，如果 $t-t_0>T$，则表明等待超时，退出循环开始处理数据，否则，将接收到的数据合并。至于时间片 T 大小的选取，应该根据具体的模块或设备来调整，如果 T 过小，则一个数据包会被截成几个小的数据包；如果 T 过大，则会将两个以上数据包合并为一个数据包。数据接收算法如图 2.4 所示。

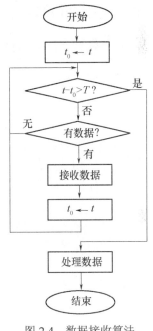

图 2.4 数据接收算法

由于 TestPort 可以记录数据收发和引脚变化的详细情况，并附上时间戳，所以，可以观察接收一个完整的数据包，会引起几次中断，每个中断之间的最大时间间隔是多少毫秒，然后，将最大时间间隔乘以 1.5 即是理想的 T，这样，既能保证系统的灵敏度，又能保证系统的可靠性。

有时，串行通信两端设备正常，就是不能完成通信，这往往是由于握手信号不协调。由于 TestPort 可以记录引脚信号的变化，可以为系统开发提供原始的技术支撑资料。一个计算机监控系统常常有多种模块或设备，由于 TestPort 可以自动添加校验码和结尾码，因而，可以先使用 TestPort 对这些模块或设备进行测试，如果成功，则记录通信的原始数据，供系统开发参考；如果失败，则可能模块或设备存在故障，应立即跟厂家联系。

2.2.2 充当主控机

在计算机监控系统中，需要选择或自行设计一些特殊的智能设备，但是，其数据性能如何，可以通过模拟主控机来测试，将 TestPort 设置成主控机自动工作方式，逐条发送主控机协议，对智能设备响应的协议进行分析(包括协议标志、校验码和结尾码)，如果有错误，则记录发生时间、主控机协议与智能设备的响应协议。测试原理如图2.5所示(虚线框表示TestPort所在系统，下同)，其中协议库中为主控机针对受控机的查询和控制协议，错误记录即为主控机协议与对应的智能设备响应的错误协议，虚线箭头表示协议来源(下同)，实际通过主控机进行记录。总的测试报告内容见表2.1，单位为发送或接收的次数。详细的测试分析可以借助错误记录进行。

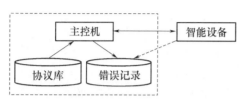

图2.5　测试智能设备

表2.1　智能设备数据性能报告

总计	正确	错误	无响应
25536	25523	11	2

正确率=99.95%　所用时间=22:35:19

2.2.3　充当受控机

将软件设置成受控机动态响应模式，充当智能设备角色，自动应答主控机的查询命令。如图2.6所示，当收到主控机协议并在协议库中找到匹配的协议时，动态生成智能设备的协议进行响应。这种功能可用来配合开发或调试主控机程序，特别地，当智能设备比较昂贵或数量较少，或体积庞大不便运输时，采用此方式可以并行异地开发和调试针对智能设备的监控程序，既节省成本，也可有效提高工作效率。作为一种特例，可用一台PC机进行模拟开发和调试，智能设备挂在COM2口，开发或调试的软件挂于COM1口，COM1和COM2对接。单机仿真开发模型如图2.7所示。

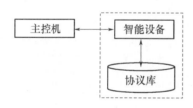

图2.6　测试主控机

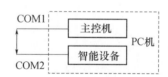

图2.7　单机仿真开发模型

2.2.4　截取通信协议

现假设某公司生产一智能设备，与该设备配套的测试软件运行于测试机上。现欲截取测试机与智能设备之间的通信协议，TestPort运行于侦听机上，如图2.8所示。在这里，侦听机充当二传手的作用，首先通过COM1口截取测试机发来的协议，存入协议库，随后通过COM2口将原协议发往智能设备。侦听机通过COM2口收到智能设备的响应后，将协议存入协议库(与相应的测试机协议位于同一条记录)，随后通过COM1口将原协议发往测试机。如此即可将测试机与智能设备之间的通信协议全部截取并保存。

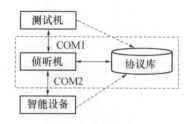

图2.8　截取通信协议

通信协议一般包括功能码、地址码、有效数据、校验码和结束标志(可选)，常用的校验码有异或、累加和、CRC 等。通信协议截取后，依次分析校验码、功能码、地址码和数据。可以模拟主控机观察智能设备的动作响应和信号灯变化，也可以模拟智能设备观察主控机软件界面的变化。如果协议没有加密，则只要直接分析协议即可；如果协议已经加密，可以利用密码学中的方法去分析解密，然后再分析协议本身。有的通信协议在数据加密的同时，还配合信号线的变化。由于 TestPort 主界面的多行文本框显示并记录着串口的收发数据及信号线变化的历史状态，包括发生时间，这给协议分析提供了重要的原始资料。

协议破译成功后，即可自行开发软件对智能设备进行监控。作者在计算机监控系统开发实践中，遇到从德国进口的大型柴油发电机组(以下简称油机)，可利用提供的串口对其进行监控。但是，却没有该油机的合适版本的通信协议，只有厂家配套免费提供的简单的油机测试软件(运行于主控机上)。一般情况下，都是通过人工对油机启动或停机。在项目改造中，需要对油机进行监控，如果编写项目任务书，请厂家设计监控软件，无疑周期较长，价格较贵。作者通过此协议截取和破译方法，成功地破译其通信协议，并设计出监控软件。

2.2.5 远程调试

TestPort 具有强大的功能，如果仅仅用于传输距离只有 15m 之内的串行通信测试，显然是个浪费。这个问题可以通过引入 RS-232/RJ-45 接口转换软件(2.7 节介绍)来解决，具体模型如图 2.9 所示。TestPort 和远程受控机都通过 RS-232 接口与 RS-232/RJ-45 接口转换软件连接，从而都具有了网络通信功能。与受控机相连的接口转换软件工作在 TCP 服务器模式，等待客户机的连接请求。与 TestPort 相连的接口转换软件工作在 TCP 客户机模式，连接到服务器，从而建立了 TCP 通信管道。这样，TestPort 就可以通过 Internet 对远程受控机进行透明测试。

图 2.9　TestPort 的远程测试模型

由于 RS-485 与 RS-232 接口的外部编程特性基本一致，因而，在软件测试与编程方面，如果没有特别指明，两种接口均可互换，下文不再赘述。

2.2.6 调制解调器功能

如果选择通过 Modem 拨打电话，需要购置一个内置 Modem，如图 2.10 所示的连线，电话线插入 Modem 的 Line 端口，Modem 的 Phone 端口连接话机。如果拨打长途电话"025-12345678"，只要向 Modem 发送 AT 命令

ATDT9,17909,025-12345678;[CR]

"AT"是 Modem 命令开始标志，对应的英文单词为 Attention，即"注意"，"D"表示拨号(Dial)，"T"表示音频方式(Tone)，"9"表示需要通过该数字拨打外线，"17909"是 IP 号

码，随后是长途电话号码，";"表示电话拨通以后保持连接状态，最后以回车符结尾。AT命令中的","表示等待下一个提示音，"-"是为了增加可读性，Modem 会忽略该符号。

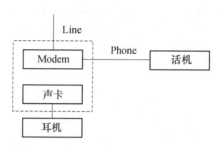

图 2.10 用 Modem 拨打电话接线方法

TestPort 软件配有电话簿，可以选择电话号码、设置内线电话号码长度以及拨打外线是否需要加拨某个数字，拨打长途是否需要加拨 IP 号码，然后，在主窗体中点击【Dial】(快捷方式)，软件将根据用户设置自动生成对应的 AT 命令，完成拨打电话的功能，如果听到忙音，再次点击【Dial】(带"闪断"功能，闪断与拨打一键完成)即可，直到拨通为止，从而实现抢拨。

支持来电显示的 Modem 可以用来开发"电话客户管理系统"，通过来电号码调出客户数据，以便客服人员快速响应。但是，来电显示的格式如何，又怎样提取来电数据？可以向支持来电显示的 Modem 发送开通来电显示命令，当有来电时，TestPort 就会在主窗体中显示来电格式并附上时间戳，由此可以得知，第二次响铃显示日期和时间以及来电号码，其他每次响铃只显示"RING"字符串，每次响铃间隔大约 6s，这些数据可以直接提供给开发人员用来设计"电话客户管理系统"软件。但是，如果用手机充当 Modem，则每次响铃都会收到来电号码。

2.2.7 主窗体界面

主窗体界面如图 2.11 所示，从上到下依次为菜单，快捷方式，【Char/Hex】文本框(根据设置自动切换，当前为 Char 模式)，多行文本框(显示数据收发及引脚信号变化，并附

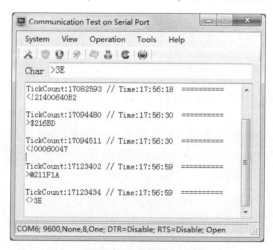

图 2.11 主窗体界面

16

有时间戳)以及状态栏(显示串口参数和状态)。【View】菜单组的【Insert Space】功能对连续的十六进制字符串进行两两分割,或者对普通字符串间隔插入空格,以便用户查看数据,【Delete Space】反之;TopMost 功能使主窗体顶层显示,并使随后打开的子窗体也能顶层显示,这样在系统测试时便于用户观察测试效果;【Operation】菜单组的内容大部分通过快捷方式表示。快捷方式依次为 Setup(系统设置)、Open(打开串口)、Close(关闭串口)、Send(发送数据)、Dial(拨打电话)、Caller(开通来电显示)、Clear(清除数据)以及 Exit(退出)。

　　【Char/Hex】文本框中显示当前收发的完整数据包,而多行文本框中显示数据和信号的完整的原始状况,即一批数据是如何分批到达,何时引脚信号发生变化等。

2.2.8　系统设置界面

　　系统设置界面(Setup)有两个页签,【Port Setup】(串口设置界面)用来设置串口号、传输速率、数据长度、校验位与停止位以及握手信号,如图 2.12 所示。【Length】是所接收的一批数据的最大字节数,通过调整该参数,使得 TestPort 可以灵敏可靠地处理整个数据包,勾选【Sound】复选框,可以在收到数据后播放提示音。在字符显示模式(CharMode),如 1.7 节中的 DCON 协议,勾选【Delete Space】可以自动删除协议中的空格,此选项可以使得协议阅读方便,又不影响正常发送;勾选【Capitalize Protocols】可以将协议字符自动转换为大写字符串,DCON 协议只允许大写字母,Modem 的 AT 命令只能全部大写或小写,因而,此选项增加了软件的容错性。

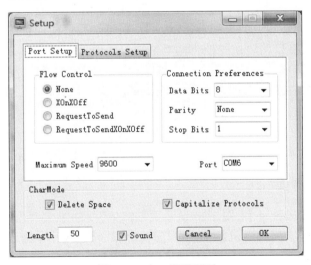

图 2.12　串口设置界面

　　Protocols Setup(协议设置界面)如图 2.13 所示。Display Mode(显示模式)为 Char 表示以普通字符方式显示收发数据,这种方式比较适合 Modem 的 AT 命令或者 I-7065D 和 I-7013D 的 DCON 协议,图 2.11 所示即为 Char 显示模式;Hex 表示以十六进制方式显示收发数据,这种方式比较适合 M-7065D 模块的 Modbus RTU 协议。Group Parity 是系统通信协议的校验方式,依次为 None(无校验)、Xor(异或)、Add(累加和)、CRC(循环冗余)以及 CheckSum(累加求补,TCP/IP 协议中使用较多)。End Mark 表示结尾码方式,None

表示不添加结尾码，CR 表示添加回车符结尾码(AT 命令和 DCON 协议采用此种方式)，CRLF 表示添加回车换行符结尾码。

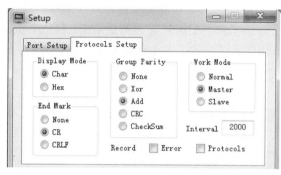

图 2.13　协议设置界面

Work Mode 是系统工作方式，【Normal】表示手动方式，软件只完成协议处理的基本功能，即在图 2.11 主窗体界面的【Char/Hex】单行文本框中输入需要发送的数据，点击【Send】按钮，软件自动添加校验码和结尾码后，通过串口将数据发出。图 2.11 所示的历史显示区域(多行文本框)中，">"表示该批数据是发送出去的，"<"表示该批数据是接收到的，这些发送出去的数据都自动添加了校验码和结尾码，但是，当前从【Char/Hex】文本框发送的数据没有添加校验码和结尾码，时间戳的 TickCount 是开机以来所经过的毫秒数，Time 是当前北京时间。

在 Master 工作方式下，如图 2.13 所示，TestPort 充当主控机每隔 2000ms 向受控机发送一次查询或控制协议，如果勾选【Error】，则自动统计受控机的响应情况，如果勾选【Protocols】，还将自动记录受控机的响应协议。系统工作在 Normal 方式下，不能对受控机的响应进行统计，也不能自动记录受控机的错误数据包及响应协议，因而，【Error】和【Protocols】复选框都禁用，【Interval】文本框是针对 Master 工作方式的，因而也禁用。

在 Slave 工作方式下，充当受控机自动响应主控机的命令，如果勾选【Protocols】，则还可以自动记录主控机的协议。此时，【Interval】文本框和【Error】复选框都禁用。

2.2.9　协议管理界面

协议管理界面(Protocols)如图 2.14 所示。该窗体管理主控机(Master)和对应的受控机(Slave)协议，并可用来模拟随机数字，将任意"**"替换成一个随机字节或两位随机十进制数。如图 2.14 所示，可以将"024605**"替换成"02460592DF0D"，其中"92"是替换"**"所得，"DF"是添加的累加和校验码，"0D"是添加的结尾码(通过【Test】按钮，每次点击都产生不同的随机数字)。如果选择单选按钮【DEC*】，则"**"将被替换成两个十进制数。Work Mode 为 Normal 时，由于不涉及主控机与受控机协议，因而，【Test】被禁用。

【Format】检查协议中有没有除 0～9、a～f、A～F 以及"*"以外的非法字符，并且，字符个数必须为偶数，"*"必须成对出现。辅助按钮【Enlarge】和【Normal】用来调整协议的序号，【Delete All】将清除所有协议，【Insert Space】和【Delete Space】用于将协

18

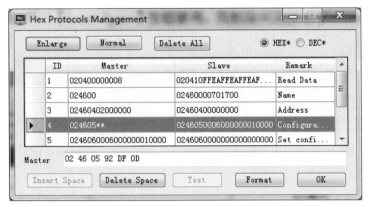

图 2.14　协议管理界面

议文本框的十六进制字符串插入间隔或者删除间隔，图 2.14 中已经插入间隔，所以【Insert Space】按钮禁用，而删除间隔按钮【Delete Space】有效。由于可以模拟随机字节，TestPort 软件可以全真地仿真受控机。

2.2.10　电话簿界面

电话簿界面(PhoneBook)如图 2.15 所示。【Out】文本框中表示拨打外线需要先拨打 9，当然，还可以设置其他数字，如果不需要，则填写"-"即可；"Ext. length"表示内线(分机)电话号码的长度，如果电话号码(Phone 字段)的长度等于 4，则不用拨打 9；IP 表示拨打长途电话需要加拨 IP 号码 17909(也可以不加)；【Phone】文本框中是完整的电话号码(区号-电话)。点击【OK】按钮后，将生成第 2.2.6 节所示的 AT 命令。通过第 2.2.7 节主窗体界面中的【Dial】命令，即可发送此 AT 命令，完成拨号功能。【Dial】命令具有"闪断"功能，即先关闭串口，等待 50ms 后再打开串口，最后发送 AT 命令，因而，使用【Dial】命令可以实现"一键拨号"和电话抢拨。

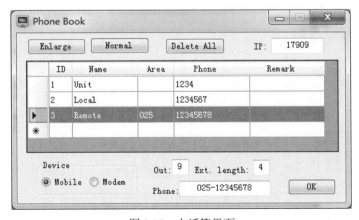

图 2.15　电话簿界面

图 2.15 中的 Device 选项，前者表示通过手机拨号，后者表示通过座机的 Modem 拨号。两者在主窗体的【Caller】命令中所发送的 AT 命令不同，即前者通过发送"AT+CLIP=1"命令开通来电显示，后者通过发送"AT#CID=1"开通来电显示。

19

2.2.11 校验码计算界面

校验码计算界面(Parity)如图 2.16 所示，在【Hex】文本框中输入十六进制数(计算时空格自动删除)，选择校验码方式，点击【Calculate】，可以在【Result】文本框中得到运算结果。对于 1.7 节中的 Modbus RTU 协议，如果地址为 01，则计算结果为"3C03"(低字节在前)。如果选择 Length，则可以得到当前字符串的长度(计空格，双数)。

图 2.16　校验码计算界面

如果在【Hex】文本框中输入字节序列，下面的【Char】文本框空白，"Transform between String and HexChars(字符串与十六进制字节之间的相互转换)"中选择【ASCII】，点击【Transform】，则将【Hex】文本框中的字节序列按照其 ASCII 码值逐个转换为对应的字符在【Char】文本框中显示，反之亦然。Unicode(Big)将汉字转换为两个字节，高字节在前，Unicode(Little)则表示低字节在前，在中文短信的 PDU 编码中经常使用。如果勾选【MainData】，则表示对主窗体单行文本框中的内容进行转换。

【Clear】清除对应文本框中的内容，【Split】与图 2.14 中的【Insert Space】功能一致，【Close】关闭本窗体。设置这个小工具主要是为了方便临时计算校验码、数据包的长度和进行编码转换。

2.2.12 测试报告界面

测试报告界面(Report)如图 2.17 所示，图 2.17 中上表显示的是收到的错误数据包及其对应的开机以来的毫秒数与北京时间，图 2.17 中下表是一个统计结果，即主控机一共发

图 2.17　受控机测试报告

送了 27 个数据包，受控机正确响应 3 个数据包，错误响应 10 个数据包，有 14 次没有响应，数据正确率为 11.11%。只有当 TestPort 软件工作在 Master 模式时，并在图 2.13 中勾选【Error】复选框，此功能才有效。

2.3　I-7065D 软件仿真模块

开关量输入模块经常用来检测开关是否闭合，设备是否运转，在防盗与电梯运行中应用比较广泛。输入的开关量是由环境变化引起的，不能由程序控制。反之，输出开关量是由程序控制的，通过控制开关的闭合与打开来控制设备的运转或停机。I-7065D 模块有 4 路隔离数字量输入和 5 路 A 型电磁继电器输出，I/O 都有指示灯标志，因而用于教学简捷直观。

2.3.1　主要功能和技术特点

"I-7065D 软件仿真模块"(可运行文件名为：I7065D_Simulated，下文简称 I-7065D)基于 RS-485 接口，端口号可以通过下拉框进行选择，输入传感器(光电开关)、初始化连接线、通信连接装置和 24V 开关电源通过点击相应的复选框(CheckBox)添加，其主要特点为：

跟实物模块一样，输入有信号，输入指示灯灭；输入无信号，输入指示灯亮。输出开关闭合，输出指示灯亮；输出开关断开，输出指示灯灭；输出开关变化，均播放触发器触发的声音；输出开关闭合，可在输出接线端子处显示一条红线。

输入开关可以三种方式工作。手动方式，当鼠标移动到敏感点或离开敏感点，输入信号从有效到无效；自动方式，随机改变输入开关的状态；锁定方式，鼠标移动到敏感点触发输入信号，鼠标离开敏感点，输入信号维持不变。

通信协议跟实物模块的一致，且工作参数设置协议、工作参数查询协议、开关状态读取协议、综合输出控制协议和单输出控制协议均显示在主界面，方便使用。跟实物模块一样采用 DCON 协议，累加和校验码(可选)，以回车符结尾。

仿真模块可以运行于计算机房，供学生学习计算机监控技术，除了新添"USB/RS-485"接口转换器和两根导线外，不需要增加任何设备。

2.3.2　通信协议

I-7065D、I-7013D 和 M-7065D 都是 7000 系列的模块，均有一 EEPROM 芯片用来存放工作参数，因而，用户难以查看其具体数据，更难以修改，这与 TestPort 软件工具不同。因而，我们拿到一个模块，不知它的地址和通信参数，无法使用。这可以通过下列方法使其恢复初始值：将 INIT 端与 GND 端短接，然后打开电源，使模块进入 INIT 模式，如此即可使其恢复为初始默认值，其默认数据为：

```
Address    =  00
BaudRate   =  9600
CheckSum   =  禁用
Data Format =  1 起始位 + 8 数据位 + 1 停止位
```

如果再断开 INIT 端与 GND 端的连接，则其工作参数又恢复为 EEPROM 中的内容。因而，应该在 INIT 模式设置模块的工作参数。在进行硬件操作的过程中，应严格切断电源，以免烧坏模块。下面依次介绍 I-7065D 模块的通信协议(详细内容参见 I-7000 用户手册)。

1．设置工作参数

%AANNTTCCFF[CheckSum](CR)

%为本协议的前导字符，AA 为模块的当前地址，NN 为模块的新地址，TT 为模块类型(I-7065D 的类型规定为 40)，CC 为波特率(06 表示 9600)，FF 为 00 表示禁用累加和校验(40 表示采用累加和校验)。

正确时返回"!NN[CheckSum](CR)"，错误时返回"?NN[CheckSum](CR)"，以下协议省略"[CheckSum](CR)"。

必须在 INIT 模式下才能修改工作参数。修改完毕后，关闭电源，断开 INIT 与 GND 的短接线，重新打开电源，则新的工作参数生效。

2．查询模块工作参数

$AA2

$ 是本协议的前导字符，2 是功能码。

正确时返回"!AATTCCFF"，错误时返回"?AA"。

3．控制单个输出开关

#AA1cDD

#为本协议的前导字符；c=0～7，对应第 0 至第 7 个输出开关，I-7065D 只有 5 个输出开关，因而 c=0～4；DD 为开关数据，01 为闭合，00 为断开。如#021001 表示将地址为 02 的模块的第 0 路输出开关闭合(DD=01)。

正确时返回">"，错误时返回"?"。

4．控制所有输出开关

@AADD

@ 为本协议的前导字符，DD 为开关数据，用一个字节表示，其中的数据位为 1 表示开关闭合，0 表示开关断开。I-7065D 只有 5 个输出开关，只使用一个字节的低 5 位，高 3 位未使用默认为 0，因而，DD 的最大值是 5 个输出开关都闭合时的 1F。

正确时返回">"，错误时返回"?"。

5．读取所有 I/O 开关状态

$AA6

$为本协议的前导字符，6 是功能码。

正确时返回"!DDDD00"，第一个"DD"为输出开关状态(1 表示开关闭合)，第二个"DD"为输入开关状态(1 表示传感器没有检测到信号)；错误时返回"?AA"。

2.3.3 主窗体界面

I-7065D 软件仿真模块的主界面如图 2.18 所示。主界面以实物模块的图片为背景，电源指示灯、4 个输入指示灯和 5 个输出指示灯跟实物模块的一致；输入开关(光电传感器)、初始化连接线、通信连接和开关电源跟实际场景一致。仿真模块的主要功能和技术特点参见 2.3.1 节。

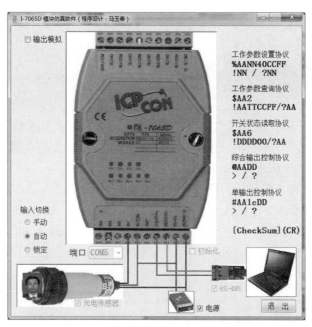

图 2.18　I-7065D 软件仿真模块主界面

2.3.4　用 TestPort 测试 I-7065D

将 I-7065D 运行于 A 计算机上，TestPort 软件运行于 B 计算机上，两者之间通过 RS-485 电缆连接。首先对 I-7065D 初始化(即进入 INIT 模式)，点击【初始化】复选框，INIT 与 GND 之间将绘制一条蓝线；点击【RS-485】复选框，表示建立物理通信连接；最后点击 【电源】复选框，电源指示灯亮，同时串口被打开。此时，模块有效地址为 00，波特率 为 9600，通信协议无累加和校验。

TestPort 的串口和协议参数应该与仿真模块的一致，串口设置界面可以参考图 2.12， 但串口号要根据实际情况进行设置；协议设置界面参考图 2.13，但需要将"Group Parity" 设置为"None"，即无累加和校验，将"Work Mode"设置为"Normal"(正常测试)即可。 在 TestPort 主窗体的单行文本框中输入"%0021400640"，点击【Send】发送，系统自动 在字符串的末尾添加回车符，并收到"!21"，表示成功将模块地址设置为"21"，波特率 为 9600(06 表示)，协议将带累加和校验码(最后的 40 表示)。在本书的学习过程中，都要 求将协议设置成带校验码，以便学习相关知识。

关闭 I-7065D 的电源，清除【初始化】复选框，再点击【光电传感器】复选框，最 后添加电源，此时，模块将以新的工作参数运行。同理，TestPort 的校验码也应修改为 "Add"，然后发送"@211F"命令，系统自动添加累加和校验码和回车符结尾码，同时， 仿真模块的所有输出开关闭合，并发出触发器动作的声音(通信过程参见图 2.11)。

2.4　M-7065D 软件仿真模块

M-7065D 模块与 I-7065D 模块具有相似的外部功能，但是，前者既支持 DCON 协议， 也支持 Modbus RTU 协议，这两种协议在 1.7 节都作了初步介绍。同样，如果要更改工作参数，需要在 INIT 模式下，利用 DCON 协议设置 M-7065D 的工作参数，然后使用"$00PN"命令设置通信协议，"P"为协议(Protocol)标志，当 N=0 时使用 DCON 协议，N=1 时使用 Modbus RTU 协议，正确返回"!AA"，错误返回"?AA"，"AA"为保存在 EEPROM 中的模块地址。

如果要查询当前使用的协议，使用"$AAP"命令，正确返回"!AASC"，"S"是支持(Support)的协议，S=0 表示仅支持 DCON 协议，S=1 表示支持 DCON 和 Modbus RTU 两种协议；"C"表示当前(Current)EEPROM 中保存的协议，C=0 表示当前为 DCON 协议，C=1 表示当前为 Modbus RTU 协议，如果发生错误则返回"?AA"。

M-7065D 模块的工作参数和通信协议设置完毕后，关闭电源，清除【初始化】复选框，重新添加电源，此时，新的工作参数和通信协议即生效。M-7065D 模块的其他 DCON 协议类型与 I-7065D 模块的一致。与 DCON 协议不同，Modbus RTU 协议分别用不同的命令读取输入和输出开关的状态，1.7 节介绍的 Modbus RTU 协议读取输入开关的状态，返回的数据格式如下：

AA 01 01 DD

AA 表示模块的地址，第一个 01 表示读取模块数据的功能码，第二个 01 表示有效数据只有一个字节，DD 中即存放的有效数据。但是，与 DCON 协议不同，Modbus RTU 用 1 表示有输入信号，用 0 表示无输入信号。Modbus RTU 采用 CRC 校验，校验码的计算将在第 13 章介绍。Modbus RTU 的读取输出开关状态和控制输出开关的协议与此类似，这里不再赘述。M-7065D 软件仿真模块的主界面如图 2.19 所示，左侧为 Modbus RTU 协议，右侧为 DCON 协议。

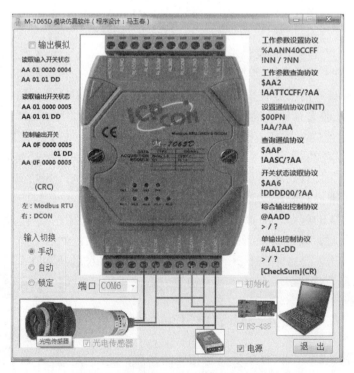

图 2.19　M-7065D 软件仿真模块主界面

24

2.5　I-7013D 软件仿真模块

I-7013D 模块可以采集 1 路温度数据, 支持 DCON 协议。I-7065D 有开关量 I/O 命令, I-7013D 取而代之的是温度读取命令 "#AA", 正确返回形如 ">+037.0350" 的数据, 错误则返回 "?AA"。另外, 两种 7065D 模块的工作参数设置协议中, TT(模块类型)都为 "40", 但 I-7013D 模块的类型为 "20"。I-7013D 模块的仿真软件主界面如图 2.20 所示。

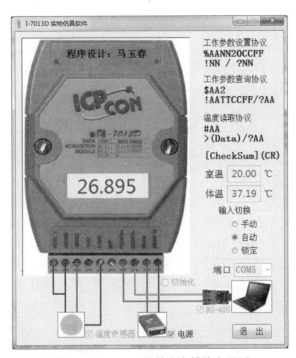

图 2.20　I-7013D 软件仿真模块主界面

I-7013D 工作于手动模式时, 鼠标移至传感器的敏感区域, 鼠标指针变成手指形状, 温度不断上升, 至体温 37.19℃时停止变化; 鼠标离开敏感区域, 温度不断下降, 至室温 20℃时停止变化。工作于自动模式时, 温度从室温上升至体温, 停顿数秒后又下降至室温, 如此周而复始; 工作于锁定模式时, 温度固定不变。

2.6　基于 TCP 客户机的计算机监控系统测试软件

计算机网络通信是信息传输的最流行的方式, 图 1.2 所示的 7188 模块也有网口, 以 TCP 服务器方式工作, 发生故障后自动重启并侦听指定端口。"基于 TCP 客户机的计算机监控系统测试软件(可运行文件名为:TestTCP)" 就是为了测试和调试 TCP 服务器系统而设计的, 其主界面如图 2.21 所示, TestTCP 与 POP3 服务器连接, 服务器主动响应; 向服务器发送用户名, 服务器返回 OK。状态栏分别显示远程服务器的 IP 地址与两者连接状态。

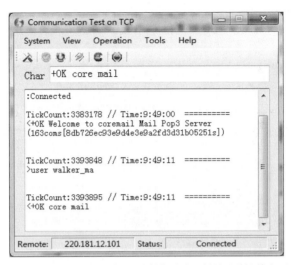

图 2.21　基于 TCP 客户机的计算机监控系统测试软件主界面

　　TestTCP 与 TestPort 的功能基本相似，主要区别在于前者只能以主控机(客户机)方式工作，且两者接口不一样。

　　TestTCP 工具的参数设置界面如图 2.22 所示，图 2.22 上右侧显示本机的 IP 地址，如果勾选【Local】复选框，则远程主机(RemoteHost)自动变更为"127.0.0.1"(不可更改)，远程端口(RemotePort)自动变更为 1024(可更改)；如果清除【Local】复选框，可自行填写这些数据，图中填写的是 163 的 POP3 服务器的名称与端口号。【Persistent】(坚持不懈)表示连接远程主机失败后将不断自动连接，直到成功。其他参数设置含义与 TestPort 工具的相似，这里不再赘述。

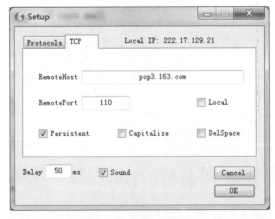

图 2.22　参数设置界面

2.7　RS-232/RJ-45 接口转换软件

　　RS-232/RJ-45 接口转换软件(可运行文件名为 COM_TCP)的主要功能是实现串口数据与网口数据的直接转发，用软件来实现硬件接口转换器的功能，不涉及到协议的变换。

串口只要进行常规的设置，与所连接设备的串口参数一致即可。由于主控机与嵌入式模块之间一般采用串口进行连接，另外，数据采集模块也大部分采用串口，因而，通过该软件接口转换工具，可以将此类串口设备连接到 Internet，进行远程处理。

2.7.1 应用模型

COM_TCP 可以工作在客户机模式下与服务器连接，也可以工作在服务器模式下与客户机连接，这样才能真正地实现 RS-232 与 RJ-45 接口的透明转换。TestPort 只是一个基于 RS-232 接口的串口测试软件，但是，借助 COM_TCP 即可与网易的 POP3 服务器连接，从而下载邮件。其工作原理如图 2.23 所示。

图 2.23　RS-232/RJ-45 接口转换软件的客户机模式应用

如果直接使用 2.6 节的 TestTCP 来控制 2.3 节至 2.5 节的软件仿真模块，由于接口不一致而不能实现。如果让 COM_TCP 软件工作在服务器模式下，侦听客户机的连接，从而将客户机发送的数据转发给仿真模块，将仿真模块响应的数据转发给客户机，即可实现。其工作原理如图 2.24 所示。

图 2.24　RS-232/RJ-45 接口转换软件的服务器模式应用

在计算机监控系统中，主控机与受控机通常采用串行接口，传输距离短。如果受控机出了问题，一般需要工程师去现场解决。可以让 COM_TCP 软件一端工作在服务器或客户机方式连接 Internet，另一端通过 RS-232 连接主控机或受控机。在图 2.25 的应用模型中，一般与受控机连接的接口转换软件工作在服务器模式，与主控机(或测试程序)连接的接口转换软件工作在客户机模式，这样，工程师就可以通过 Internet 用基于 RS-232 的远程主控机操作现场基于 RS-232 的受控机，查找故障原因。

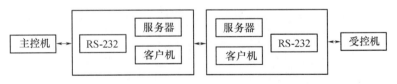

图 2.25　RS-232/RJ-45 接口转换软件用于计算机监控系统的远程测试

2.7.2 界面介绍

图 2.26 所示是 COM_TCP 软件的主界面，多行文本框中显示数据收发记录，【Setup】按钮用来设置软件的串口和网络参数，【Open】按钮及其右侧相邻的【Close】按钮用于打开和关闭串口；【Connect】按钮及其右侧相邻的【Close】按钮用于连接远程服务器或关闭连接，如果 COM_TCP 工作在服务器状态，则【Connect】按钮显示为【Listen】按

钮。状态栏中，第一栏显示串口号和打开或关闭的状态，第二栏显示远程主机的 IP 地址，第三栏显示 TCP 连接的状态。

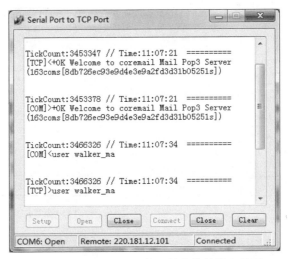

图 2.26　RS-232/RJ-45 接口转换软件的主界面

在主界面中点击【Setup】按钮，进入参数设置界面，如图 2.27 所示。"COM"页签用于设置串口参数，不涉及校验码和结尾码等参数的设置。【TCP】页签有工作模式 Work Mode 的设置，这里工作于客户机 Client 模式，因而，需要提供远程主机的名称或 IP 地址以及连接的端口号；如果工作于服务器 Server 模式，则只要提供本地侦听的端口即可。

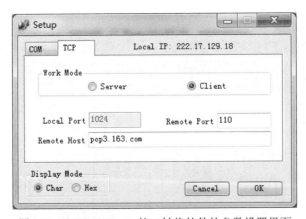

图 2.27　RS-232/RJ-45 接口转换软件的参数设置界面

图 2.26 是 TestPort 通过 COM_TCP 与网易的 POP3 服务器通信的记录，两个软件工具的显示模式 Display Mode 都要设置为 Char，串口的基本参数(波特率等)一致，TestPort 没有校验码，但是，结尾码必须与 POP3 协议的一致(添加 CRLF)。COM_TCP 的 TCP 参数设置如图 2.27 所示。由于 COM_TCP 连接到 POP3 服务器后，服务器立即响应欢迎信息，因而，应该首先打开两个软件工具的串口，然后才能连接远程 POP3 服务器。

图 2.26 中,"[TCP]>"为 COM_TCP 软件发送到 POP3 服务器的数据,"[TCP]<"为 POP3 服务器返回的数据;"[COM]>"为 COM_TCP 软件发送到 TestPort 的数据,"[COM]<"为 TestPort 发送到 COM_TCP 软件的数据。

本节软件界面介绍实现了图 2.23 的应用模型,由于篇幅所限,请读者自行尝试随后的两个应用模型。

2.8 本 章 小 结

一般情况下,学习计算机监控系统的研发,没有硬件设备是不行的。本章首先介绍了一个计算机监控系统的硬件实例,让读者产生一个感性认识,然后,对此硬件实例进行抽象,得到"只要有 I/O 模块,即可进行计算机监控系统的研发"的结论。无论是实物模块还是仿真模块,要实现对其进行监控,首先必须对其进行测试。TestPort 是一个通用多功能计算机监控系统测试软件,跟目前比较流行的"串口调试助手"相比,前者能够自动处理通信协议的校验码和结尾码,在此基础之上还衍生了多项功能。只有通过 TestPort 测试的模块,才能用于系统开发。

I-7065D 与 M-7065D 都可以采集 4 路开关量输入和控制 5 路开关量输出,都支持 DCON 协议,但是,后者还支持 Modbus RTU 协议。I-7013D 采用 DCON 协议,仅采集 1 路模拟量。可以用 TestPort 设置各个模块的工作参数,然后再对它们进行测试。

基于 TCP 客户机的计算机监控系统测试软件 TestTCP 是 TestPort 的网络版本,但前者仅实现了作为 TCP 客户机的主控机功能。RS-232/RJ-45 接口转换软件既可以充当服务器又可以充当客户机,使得可以用 TestPort 进行远程 TCP 测试,也可以用 TestTCP 进行串口测试。

本章所有仿真模块和软件工具都是作者独立研发的,为了表达方便,大部分界面使用英文,其中部分软件已经获得了中国版权保护中心颁发的软件著作权,这些软件都是在 Visual Basic 2010 Express Edition 环境下开发或继续完善的。下一章开始介绍该开发环境下的编程技术与计算机监控技术相关的软件成果。

教 学 提 示

在新生入学教育中,演示使用第 18 章介绍的主控软件监控各个仿真模块,实验室向学生开放,让学生实践操作。在"计算机组成原理"和"计算机接口技术"课程的教学过程中,让学生实践用 TestPort 测试仿真模块。在"计算机网络"课程的教学过程中,使用 TestTCP 测试 POP3 服务器,并借助 COM_TCP 进行各种测试。所有这些工作,可以有效将理论学习与工程实践联系起来,让学生学以致用。

思 考 与 练 习

1. 通过 RS-485 接口连接两台计算机,分别运行通用多功能计算机监控系统测试软件,配置串口参数和协议参数等,尝试发送和接收操作。

2. 利用通用多功能计算机监控系统测试软件设置各个模块的工作参数并读取数据，控制 7065D 模块的输出。

3. 利用通用 TCP 客户机连接网易、搜狐等网站的 POP3 服务器，进行手动会话操作。

4. 借助 RS-232/RJ-45 接口转换软件，分别用 TestPort 测试 POP3 服务器，而用 TestTCP 测试各个仿真模块。

第一部分　计算机监控系统的仿真开发

编程基础与技巧

第 3 章　Visual Basic 2010 入门

进入.NET 时代，只要 Visual C++和 Visual C#能完成的事情，Visual Basic 几乎都可以完成，因为它们都是面向对象的，而且，都是建立在.NET Framework 之上的，并共享公共语言运行库(Common Language Runtime，CLR)，只是语法上有所差异。Visual Basic Express Edition(速成版)不仅仅是 Visual Basic 的一个子集，还包括许多功能，可使 Visual Basic 编程比以前更加容易。对于那些不需要 Visual Basic 完全版的程序员而言，速成版不仅是用来学习使用 Visual Basic 编程的工具，而且也是一种功能齐全的开发工具，本书的所有软件仿真模块、辅助工具和测试工具，全部采用 Visual Basic 2010 Express Edition 研发完成。

3.1　Visual Basic 2010 的开发环境

Visual Basic 2010 Express Edition 可以从 http://www.microsoft.com/express/download/站点免费下载安装(请选择 "Chinese(Simplified)"，即简体中文)。Visual Basic 2010 是基于.NET Framework 4.0 的，对系统要求较高，建议使用 Windows 7 以上的操作系统、双核、2G 以上内存的计算机。安装完成后，可以试用这个产品 30 天。若需要在 30 天后继续使用，需要注册以获得一个免费的产品密钥。

3.1.1　启动 Visual Basic 2010

安装完成后，点击【开始】→【所有程序】→【Microsoft Visual Basic 2010 Express Edition】即可启动 Visual Basic 2010 了。在第一次启动时，系统需要花费几分钟的时间来设置 IDE 环境，随后进入 Visual Basic 2010 的 IDE 界面(图 3.1)。

起始页主要包括"最近的项目"，即最近打开的项目列表；"开始"窗口是 Visual Basic 2010 的帮助中心，如果需要获得 Visual Basic 教程、HowTo 文章或者想连接到开发社区，都可以从这个窗口找到链接；"Visual Basic 速成版标题新闻"列出了一些与 Visual Basic 2010 相关的重要新闻，如发布的课程、讲座以及重要更新等；"Visual Basic 开发人员新闻"包含了 MSDN RSS 源中获得的文章列表，这个窗口可以设置为从任何 RSS 源获得文章列表。

Visual Basic 2010 的 IDE 包括"菜单栏"，即所有操控 Visual Basic 2010 IDE 以及工程的功能项。【文件】菜单主要包括新建项目、打开项目与关闭项目等子菜单；【编辑】菜单包括类似 Office 中的常规子菜单，其中的【快速查找】与【快速替换】可以提高工作效率；【视图】菜单主要包括一些窗口的显示，如"解决方案资源管理器"、"数据库资源管理器"、"错误列表"、"属性窗口"、"工具栏的自定义"以及"全屏显示"等；【工具】

图 3.1　Visual Basic 2010 IDE 界面

菜单中的"代码段管理器"子菜单列出了在编辑程序代码的时候，可以插入的代码段，【选项】中的【环境】→【字体和颜色】可以很方便地设置字体大小，这对于教师授课比较有帮助，【项目和解决方案】→【常规】可以设置一些目录，【项目和解决方案】→【VB 默认值】一般不做修改，如 Option Explicit On 表示所有的变量在使用前必须声明等。

　　工具栏包含了菜单栏中常用菜单项的快捷按钮，除前面介绍的菜单项外，还包括【注释选中行】与【取消对选中行的注释】以及调试菜单项【启动调试】、【全部中断】、【停止调试】、【逐语句】、【逐过程】和【跳出】等。

　　工具箱(ToolBox)包括窗体中常用的组件，如"按钮"、"文本框"与"定时器"等，这些可视化组件与功能性组件为编程提供了极大的便利。解决方案资源管理器用于管理工程中的资源和文件，包括设计的窗体、源代码、数据库和图片等。

3.1.2　定制 IDE

　　定制 IDE，可以使其满足自己的习惯。如果专注于编程，可以使用 3.1.1 节介绍的"全屏显示"功能；如果在课堂上给学生演示程序或者喜欢大一些的字体，可以调整 3.1.1 节提及的"字体和颜色"。

　　1．定制菜单和工具栏

　　Visual Basic 2010 IDE 中包含了上百个命令，每个命令都有对应的工具栏按钮或者菜单项，因此，工具栏按钮或者菜单项都可以称作命令按钮。但是，并不是所有的按钮都放置到界面中。对于自己常用的命令按钮，可以通过菜单命令【工具】→【自定义】打开图 3.2 所示的界面，找到【命令】选项卡，在【菜单栏】下拉框中选择【调试】项目，再点击【添加命令】按钮，可以在新窗口中的【调试】项目下找到并选择【禁用所有断点】，这样即可将该命令添加到【调试】菜单栏。也可以点击【工具栏】选项卡，添加其他所需要的工具栏。

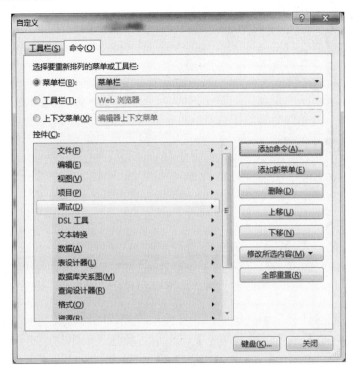

图 3.2　自定义菜单和工具栏

2．定制 IDE 选项

点击【工具】→【选项】可以对 IDE 的选项进行定制。3.1.1 节已经介绍了部分选项的含义及调整方法，关于其他选项，可以尝试更改，观察其效果。

3．设置 IDE 窗体布局

在 Visual Basic 2010 中，可以设置窗口是浮动、可停靠和选项卡式文档三种方式。浮动窗口当然是指窗口中的了窗口可以自由移动，而停靠窗口是指一个窗口"吸附"在另外一个窗口的任意一边。

在 Visual Basic 2010 IDE 中，默认的工具窗口(包括解决方案资源管理器、属性窗口、工具箱窗口和即时窗口等)都是停靠窗口，这些窗口"吸附"在工作区域周围。采用停靠窗口的好处是布局很清晰，但是，会占用工作区域，并且，因为停靠在其他窗口上，所以，本身的大小不好设置。可以通过右击窗口的标题栏更改窗口的显示方式。

窗口的停靠位置是可以改变的，例如，将解决方案资源管理器拖离原来的位置，如图 3.3 所示，图中出现了上下左右四个箭头，分别表示停靠在四条边上，如果放到中间位置，则两个窗口合二为一，通过页标签来选择显示哪个窗口。窗口停靠是一种必须掌握的基本技能，如果不小心关闭了常用的窗口，可以通过以上技术，将窗口停靠到合适的位置。

34

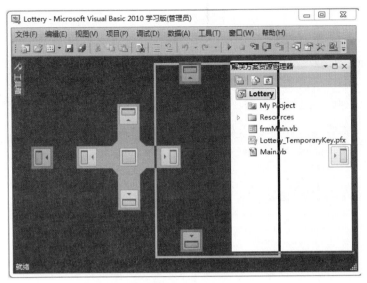

图 3.3　窗口的停靠

在 Visual Basic 2010 IDE 中，所有工具窗口上都有一个 或 图标，指示窗体是否自动隐藏。 表示自动隐藏，只在 IDE 界面中显示一个页标签(如图 3.3 所示的工具箱页标签)；点击该图标，就转换为 图标，窗口不再自动隐藏。

在 30 天内注册 Visual Studio 速成版副本可以得到很多注册权益，包括完整语言支持(编译器、库)和集成开发环境。选择菜单【帮助】→【注册产品】，弹出【产品注册】对话框，点击链接【立即注册】打开注册网页，根据要求输入个人信息，得到注册密钥，将此密钥复制后粘贴到【注册密钥】文本框中，点击【完成注册】即可。以后再点击菜单【注册产品】，将显示"此产品已注册"的对话框。

3.2　创建 Windows 窗体应用程序

Visual Basic 2010 IDE 的可视化效果及编程环境都非常好，可以非常快捷地编写功能强大的应用程序。图 3.1 是一个 IDE 界面，其中没有项目，所以，解决方案资源管理器是空白的。图 3.3 中添加了项目，所以，菜单要丰富一些。下面以一个福利彩票"双色球"自动选号程序为例，详细介绍 Windows 窗体应用程序的创建、界面设计、代码编写与调试的整个过程。

3.2.1　需求分析

根据《福彩双色球玩法规则》，"双色球"每注投注号码由 6 个红色球号码和 1 个蓝色球号码组成。红色球号码从 1～33 中选择；蓝色球号码从 1～16 中选择。红色球的 6 个号码互不相同，但是，蓝色球号码允许与红色球号码相同。程序由两个文本框和一个按钮组成，一个文本框用红色显示 6 个红色球号码，另一个文本框用蓝色显示蓝色球号码，命令按钮用于启动计算。号码应该随机产生，满足一组号码不重复且在规定的范围内。

3.2.2　环境与界面的处理

打开 Visual Basic 2010 IDE，点击菜单【文件】→【新建项目】，出现如图 3.4 所示的界面。在 Visual Studio 已安装的模板中，选择 Windows 窗体应用程序，在图的下部项目名称文本框中输入 Lottery(彩票)，点击【确定】按钮。

图 3.4　新建项目

从工具箱的"所有 Windows 窗体"下找到 TextBox(文本框)控件，拖两个文本框到窗体上，通过属性窗口将前者的 Name 属性设置为 txtRed，即红色球，后者的 Name 属性设置为 txtBlue，如图 3.5 所示，其中，点击用圆圈标注的黑三角(▶)(称作智能标记标志符号，简称智能标签)，可以打开文本框的快捷属性 Multiline(是否允许多行)——**无论是界面设计还是源代码编写，看到此智能标签，都可以点击，以便得到更多的相关信息。**可以先在文本框的 Text 属性中输入数据，然后，调整好两个文本框的宽度，再删除数据。两个文本框的 TextAlign(对齐方式)属性都选择 Center(居中)，【txtRed】文本框的 ForeColor(前景色)属性设置为 Red，【txtBlue】文本框的 ForeColor 属性设置为 Blue。再从工具箱中找到按钮 Button，加入一个按钮，Text 属性设置为 Test，Name 属性设置为 btTest。

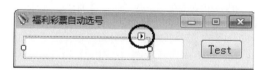

图 3.5　福利彩票自动选号程序界面

这里需要注意的是，只有在"窗体设计"阶段，工具箱中才有各种控件。在代码编辑和程序运行或调试阶段，工具箱中没有控件。

对于窗体，其属性也需要做修改，见表 3.1。FormBorderStyle 为窗体边框属性，FixedSingle 为固定单边，这种边框在程序运行期间不能调整界面大小(Sizable 属性反之)。福利彩票自动选号程序界面设计完毕，不需要调整界面大小，否则，就会显得比较凌乱，所以，这里选择 FixedSingle 属性。图标文件修改后，程序运行时窗体的图标改变，如图 3.5 所示，但是，在 Windows 资源管理器中，图标依然是默认图标。可以在解决方案资源管理器中，双击 My Project，打开项目属性，选择应用程序选项，通过"浏览"修改图标，如图 3.6 所示。如果 FormBorderStyle 选择 FixedSingle 属性，一般使 MaximizeBox 取值为 False，即取消最大化。StartPosition 为 CenterScreen 属性，表示程序启动后即在屏幕的中间显示。TopMost 为 True 表示程序在顶层显示，即使程序失去焦点，也不会被非顶层程序覆盖。

表 3.1　窗体属性的修改

属性	值	说明
Name	frmMain	名字
FormBorderStyle	FixedSingle	单边固定
Icon	wi0054-64.ico	图标文件
MaximizeBox	False	取消最大化
Size	327, 79	表单大小
StartPosition	CenterScreen	居中显示
Text	福利彩票自动选号	程序标题
TopMost	True	顶层显示

图 3.6　项目属性的修改

本项目只有一个窗体，所以，图 3.6 中，启动窗体默认为 frmMain。如果一个程序的窗体和软件模块较多，就需要选择合适的启动窗体，即程序运行时，首先启动该窗体。

一般非容器控件(如本例中的 TextBox 与 Button)都有 Anchor 属性，默认为"Top, Left"，如图 3.7 所示，表示容器控件的大小变化时，控件与容器的左边界及上边界的距离不变。

Dock 属性为控件停靠的地方，如图 3.8 所示，默认为 None，表示控件不停靠任何地方。可以修改这两个属性，同时，改变窗体大小，以观察效果。主菜单"格式"中的子菜单用来调整控件的格式，如图 3.9 所示，包括对齐方式、大小、水平和垂直间距、居中与顺序，这些工具可以高效地对控件布局进行调整。一旦界面设计完毕，可以点击【锁定控件】，这样，窗体中的控件将被锁定，不能更改大小，也不能被移动，这样可以避免误操作。

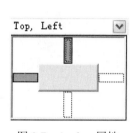

图 3.7　Anchor 属性

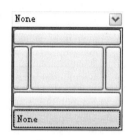

图 3.8　Dock 属性

图 3.9　格式调整

3.2.3　代码编写

根据 3.2.1 节中的需求分析，本程序需要一个函数，用来产生指定范围内的随机数。右击解决方案资源管理器中的项目 Lottery，点击【添加】→【新建项】，选择【模块】，并将模块的名字改为 Main.vb，然后，点击【确定】。在 Module Main 和 End Module 之间输入如下代码。

```
Public Function GetRandomByte(Optional ByVal nFrom As Integer = 0, _
                         Optional ByVal nTo As Integer = 255) As Byte
    If nFrom > nTo Or nFrom < 0 Or nTo >255 Then
        'Error: nFrom > nTo!
        Return 0
    End If

    Dim rnd As Random = New Random()        '生成随机对象
    Dim bData As Byte                       '存放结果

    ' 如果产生的随机数除以 256，余数在规定的范围内，则退出；否则，循环
    Do While True
        bData = (rnd.Next) Mod 256
        If bData >= nFrom And bData <= nTo Then Return bData
    Loop
    Return 0
End Function
```

在 Visual Basic 中，定义方法采用如下形式。

```
Private/Public Function 函数名([[Optional] Byval/ByRef 参数 _
                    As 类型 [= 默认值]])As 类型
```

Private 定义的函数或方法只能在本类中使用，Public 定义的方法可以被其他类使用。可选参数用 Optional 修饰，而且，需要指定默认值。Byval 表示传值方式，这样，在函数中修改参数，不会影响调用程序中的参数值；相反，ByRef 表示传址，调用函数的程序使用的参数与函数本身所使用的参数共享地址，所以，在函数中修改参数，会影响调用程序中的参数值。可以只有一个或多个参数，也可以没有参数，多个参数之间用逗号分隔。最后是函数的返回类型，GetRandomByte 函数返回字节类型。

GetRandomByte 函数产生一个随机字节，该函数有两个可选参数，表示范围的下限与上限，默认值的下限为 0，上限为 255。如果上限与下限错误，则返回 0。否则，生成一个基于 Random 类的随机对象 rnd，利用其 Next 方法产生一个非负伪随机数。

伪随机数是以相同的概率从一组有限的数字中选取的。所选数字并不具有完全的随机性，因为它们是用一种确定的数学算法选择的，但是，从实用的角度而言，其随机程度已足够了。Random 类的当前实现是基于 Donald E. Knuth 的减随机数生成器算法的。

随机数的生成是从种子值开始。如果反复使用同一个种子，就会生成相同的数字系列。产生不同序列的一种方法是使种子值与时间相关，从而对于 Random 的每个新实例，都会产生不同的系列。

如图 3.10 所示，用来初始化 rnd 对象时，出现了参数提示，图中是第一个 New 函数；点击其中的任何一个智能标签，出现第二个不带参数的 New 函数，使用与时间相关的默认种子值，这样更适合本例，因为时间是变化的，不会生成相同的数字系列。函数的参数提示功能，使得编程更加方便高效，不像使用 Visual C++ 6.0 或 TC 2.0，需要经常翻阅手册。

```
Dim rnd As Random = New Random
```
▲ 1个(共 2 个) ▼ New()
　　使用与时间相关的默认种子值，初始化 System.Random 类的新实例。

图 3.10　函数的参数提示

在 Visual Basic 中，声明变量一般采用如下形式。

```
Dim / Private / Public 变量名 As 类型 [ = 初始化值]
```

Dim 可用于在子程序或函数的内部声明变量，也可以用于声明类的私有变量，这时，相当于 Private；Private 与 Public 用于声明类的私有变量与公有变量，私有变量只能限于本类使用，公有变量可以被其他类使用。可以在声明变量的同时，对变量进行初始化。

Visual Basic 2010 以 " _ " 作为续行标志，注释用 "'" 开头，在函数中返回数值可以跟 C 语言一样，使用 Return，也可采用给函数名赋值的形式。

双击解决方案资源管理器中的 frmMain.vb，打开主窗体，然后，双击按钮【Test】，在其 Click 事件处理程序中输入如下代码。

```
Private Sub btTest_Click(ByVal sender As System.Object, _
                ByVal e As System.EventArgs) Handles btTest.Click
    'btTest_Click是事件处理的程序名
    'sender 是事件的发送者，e 是事件参数
    'Handles btTest.Click 表示处理 btTest 按钮的 Click 事件

    Dim I As Integer                        '用来计数
    Dim strRed As String = ""               '存放 6 个红色球号码
    Dim strTmp As String = ""               '临时变量
    Dim nTmp As Integer                     '临时变量

    For I = 0 To 5                          '产生 6 个红色球号码
        While strRed.Contains(strTmp)       '如果红色球号码中包含新随机数，循环
            nTmp = GetRandomByte(1, 33)     '产生 1-33 之间的随机数
            strTmp = nTmp.ToString("D2")    '将随机数转换为两个字符
        End While

        strRed &= strTmp                    '相当于 strRed = strRed + strTmp
        If I < 5 Then strRed &= " "         '确保两个红色球号码之间有一个空格
    Next I

    Dim strArray(5) As String              '定义一个字符串数组，下标从 0 开始
    strArray = Split(strRed)               '将 6 个红色球号码分拆到数组中
    Array.Sort(strArray)                   '对数组进行排序
    '将排好顺序的数组转换为空格分隔的字符串，并放入 txtRed 文本框中显示
    txtRed.Text = String.Join(" ", strArray)

    Sleep(7)                               '休眠 7 毫秒
    nTmp = GetRandomByte(1, 16)            '产生一个 1-16 的随机数
    txtBlue.Text = nTmp.ToString("D2")     '转换为两个字符进行显示
End Sub
```

　　如果更改按钮的名字，Handles 后面的按钮名字将会自动更改，但是，Sub 后面的子程序名不会更改。这个子程序到底处理什么事件，由 Handles 后面的参数决定，如果另外一个按钮 btOK 也采用此处理程序，只要用逗号分隔 btOK.Click 即可。可以使用 DirectCast(sender, Button)方法，将 sender 类型转换为 Button 类型。

　　每次 For 循环都产生一个红色球号码，在 For 循环中有一个 While 循环，strRed 是字符串类型，也是 String 类的对象，常规类型基本上属于类，例如，Integer 类型的变量 nTmp 也有 ToString 方法。strRed.Contains(strTmp)语句判断 strRed 中是否包含 strTmp 子字符串，如果包含，说明已经产生了该红色球号码，继续循环，否则跳出 While 循环。

40

nTmp.ToString("D2")将 nTmp 转换为两个十进制字符，例如，将 32 转换为"32"，将 3 转换为"03"。Split 是内部函数，默认将以空格为分隔符将字符串切分到字符串数组中，Join 是 String 类的 Share 方法，通过 String 类名或其对象名直接调用都可以，这就是 Share 方法的特征。Join 将字符串数组连接成字符串，这里指明用空格分隔。调用 Sleep 休眠 7ms 是为了更好地产生随机数作为蓝色球号码，输入 Sleep 的时候，会提示错误，如图 3.11 所示。这时，可以将 Sleep 改为 System.Threading.Thread.Sleep，错误即消失。这里仍然使用单独的 Sleep，但是，在 Public Class frmMain 行之上输入如下一行代码。

```
Imports System.Threading.Thread
```

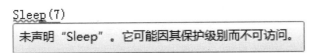

图 3.11　错误提示

这表示引入命名空间，如此也可消除错误。关于命名空间的详细介绍，参见 3.4 节。

双击窗体，在窗体的 Load 事件处理程序中，输入代码 btTest.Select()，这表示程序运行后，按钮将首先获得焦点，此时，按回车键与点击按钮的效果将是一样的。

现在，可以通过点击菜单【调试】→【启动调试】、工具栏上的启动调试图标或者直接按【F5】运行程序，观察一下效果，是否与图 3.12 的一样(当然，随机数一般不一样)。

图 3.12　福利彩票自动选号程序运行效果

Visual Basic 的界面、代码、类、模块等文件的后缀名都是 vb，工程文件的后缀名为 vbproj，解决方案的后缀名为 sln。解决方案调用工程文件，因而，关闭项目后，直接点击工程文件或解决方案，都能重新打开项目。

3.2.4　插入代码段的使用

双击窗体，在代码 btTest.Select()的上边空白一行，右击，选择【插入代码段】→【Windows 窗体应用程序】→【窗体】→【创建透明的 Windows 窗体】，将产生如图 3.13 所示的代码。蓝色的对象名仅仅是个示范，需要更改；绿色的数值 0.83 表示 Opacity(不透明性)的数值，从 0 到 1，0 表示完全透明，1 表示完全不透明，也可根据需要更改。

`frmTransparentForm` Opacity = `0.83`

图 3.13　"插入代码段"的使用

将窗体的名字改为 Me，运行程序，其效果如图 3.14 所示，窗体变得透明，看得见 Windows 资源管理器后面的图标。福利彩票自动选号程序使用透明窗体没有什么意义，这里只是为了演示"插入代码段"的使用。

图 3.14　窗体透明效果

Me 关键字提供了一种引用当前正在其中执行代码的类或结构的特定实例的方法。Me 的行为类似于引用当前实例的对象变量或结构变量。在向另一个类、结构或模块中的过程传递关于某个类或结构的当前执行实例的信息时，使用 Me 尤其有用。

3.3　调　　试

福利彩票自动选号程序比较简单，一共才 30 多行代码。但是，也经过多次修改。每次修改代码，都要用到调试技术，观察修改后的效果，以及是否按照自己的意愿运行。程序中的错误一般包括语法错误、逻辑错误以及运行时错误等。语法错误可以从错误列表窗口中看出，如图 3.15 所示，修改也很简单，只要找到项目中对应文件的行与列，将 Intege 改为 Integer 即可。

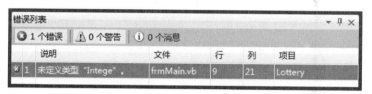

图 3.15　错误列表窗口

即时窗口(如果被关闭，可以使用菜单【调试】→【窗口】→【即时】打开，或通过工具栏打开)用于在程序运行时输出调试信息，或者在设计期间完成简单的计算任务。即时窗口是项目中的一部分，如果程序存在语法错误，即时窗口就不能使用。在 Main.vb 模块中，有且只有一个计算随机数字节的函数 GetRandomByte，测试其效果可以使用图 3.16 所示的方法。也可以在窗体的命令按钮下通过 Debug.Print(变量)从即时窗口中输出结果。为了更好地观察本次调试过程，需要清除上次调试时在即时窗口中输出的内容，此时可以右击即时窗口，在弹出菜单中选择【全部清除】即可。

图 3.16　即时窗口的使用

断点是调试程序最常用的手段，用鼠标点击源代码中的灰色条，即可设置一个断点。程序运行到断点处将挂起，这时，将鼠标移到感兴趣的变量，观察数值，如图 3.17 所示，nTmp 的值为 5，正好在 1～33 之间。

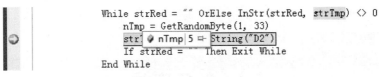

```
While strRed = "" OrElse InStr(strRed, strTmp) <> 0
    nTmp = GetRandomByte(1, 33)
    str1 ⬤ nTmp 5 ⬅ String("D2")
    If strRed = "" Then Exit While
End While
```

图 3.17 断点的使用

可以右击变量 nTmp，选择添加监视，此时，nTmp 的值就出现在监视窗口中，如图 3.18 所示。对于多个监视，则可以一目了然。

图 3.18 添加监视

在调试菜单中，可以逐语句、逐过程调试，也可以禁用所有断点或删除所有断点，用起来非常方便。

Try…Catch…Finally 语句用于捕捉程序中出现的异常。在窗体中加入一个按钮，双击按钮输入如下代码。

```
Dim x As Date
Try
    '可能抛出异常的语句放在 Try 块中
    x = CDate("Hello")
Catch ex As Exception
    '抛出的异常在 Catch 块中处理
    MessageBox.Show(ex.Message)
Finally
    '不管 Try 块中的语句是否产生异常，这里的语句都要执行
End Try
```

CDate 函数可以将字符串转换为 Date，即日期型变量，例如 CDate("08/27/2008")可以转换为日期，但是，如果参数为"Hello"，就会失败从而引发异常。Catch 语句捕获异常，通过消息框显示异常信息，如图 3.19 所示。如果此问题比较困难，可以将此信息通过搜索引擎寻找解决办法。

图 3.19 捕获异常

程序调试成功，可以右击【解决方案资源管理器】中的【项目名称】，选择【生成】菜单生成发布版(Release)的 exe 文件。

3.4 命 名 空 间

.NET Framework 类库是一个由 Microsoft .NET Framework 中包含的类、接口和值类型组成的库。该库提供对系统功能的访问，是建立 .NET Framework 应用程序、组件和控件的基础。

.NET Framework 类库由命名空间组成。每个命名空间都包含可在程序中使用的类型：类、结构、枚举、委托和接口。

命名空间提供范围：两个同名的类只要位于不同的命名空间并且其名称符合命名空间的要求，就可以在程序中使用它们。命名空间名称是类型的完全限定名(namespace.typename) 的一部分。所有 Microsoft 提供的命名空间都是以名称 System 或 Microsoft 开头的。

.NET Framework 类库的功能并不包含在单个 DLL 中。通过将基类的功能放入多个 DLL 中，托管程序在启动时无需加载一个较大的 DLL，而只需加载一个或多个较小的 DLL。这就减少了程序的启动时间。可以使用在项目中定义的命名空间。但是，通常会使用驻留在托管 DLL 中的命名空间中的类型。托管 DLL 也称作"程序集"。

在创建 Visual Basic 项目时，已经引用了最常用的基类 DLL(程序集)，如图 3.20 所示，就是 Lottery 项目默认引用的命名空间(DLL)。但是，如果需要使用尚未引用的 DLL 中的类型，则需向此 DLL 添加引用。在 3.2.3 节中，为了调用 Thread 类的 Sleep 方法，添加了引用"Imports System.Threading.Thread"，Threading 是 Thread 的父类，System 是 Threading 的父类，"System.Threading.Thread"则是一个命名空间，有了这个引用，就可以在程序中直接调用 Sleep 方法，而不需要在方法前添加长长的命名空间。由此可见，从某种意义上来说，命名空间只是一个类的层次结构。

通常会如何使用托管 DLL(程序集)、命名空间和命名空间中的类型呢？可以遵循如下步骤：

(1) 确定提供所需功能的类的位置。

(2) 在类型的文档概述中，记下该类型的程序集和命名空间的名称。

(3) 查看是否已经在项目中引用程序集。打开"解决方案资源管理器"，在"引用"节点下查看。

(4) 如果没有看到程序集引用，请右击"引用"节点并选择"添加引用"。

这是除 Imports 语句以外的添加引用的另一种方法。当添加程序集引用后，即可访问程序集中的类型。鼠标右击图 3.20 中的引用项，可以移除相关引用。

图 3.20　Lottery 默认引用的命名空间

3.5 如何寻求帮助和提高编程水平

一个近乎完美的程序是怎么完成的？程序不是很草率地编写出来的，而是雕琢出来的——编程前要进行详细的需求分析，并深思熟虑；初步完成编程工作后，还需要反复调试、测试，经过多次完善后，才能成为一个精品。要想成为一个编程高手，随心所欲地雕琢精品程序，首先得熟悉所使用的编程工具的基本语法，掌握其基本技巧，还要具备一定的理论知识，如数据结构、各种算法等。下面就以上知识点如何寻求帮助谈一些管窥之见。

3.5.1 基本语法

本书并没有介绍 Visual Basic 2010 的基本语法，因为 MSDN (Microsoft Developer Network，微软开发者网络)已经提供了详尽的介绍，包括编程指南、例程、函数参考等，应有尽有。Lottery 项目中使用了 Integer 类型，如果想详细了解此类型，可以通过 MSDN 的目录"参考"(Visual Basic)或通过索引查到信息"Integer 数据类型提供了针对 32 位处理器的优化性能。其他整数类型在内存中加载和存储的速度都要稍慢一些。Integer 的默认值为 0"。另外，通过【插入代码段】→【代码模式】，可以非常方便地插入"条件语句和循环"等，只要适当修改即可使用。

作者主张在安装 Visual Basic 2010 的时候，下载 MSDN，这样可以通过 Visual Basic 的菜单【帮助】→【目录】直接进入 MSDN，脱机学习相关知识。当然，如果计算机的性能欠佳，可以访问在线 MSDN。知识在于积累，经常浏览 MSDN，模仿并改进其中的例程，将它变为自己的知识和能力，是提高编程水平的重要手段之一。

.NET Framework 4.0 提供了极其丰富的类库，本书只能介绍其中很少的一部分，而对于具体的类，也只能介绍其中的部分属性和方法。读者可以在掌握基本的语法和编程技巧后，自己勤学勤练。如图 3.21 所示，对于 String 对象 myString，Visual Basic 2010 自动显示属性和方法及其提示，读者可以根据自己的兴趣尝试使用，不断积累，这样，就能不断提高自己的编程水平。

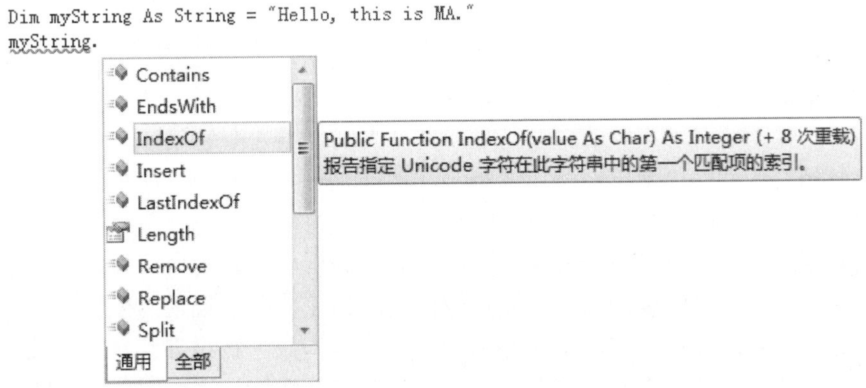

```
Dim myString As String = "Hello, this is MA."
myString.
```

Contains	
EndsWith	
IndexOf	Public Function IndexOf(value As Char) As Integer (+ 8 次重载)
Insert	报告指定 Unicode 字符在此字符串中的第一个匹配项的索引。
LastIndexOf	
Length	
Remove	
Replace	
Split	

通用 全部

图 3.21 对象属性与方法的学习

3.5.2 基本技巧

在进行软件的需求分析过程中，应该能够预知，完成本软件需要哪些技巧或技术，其中还有哪些技巧或技术自己没有掌握？例如，对于 Lottery 项目，产生随机数是最核心的技术，其次是对彩票号码进行排序。这可以通过搜索引擎完成，输入"VB.NET 随机数"关键词，表示寻求通过 Visual Basic .NET 产生随机数的方法。使用 VB.NET 作为关键词比 Visual Basic 2010 更具有通用性。这样找到 Random 类后，如果别人的例程看不懂，或者需要进一步了解，可以到在线 MSDN 查找 Random，得到详细信息。在线 MSDN 包括技术资源库、下载、社区等项，可以用来学习技术文档、下载开发工具以及通过社区寻求帮助。

一般情况下，通过从搜索引擎到 MSDN 这个过程，实现技巧的由粗到细的查找和学习，弄清楚其中的原理，然后，修改别人的例程，使其满足自己的应用要求。对于一些常用的函数，应该用单独的模块存放，经常使用与完善，逐步丰富，成为将来构建大型应用程序的基石。

对于一些不常见的技巧或困难，可以登录 MSDN 社区，跟其他开发者一起讨论。或许别人也遇到相似的问题，但是，也没有解决。不过，所使用的方法不一样，这时，可以使用别人的方法，做一些改进，或许问题就得到解决了。

对于一些更加复杂的编程技巧，可以到专门的例程网站去寻找。作者经常使用的 WinAlarm 程序(见第 11 章)，需要 DataGridView 控件来显示数据库中的数据，并将修改后的数据保存到数据库。如果通过太多的辅助控件来实现，显得太受束缚，在线 MSDN 提供的关于 DataGridView 的信息又不够。作者通过 Code Project 网站，找到相关的两篇文章并下载了例程，在此基础之上设计了一个高效的 DataGridView 模板(参见第 10 章)——有了此模板，编程如虎添翼。

另外，经常阅读《电脑编程技巧与维护》杂志，也是提高编程技巧的捷径。该刊物是国家级科技期刊，始终坚持"实用第一、质量第一、读者第一"的原则，所有投稿都被要求提供源代码，文章和软件都需要经过编辑审查合格后才能录用，而且，所有刊出的文章，其对应的源代码都可以通过该刊物的网站下载，便于读者学习。

3.5.3 理论知识

现在的网络棋牌游戏，都涉及一些比较复杂的算法，有的还有一定的智能，因而，仅凭一些简单的循环与条件语句是不足以完成这些任务的。要想完成上档次的软件，没有一定的理论知识是绝对不够的，特别是涉及到人工智能方面的项目。

计算机相关专业的"数据结构"课程，其实就是一门算法入门课程，主要包括两部分内容，即现实需求的数据表示与算法分析——不能将现实需求抽象成计算机能够处理的合适的数据结构，计算机处理就无从谈起；算法分析主要是指处理问题的方法，一个良好的算法，应该占用较少的内存，并以较快的时间完成所要处理的任务。将"数据结构"中的算法用 Visual Basic 2010 编程实现，无疑是提高计算机理论水平与编程技巧的有效手段。对"人工智能"和"高级人工智能"以及"软件工程"的学习，则可以设计出更加综合的与高水平的软件，与编程高手的距离也就不远了。

3.6　本章小结

本章首先介绍了 Visual Basic 2010 的开发环境与环境的定制。在此基础之上，以彩票程序 Lottery 为例，详细分析了程序创建、设计与调试的整个过程。最后介绍了命名空间的概念以及如何寻求帮助，成为编程高手。本章内容是本书的重要基础，而 Lottery 程序虽然简单，但是，涉及许多重要概念，循环中还有循环和条件语句，需要以此为主线，将本章内容串联起来，并达到熟练掌握的程度，以便为后续的学习打下良好的基础。

教 学 提 示

任课教师通过菜单的【工具】→【选项】→【环境】→【字体和颜色】，设置好"文本编辑器"和"即时窗口"的字体(建议采用 23 号微软雅黑粗体)，以便增加演示效果。学生应掌握环境的定制，窗体、文本框与命令按钮的基本属性的设置，创建最简单的窗体应用程序，熟悉调试程序的基本方法。另外，课余时间还要了解变量、条件与循环语句等语法。这些知识都非常简单，但是，一定要花时间掌握。

思考与练习

1. 下载安装 Visual Basic 2010 Express Edition，并完成注册与定制。
2. 举例说明什么是命名空间，如何使用命名空间？
3. 有几种形式的循环语句，如何使用？通过 MSDN 查找资料，并用各种循环语句计算 1 至 100 的和。
4. 设计一个简单的窗体应用程序，完成程序的创建、代码编辑与程序调试。
5. 在编程过程中遇到困难，应该如何寻求帮助，如何成为编程高手？谈谈自己的想法。

第4章 界面设计

Windows 窗体应用程序是由窗体和控件组成的，一个良好的 Windows 应用程序应该是形式和内容的完美结合，即，不但要功能满足需要，而且，界面应该简捷美观，操作方便。本章根据工具箱对控件的分类，通过实例详细介绍常用控件的使用方法。开发人员通过控件的属性、方法与事件来使用控件。学习使用控件，也应该遵循由易到难的步骤，即从属性、方法再到事件。控件有许多公共属性，因而，对于上文说明过的属性，下文将不再赘述(本章例程以"WinApp_控件名"命名)。

4.1 公共控件

公共控件位于工具箱中的公共控件选项卡中，是窗体应用程序中的常用控件。3.2.2节已经介绍了公共控件的常用属性Anchor 与 Dock，以及 Button(按钮)的基本使用方法。本节继续介绍其他常用控件。

4.1.1 Label

Windows 窗体 Label 控件用于显示用户不能编辑的文本或图像。它们用于标识窗体上的对象，例如，可以使用标签向文本框、列表框和组合框等添加描述性标题。也可以编写代码，使标签显示的文本为了响应运行时事件而作出更改，例如，如果应用程序需要几分钟时间处理更改，则可以在标签中显示处理状态的消息。

Label 控件的常用属性见表 4.1。AutoSize 为 True 时，Label 主要根据 Font 与 Text 属性自动调整大小，此时，Size 属性无效，即，如果单纯手工修改 Size 的值，将自动恢复原来的值。AutoSize 为 False 时，可以在窗体上调整 Label 的大小，也可以在属性窗口中直接修改 Size 的值。TextAlign 表示标签文本内容的对齐方式(与图 3.7 Anchor 的属性类似)，在 AutoSize 为 False 时有效。Visible 表示该标签是否可见，为 True 时可见，等于 False 时隐藏。

表 4.1 Label 的常用属性

属性	说明	属性	说明
AutoSize	是否自动调整大小，布尔型	Text	Label 的文本内容
Font	包括字体、字形与大小	TextAlign	文本内容的对齐方式
Location	Label 在容器中的位置	Visible	是否可见，布尔型
Size	Label 的大小		

Label 的其他属性 BackColor(背景色)、ForeColor(前景色)、BorderStyle(边框风格)、

Enabled(是否使能)等，一般使用默认值即可。

4.1.2 LinkLabel

Windows 窗体 LinkLabel 控件使用户可以向 Windows 窗体应用程序添加 Web 样式的链接。一切可以使用 Label 控件的地方，都可以使用 LinkLabel 控件；还可以将文本的一部分设置为指向某个文件、文件夹或网页的链接。

除了具有 Label 控件的所有属性、方法和事件以外，LinkLabel 控件还有针对超链接和链接颜色的属性，见表 4.2。LinkArea 属性设置激活链接的文本区域。LinkColor、VisitedLinkColor 和 ActiveLinkColor 属性设置链接的颜色。LinkClicked 事件确定选择链接文本后将发生的操作(不一定打开浏览器)。

表 4.2　LinkLabel 的常用属性

属性	说　　明
ActiveLinkColor	活动时的链接颜色
LinkArea	链接区域，包括开始与长度值
LinkColor	链接颜色
LinkVisited	是否标注访问过的站点
VisitedLinkColor	标注访问过的站点的颜色

LinkLabel 控件的最简单用法是使用 LinkArea 属性显示一个链接，但用户也可以使用 Links 属性显示多个超链接。Links 属性使用户可以访问一个链接集合。也可以在每个单个 Link 对象的 LinkData 属性中指定数据。LinkData 属性的值可以用来存储要显示文件的位置或网站的地址。

在初始状态，链接文本的颜色由 LinkColor 规定，当点击链接的文本时，文本的颜色转换为 ActiveLinkColor。如果 LinkVisited 为 True，则访问过的站点对应的链接文本的颜色转换为 VisitedLinkColor；如果设置为 False，不管是否访问过站点，链接文本的颜色都是 LinkColor 指定的颜色。

新建一个窗体应用程序 WinApp_LinkLabel，在窗体上添加 LinkLabel 控件，如图 4.1 所示，并将 Text 属性设置为"Visual Basic 2010 Express Edition 下载"，将 LinkVisited 属性设置为 True，将 LinkArea 属性设置为"34,2"，即文本内容的第 34 个字符开始(Start)，长度(Length)为 2，其他属性使用默认值。

图 4.1　LinkLabel 控件测试

双击窗体，在窗体的 Load 事件处理程序中输入代码：

```
LinkLabel1.Links(0).LinkData = "http://www.microsoft.com/express/download/"
```

此语句将设置 LinkLabel 中的第一个超级链接的网址。双击 LinkLabel，输入如下代码。

```
Private Sub LinkLabel1_LinkClicked(ByVal sender As System.Object, _
        ByVal e As System.Windows.Forms.LinkLabelLinkClickedEventArgs) _
        Handles LinkLabel1.LinkClicked

    Dim strTarget As String = CType(e.Link.LinkData, String)

    ' 假如结果像 URL, 就打开浏览器导航到该网址,
    ' 否则, 用消息框显示相关信息。
    If (Nothing <> strTarget) And (strTarget.StartsWith("http")) Then
        System.Diagnostics.Process.Start(strTarget)
    Else
        MessageBox.Show("Item clicked: " + strTarget)
    End If
End Sub
```

代码中的 e 是一个事件参数，LinkData 是一个 Object 对象，CType 函数将 Object 对象转换为 String 对象，第一个参数是变量名，第二个参数是需要转换的类型名，这里将 Object 变量 LinkData 转换为 String 类型的变量，结果赋给 strTarget 变量。CType 与 3.3 节中的 CDate 函数相似，但 CDate 只有一个参数，没有 CType 灵活。如果 strTarget 非空 (不等于 Nothing)，并且，以 "http" 开头，则打开浏览器，导航到该网址。

4.1.3 TextBox

Windows 窗体文本框用于获取用户输入或显示文本。TextBox 控件通常用于可编辑文本，不过也可使其成为只读控件。文本框可以显示多个行，对文本换行使其符合控件的大小以及添加基本的格式设置。TextBox 控件为在该控件中显示的或输入的文本提供一种格式化样式。

控件显示的文本包含在 Text 属性中。默认情况下，最多可在一个文本框中输入 2048 个字符。如果将 Multiline 属性设置为 True，则最多可输入 32 KB 的文本。Text 属性可以在设计时使用"属性"窗口设置，在运行时用代码设置，或者在运行时通过用户输入。可以在运行时通过读取 Text 属性来检索文本框的当前内容。

MaxLength 属性用来限制在文本框中输入或显示的字符串长度，但以编程方式输入的字符串的长度将重写 MaxLength 属性设置。

Locked 属性为布尔型，如果为 True，该控件在设计界面中将不可移动。如果 PasswordChar 为 "*"，则在用户输入文本时，这些文本将以若干 "*" 替代；如果为空，则显示用户实际输入的文本。ScrollBars 属性为枚举型，为 None 时，不显示滚动条，为 Vertical 时显示垂直滚动条(此时，Mulitline 属性为 True 方有效)。

TabStop 属性用来获取或设置一个布尔值，该值指示用户能否使用 Tab 键将焦点放到该控件上。TabIndex 属性用来获取或设置控件在容器中的 Tab 键顺序。

CharacterCasing 属性为枚举型，如果为 Upper，则用户输入的文本自动转换为大写；如果为 Lower，则自动转换为小写；如果为 Normal，则不作任何转换。

TextBox 控件有许多事件，最常用的是 TextChanged 事件，如图 4.2 所示，点击右侧的下拉框，还可以编写其他事件处理程序，如 MouseDown、MouseLeave 等(左侧下拉框用于选择对象)。

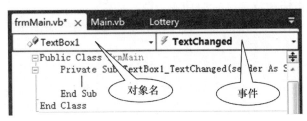

图 4.2　TextBox 控件的事件处理

4.1.4　CheckBox

Windows 窗体 CheckBox(复选框)控件指示某个特定条件是处于打开状态还是处于关闭状态。它常用于为用户提供"是/否"或"真/假"选项。可以成组使用复选框控件以显示多重选项，用户可以从中选择一项或多项。

复选框控件和单选按钮 (RadioButton) 控件的相似之处在于，它们都是用于指示用户所选的选项。它们的不同之处在于，在单选按钮组中一次只能选择一个单选按钮。但是，对于复选框组，则可以选择任意数量的复选框。

复选框可以使用简单数据绑定连接到数据库中的元素。多个复选框可以使用 GroupBox 控件(4.2.1 节介绍)进行分组。这对于可视外观以及用户界面设计很有用，因为成组控件可以在窗体设计器上一起移动。

CheckAlign 用来设置复选框与标识文本的相对位置，默认值为 MiddleLeft，即复选框在表示文本的左侧居中。

CheckBox 控件有两个重要属性：Checked 和 CheckState。Checked 属性返回 True 或 False。CheckState 属性返回 Checked 或 Unchecked；如果 ThreeState 属性被设置为 True，则 CheckState 还可能返回 Indeterminate。处于不确定状态时，该框会显示为灰显外观，指示该选项不可用。

从工具箱的公共控件选项卡中，将 CheckBox 控件拖到窗体上，双击该控件，输入如下代码。

```
Private Sub CheckBox1_CheckedChanged(ByVal sender As System.Object, _
     ByVal e As System.EventArgs) Handles CheckBox1.CheckedChanged
   If CheckBox1.Checked = True Then
      Me.BackColor = Color.Blue
   Else
      Me.BackColor = Color.Red
   End If
End Sub
```

当复选框被选中(打勾)时，窗体的背景色被设置为蓝色；否则，被设置为红色。这就是复选框的典型应用。

4.1.5　RadioButton

Windows 窗体 RadioButton(单选按钮)控件为用户提供由两个或多个互斥选项组成的选项集。虽然单选按钮和复选框看似功能类似，却存在重要差异：当用户选择某单选按钮时，同一组中的其他单选按钮不能同时选定。但是，**对于不同组的两个单选按钮可以同时选定。**

当单击 RadioButton 控件时，其 Checked 属性设置为 True，并且调用 Click 事件处理程序。当 Checked 属性的值更改时，将引发 CheckedChanged 事件。如果 AutoCheck 属性设置为 True(默认值)，则当选择单选按钮时，将自动清除该组中的所有其他单选按钮。通常仅当使用验证代码确保选定的单选按钮是允许的选项时，才将该属性设置为 False。控件内显示的文本使用 Text 属性进行设置，该属性可以包含访问键快捷方式。访问键允许用户通过按 Alt 键和访问键来"单击"控件。

如果 Appearance 属性设置为 Button，则 RadioButton 控件的显示与命令按钮相似，选中时会显示为按下状态。通过使用 Image 和 ImageList 属性，单选按钮还可以显示图像。

设计 Windows 窗体 RadioButton 控件是为了使用户可以从两种或多种设置中进行选择(只能将其中一种设置分配给某个过程或对象)。例如，一组 RadioButton 控件可以显示一组可供选择的货物运输工具，但只能使用其中的一种工具。因此，每次只能选择一个 RadioButton，即使它是功能组的一部分也不例外。

在一个容器(如 Panel 控件、GroupBox 控件或窗体)内绘制单选按钮即可将它们分组。直接添加到一个窗体中的所有单选按钮将形成一个组，若要添加不同的组，必须将它们放到面板或分组框中。

关于在 Visual Basic 2010 中如何使用 RadioButton 控件，将在 4.2.1 节详细介绍。

4.1.6　ComboBox

Windows 窗体 ComboBox(下拉框)控件用于在下拉列表框中显示数据。默认情况下，ComboBox 控件分两个部分显示：顶部是一个允许用户键入列表项的文本框。第二部分是一个列表框，它显示一个项列表，用户可从中选择一项。

DropDownStyle 属性控制显示给用户的界面，包括下拉框(DropDown，默认值，文本可编辑，必须点击箭头才能查看列表)、简单的下拉列表框(Simple，文本可编辑，始终显示列表)、下拉列表框(DropDownList，文本不可编辑，必须点击箭头才能查看列表)。如果不需要用户编辑文本，则一般将 DropDownStyle 属性的值由默认值 DropDown 修改为 DropDownList 更合适一些。

SelectedIndex 属性返回一个整数值，该值与选择的列表项相对应。通过在代码中更改 SelectedIndex 值，可以编程方式更改选择项；列表中的相应项将出现在组合框的文本框部分。如果未选择任何项，则 SelectedIndex 值为-1。如果选择列表中的第一项，则 SelectedIndex 值为 0。SelectedItem 属性与 SelectedIndex 类似，但它返回项本身，通常是一个字符串值。Count 属性反映列表的项数，由于 SelectedIndex 是从零开始的，所以 Count

属性的值通常比 SelectedIndex 的最大可能值大 1。

若要在 ComboBox 控件中添加或删除项，可使用 Add、Insert、Clear 或 Remove 方法，也可以在设计器中使用 Items 属性向列表添加项。

新建一个窗体应用程序 WinApp_ComboBox，从工具箱的公共控件选项卡中，将 ComboBox 控件拖到 frmMain 窗体上，在窗体的 Load 事件中给下拉框添加三条数据，并让窗体启动后显示第一条字符串，源代码如下。

```
Private Sub frmMain_Load(ByVal sender As System.Object, _
    ByVal e As System.EventArgs) Handles MyBase.Load
    '添加条款
    ComboBox1.Items.Add("A1")
    ComboBox1.Items.Add("A2")
    ComboBox1.Items.Add("A3")
    '显示第一条
    ComboBox1.SelectedIndex = 0
End Sub
```

用户选择下拉框中的数据时，用消息框提醒用户，如果用户选择了第三条字符串，则调用 RemoveAt 方法清除该条款，其源代码如下。

```
Private Sub ComboBox1_SelectedIndexChanged(ByVal sender As System.Object, _
    ByVal e As System.EventArgs) Handles ComboBox1.SelectedIndexChanged
    '测试 Text 属性的使用
    MessageBox.Show(ComboBox1.Text)
    '如果是 "A3"，则清除该条款，以便测试 RemoveAt 的功能
    If ComboBox1.Text = "A3" Then
        ComboBox1.Items.RemoveAt(ComboBox1.SelectedIndex)
    End If
End Sub
```

程序运行效果如图 4.3 所示，首先弹出消息框，提示 "A1"，然后，才出现窗体，这是因为开始没有选中任何一条，所以，ComboBox 控件的 SelectedIndex 初始值为-1，当赋值 0 时，就引发 SelectedIndexChanged 事件，从而，先弹出对话框。

图 4.3　ComboBox 控件测试

以上就是 ComboBox 控件的典型用法。注意，如果任何一项都没有选中，则 SelectedIndex 的属性为-1。另外，窗体的 Load 事件中，时常用来对程序进行初始化。

4.1.7　ToolTip

Windows 窗体 ToolTip 组件在用户指向控件时显示相应的文本。工具提示可与任何

控件相关联。举一个使用此组件的示例：为节省窗体上的空间，可以在按钮上显示一个小图标并用工具提示解释该按钮的功能。

ToolTip 组件为 Windows 窗体或其他容器上的多个控件提供 ToolTip 属性。例如，如果将一个 ToolTip 组件置于窗体上，则可以为一个 TextBox 控件显示"在此键入您的姓名"，并为一个 Button 控件显示"单击此处保存更改"。

ToolTip 组件的主要方法包括 SetToolTip 和 GetToolTip。可以使用 SetToolTip 方法设置为控件显示的工具提示。主要属性有 Active 和 AutomaticDelay，前者必须设置为 True 才能显示工具提示。可以为 Windows 窗体 ToolTip 组件设置多个延迟值。所有这些属性的度量单位都是毫秒。InitialDelay 属性确定用户必须指向关联控件多长时间工具提示字符串才会出现。当鼠标从与工具提示关联的一个控件移到另一个控件时，ReshowDelay 属性用于设置出现后面的工具提示字符串所需的毫秒数。AutoPopDelay 属性确定工具提示字符串显示多长时间。可以逐个设置这些值，或者通过设置 AutomaticDelay 属性的值进行设置；其他延迟属性是根据分配给 AutomaticDelay 属性的值设置的。例如，当 AutomaticDelay 的值为 N 时，InitialDelay 被设置为 N，ReshowDelay 被设置为 AutomaticDelay 除以 5(即 N/5)的值，而 AutoPopDelay 被设置为 5 倍于 AutomaticDelay 属性值的值(即 5N)。

创建窗体应用程序 WinApp_ToolTip，将 TextBox、Button 控件以及 ToolTip 控件拖入窗体，如图 4.4 所示。ToolTip 控件没有出现在窗体上，而是在窗体的下方。

图 4.4   ToolTip 控件测试

有两种方式给控件添加提示。在 Button1 的"属性"窗口中将"ToolTip1 上的 ToolTip"属性设置为"单击此处保存更改"；在窗体的 Load 事件处理程序中输入代码：

```
ToolTip1.SetToolTip(TextBox1, "在此键入您的姓名")
```

程序运行后，将鼠标放在文本框上，将出现设置好的提示，对于命令按钮也一样，其效果如图 4.4 所示。可以修改一下延迟属性，进一步观察效果。

4.1.8   NotifyIcon

Windows 窗体 NotifyIcon 组件通常用于显示在后台运行的进程的图标，这些进程大部分时间不显示用户界面，可通过单击任务栏状态通知区域的图标来访问的病毒防护程序就是一个示例。每个 NotifyIcon 组件都在状态区域显示一个图标，如果有三个后台进程，并希望为每个后台进程各显示一个图标，则必须向窗体添加三个 NotifyIcon 组件。NotifyIcon 组件的关键属性是 Icon 和 Visible。Icon 属性设置出现在状态区域的图标。为使图标出现，Visible 属性必须设置为 True。

可以将气球状提示、快捷菜单和工具提示与 NotifyIcon 关联以便为用户提供帮助。通过调用 ShowBalloonTip 方法并指定气球状提示的显示时间跨度，可以为 NotifyIcon 显示气球状提示。还可以分别使用 BalloonTipText、BalloonTipIcon 和 BalloonTipTitle 来指定气球状提示的文本、图标和标题。NotifyIcon 组件还可以具有关联的工具提示(见 4 .1.7 节)和快捷菜单(4.3.1 节介绍)。

Windows 窗体 NotifyIcon 组件在任务栏的状态通知区域中显示单个图标,若要为控件设置所显示的图标,可使用 Icon 属性。也可以在 DoubleClick 事件处理程序中编写代码,以便当用户双击图标时执行相应操作。例如,可以为用户显示一个对话框,以便配置由图标表示的后台处理。

新建一个窗体应用程序 WinApp_NotifyIcon,在工具箱的公共控件选项卡中,将 NotifyIcon 控件拖到窗体上,该控件将出现在窗体的下面。通过单击"属性"窗口中 Icon 属性旁边的省略号按钮(...),然后在显示的【打开】对话框中选择文件来指定图标文件,将 Visible 属性设置为 True,将 Text 属性设置为相应的工具提示字符串,比如"我的 NotifyIcon 测试",运行效果如图 4.5(a)所示。

(a)   (b)

图 4.5　NotifyIcon 控件测试

将 BalloonTipIcon 属性设置为 Info,BalloonTipText 属性设置为"NotifyIcon 投入使用啦!",将 BalloonTipTitle 属性设置为"关于 NotifyIcon",在窗体的 Load 事件中添加语句 NotifyIcon1.ShowBalloonTip(100),即 100ms 后显示气泡状提示。重新运行程序,效果将如图 4.5(b)所示。

4.1.9　PictureBox

Windows 窗体 PictureBox 控件用于显示位图、GIF、JPEG、图元文件或图标格式的图形。所显示的图片由 Image 属性确定,该属性可在运行时或设计时设置。另外,也可以通过设置 ImageLocation 属性,然后使用 Load 方法同步加载图像,或使用 LoadAsync 方法进行异步加载,来指定图像。SizeMode 属性控制使图像和控件彼此适合的方式,其选项见表 4.3。

表 4.3　PictureBox 的 SizeMode 属性

选项	说　　明
Normal	图像在控件的左上角;如果图像比控件大,则对其右下进行剪裁
AutoSize	控件的大小将调整为图像的大小
CenterImage	在控件中居中;如果图像比控件大,则对各外边缘进行剪裁
StretchImage	图像的大小将调整为控件的大小
Zoom	拉伸图片(尤其是位图格式的图片)可能导致图像质量受损

新建一个窗体应用程序 WinApp_PictureBox，在工具箱的公共控件选项卡中，将 PictureBox 控件拖到窗体上，Name 属性自动变为 PictureBox1，再在 PictureBox1 的右边添加一个 PictureBox 控件，即 PictureBox2。

PictureBox1 用于在设计时显示图片。在"属性"窗口中，选择 Image 属性，然后单击省略号按钮以显示【打开】对话框，选择"本地资源"，点击【导入】，选择 DoctorH.jpg，然后，点击【确定】按钮。单击控件右上角的智能标签，将缩放模式设置为 AutoSize，设计效果如图 4.6 所示，此时，PictureBox2 控件为空白。

图 4.6　PictureBox 控件测试（设计时）

如果想在设计时清除图片，在"属性"窗口中，选择 Image 属性，并右击出现在图像对象名称左边的小缩略图像，选择"重置"即可。也可以使用 Image 类的 FromFile 方法设置 Image 属性，以编程方式设置图片。在窗体的 Load 事件处理程序中输入如下语句。

```
'请修改为你自己的路径
PictureBox2.Image = Image.FromFile("DoctorH.jpg")
PictureBox2.SizeMode = PictureBoxSizeMode.AutoSize
```

运行程序，其效果如图 4.7 所示，左侧的图片在设计时添加，右侧的图片在运行时添加。

图 4.7　PictureBox 控件测试(运行时)

4.1.10　ProgressBar

ProgressBar 是表示 Windows 进度栏的控件，通过水平条的长度来指示进程的进度，进程完成时，进度栏被填满。进度栏通常用于帮助用户了解等待一项进程(如加载大文件)完成所需的时间。ProgressBar 控件在窗体上只能水平放置。

ProgressBar 控件的主要属性有 Value、Minimum 和 Maximum。Minimum 和 Maximum 属性设置进度栏可以显示的最小值和最大值。Value 属性表示操作过程中已完成的进度。因为控件中显示的进度栏由块构成，所以 ProgressBar 控件显示的值只是约等于 Value 属性的当前值。根据 ProgressBar 控件的大小，Value 属性确定何时显示下一个块。

更新当前进度值的最常用方法是编写代码来设置 Value 属性。在加载大文件的例子中，可将最大值设置为以 KB 为单位的文件大小。但是，除直接设置 Value 属性外，还有其他方法可以修改 ProgressBar 控件显示的值。Step 属性可以用于指定 Value 属性递增的值。然后，调用 PerformStep 方法来递增该值。若要更改增量值，可以使用 Increment 方法并指定 Value 属性递增的值。

新建一个窗体应用程序 WinApp_ProgressBar，将 ProgressBar 控件拖入窗体。另外，再拖入两个命令按钮，其中一个 Name 属性为 btStep，Text 属性为 Step；另一个 Name 属性为 btAdd，Text 属性为 Add。进度栏的属性使用默认值，即 Value 为 0，Minimum 为 0，Maximum 为 100，Step 属性为 10。

在【Step】按钮的 Click 事件处理程序中输入代码：

```
ProgressBar1.PerformStep()
```

这样，程序运行过程中，每点击一次【Step】按钮，Value 值就增加一个 Step 值(10)。

在【Add】按钮的 Click 事件处理程序中输入如下代码。

```
ProgressBar1.Value += 1
```

即，在程序运行过程中，每点击一次【Add】按钮，Value 值增加 1。由于这个步幅远低于 10，所以，需要点击几次【Add】按钮，才能看到进度栏的变化。运行效果如图 4.8 所示。

图 4.8　ProgressBar 控件测试

另一个以图形方式使用户了解当前操作情况的控件是 StatusStrip 控件，将在 4.3.4 节介绍。

4.1.11　TrackBar

Windows 窗体 TrackBar 控件(有时也称为"slider"控件)用于在大量信息中进行浏览，或用于以可视的形式调整数字设置。TrackBar 控件有两部分：滚动块(又称为滑块)

和刻度线。滚动块是可以调整的部分,其位置与 Value 属性相对应。刻度线是按规则间隔分隔的可视化指示符。跟踪条按指定的增量移动并且可以水平或者垂直排列。例如,可以使用跟踪条来控制系统的鼠标速度或光标闪烁频率。

TrackBar 控件的主要属性为:Value、TickFrequency、Minimum 以及 Maximum。TickFrequency 为刻度间隔,Minimum 和 Maximum 为跟踪条上能表示的最小和最大值。

其他两个重要的属性是 SmallChange 和 LargeChange。SmallChange 属性值是滚动块响应按下向左键或向右键时移动的位置数。LargeChange 属性值是滚动块响应按下 Page Up 或 Page Down 键,或者响应鼠标在跟踪条上的滚动块任一边单击时所移动的位置数。

新建一个窗体应用程序 WinApp_TrackBar,将 TrackBar 控件(在工具箱的【所有 Windows 窗体】选项卡中)和一个 TextBox 控件拖到窗体上。将 TrackBar 控件的 Maximum 属性修改为 255,其他不变。在窗体的 Load 事件处理程序中输入代码:

```
'设置初始值
Me.BackColor = Color.FromArgb(255, 0, 0, 0)
```

将窗体启动后的背景色设置为黑色。Color 类的 FromArgb 方法用四个参数来生成一种颜色,每个参数的大小限制在一个字节范围内。第 1 个参数表示透明度,0 表示完全透明,255 表示不透明;其他 3 个参数分别是 Red、Green 与 Blue 的分量,(0,0,0)表示黑色,(255,255,255)表示白色。

双击 TrackBar,在 Scroll 事件处理程序中输入如下代码。

```
Dim nVal As Integer = TrackBar1.Value


'用文本框显示当前 Value 值
TextBox1.Text = nVal
Me.BackColor = Color.FromArgb(255, nVal, nVal, nVal)
```

首先定义一个整型变量 nVal,用来获取 TrackBar 的 Value 值,放到文本框中显示,同时,生成新的窗体背景色,其运行效果如图 4.9 所示。当 TrackBar 控件获得焦点时,还可以使用光标键或 Page Up 键与 Page Down 键来调整窗体的背景色。

图 4.9　TrackBar 控件测试

4.1.12　DateTimePicker

进行程序设计少不了使用日期时间。Windows 窗体的 DateTimePicker 控件使用户可以从日期或时间列表中选择单个项。在用来表示日期时,它显示为两部分:一个下拉列表(带有以文本形式表示的日期)和一个网格(在单击列表旁边的向下箭头时显示)。该网格看起来很像可用于选择多个日期的 MonthCalendar 控件。

如果希望 DateTimePicker 作为选取或编辑时间(而不是日期)的控件出现,请将

ShowUpDown 属性设置为 True，并将 Format 属性设置为 Time。当 ShowCheckBox 属性设置为 True 时，该控件中的选定日期旁边将显示一个复选框。当选中该复选框时，选定的日期时间值可以更新。当复选框为空时，值显示为不可用。

该控件的 MaxDate 和 MinDate 属性确定日期和时间的范围。Value 属性包含该控件设置为当前的日期和时间。值可以按以下四种格式显示(这些格式通过 Format 属性设置)：Long、Short、Time 或 Custom。如果选择自定义格式，则必须将 CustomFormat 属性设置为适当的字符串。

新建一个窗体应用程序 WinApp_DateTimePicker，将 DateTimePicker 控件(在工具箱的【公共控件】选项卡中)、一个 TextBox 控件和 Button 控件拖到窗体上。在窗体的 Load 事件处理程序中输入如下代码。

```
'初始化日期时间为 2014 年 8 月 10 日 10 时 0 分 25 秒
DateTimePicker1.Value = New DateTime(2014, 8, 10, 10, 0, 25)
DateTimePicker1.Format = DateTimePickerFormat.Custom
DateTimePicker1.CustomFormat = "HH:mm:ss dddd MMMM dd, yyyy"
```

CustomFormat 对应的格式串表示二十四进制的时间、完整的星期与月份(没有缩写的文本)，然后是数字表示的日与年份。关于时间日期格式串的详细介绍与应用，请参见 7.5 节。

DateTimePicker 控件的 Value 属性是 Date 类型的。点击箭头设置好日期后，可以通过 Value 取得。在 Button 的 Click 事件处理程序中输入语句：

```
TextBox1.Text = DateTimePicker1.Value.ToString("yyyy-M-d")
```

通过 ToString 方法，将此日期转换为简单的日期字符串，显示在文本框中。运行效果如图 4.10 所示。

图 4.10　DateTimePicker 控件测试

4.2　容　器

容器控件中可以放置其他控件，用于对其他控件分组。对控件分组的原因有三个：对相关窗体元素进行可视化分组以构造一个清晰的用户界面；创建编程分组(例如，复选框和单选按钮的分组)；设计时将多个控件作为一个单元移动。最常用的容器控件是 GroupBox 控件和 Panel 控件。

4.2.1　GroupBox

Windows 窗体 GroupBox 控件用于为其他控件提供可识别的分组。通常，使用分组框按功能细分窗体。例如，可能有一个订单窗体，它指定邮寄选项(如使用哪一类通宵承运商)。在分组框中对所有选项进行分组为用户提供了逻辑可视化线索。GroupBox 控件类似于 Panel 控件；但只有 GroupBox 控件显示标题(通过 Text 属性)，而且只有 Panel 控件可以有滚动条。

新建一个窗体应用程序 WinApp_GroupBox，在窗体上绘制两个 GroupBox 控件(在工具箱的【容器】选项卡中)，在第一个 GroupBox 控件中添加三个 CheckBox 控件，在第二个 GroupBox 控件中添加三个 RadioButton 控件。如果要将现有控件放到分组框中，可以选定所有这些控件，将它们剪切到剪贴板，选择 GroupBox 控件，再将它们粘贴到分组框中。也可以将它们拖到分组框中。

所有控件都采用默认属性，运行效果如图 4.11 所示。CheckBox 控件可以选择分组中的多项，而 RadioButton 控件只能选择分组中的一项。

图 4.11　GroupBox 控件测试

CheckBox 控件和 RadioButton 控件都有 CheckedChanged 事件，如果被选中，则对应的 Checked 属性为 True，否则为 False，程序根据此值作相应的处理(参见 4.1.4 节的代码)。

4.2.2　Panel

Panel 控件类似于 GroupBox 控件，但只有 Panel 控件可以有滚动条，而且只有 GroupBox 控件显示标题。因而，GroupBox 更适合对 CheckBox 与 RadioButton 创建编程分组，并用标题进行标识；Panel 比较适合对相关窗体元素进行可视化分组以构造一个清晰的用户界面。当然，两者都可以在设计时将控件分组作为一个单元移动。

若要显示滚动条，请将 Panel 控件的 AutoScroll 属性设置为 True。也可以通过设置 BackColor、BackgroundImage 和 BorderStyle 属性自定义面板的外观。BorderStyle 属性确定面板轮廓为无可视边框(None)、简单线条(FixedSingle)还是阴影线条(Fixed3D)。

新建一个窗体应用程序 WinApp_Panel，在窗体上绘制一个 Panel 控件(在工具箱的【容器】选项卡中)，BackColor 属性设置为 White，BorderStyle 属性设置为 FixedSingle。再绘制一些 PictureBox 控件，并添加图片，以及一些 Label 控件和 TextBox 控件，如图 4.12 所示。

一些看起来比较乱的控件，放置在一个 Panel 容器中，就形成了一个"模拟量输入/开关量输出"的仿真模块的界面。读者可以将容器中的控件逐个移去，观察一下效果。两个控件叠加在一起，如果需要改变显示顺序，只要右击该控件，选择"置于顶层"或"置于底层"即可。

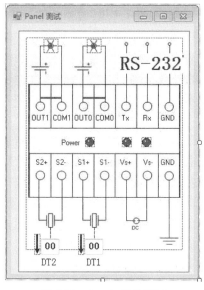

图 4.12　Panel 控件测试

4.2.3　TabControl

Windows 窗体 TabControl 显示多个选项卡，这些选项卡类似于笔记本中的分隔卡和档案柜文件夹中的标签。选项卡中可包含图片和其他控件。可以使用该选项卡控件来生成多页对话框，这种对话框在 Windows 操作系统中的许多地方(例如控制面板的"显示"属性中)都可以找到。此外，TabControl 还可以用来创建用于设置一组相关属性的属性页。

TabControl 的最重要的属性是 TabPages，该属性包含单独的选项卡，每一个单独的选项卡都是一个 TabPage 对象。单击选项卡时，将为该 TabPage 对象引发 Click 事件。

新建一个窗体应用程序 WinApp_TabControl，在窗体上绘制一个 TabControl 控件(在工具箱的【容器】选项卡中)，点击 TabPages 属性中的按钮，显示如图 4.13 所示的 TabPage 集合编辑器，点击【添加】按钮增加 TabPage，点击【移除】按钮则删除当前的 TabPage。

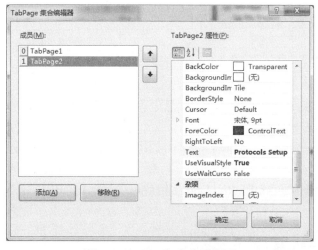

图 4.13　TabPage 集合编辑器

每个 TabPage 都是一个容器，其中可以放置相关控件。一般地，在设计时，需要通过图 4.13 修改 TabPage 的 Text 属性，用来对当前 TabPage 中的控件集合进行标识。

通过使用 TabControl 控件和组成控件上各选项卡的 TabPage 对象的属性，可以更改 Windows 窗体中选项卡的外观。通过设置这些属性，可使用编程方式在选项卡上显示图像，以垂直方式而非水平方式显示选项卡，显示多行选项卡，以及启用或禁用选项卡。

在选项卡的标签部位显示图标时，需要向窗体添加 ImageList 控件，并将图像添加到图像列表中。然后，将 TabControl 控件的 ImageList 属性设置为 ImageList 控件，将 TabPage 的 ImageIndex 属性设置为列表中的相应图像的索引。

需要创建多行选项卡时，首先添加所需的选项卡页的数量，然后将 TabControl 的 Multiline 属性设置为 True。如果选项卡尚未以多行方式显示，则设置 TabControl 的 Width 属性，使其比所有的选项卡都窄。在控件一侧排列选项卡，将 TabControl 的 Alignment 属性设置为 Left 或 Right。以编程方式启用或禁用选项卡，只需要将 TabPage 的 Enabled 属性设置为 True 或 False 即可。

图 4.14 所示的选项卡有两个 TabPage，第一个是 Port Setup，即串口的参数设置，第二个是 Protocols Setup，即协议设置。使用选项卡的要点是通过图 4.13 编辑选项卡，设置选项卡的 Text 属性，然后，就和上文介绍的其他容器一样，在其中添加控件即可。

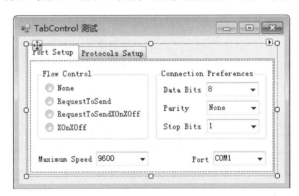

图 4.14　TabControl 控件测试

4.2.4　SplitContainer

可以将 Windows 窗体 SplitContainer 控件看作是一个复合体，它是由一个可移动的拆分条分隔的两个面板(Panel)。当鼠标指针悬停在该拆分条上时，指针将相应地改变形状以显示该拆分条是可移动的。

使用 SplitContainer 控件，可以创建复合的用户界面(通常，在一个面板中的选择决定了在另一个面板中显示哪些对象)。这种排列对于显示和浏览信息非常有用。拥有两个面板使用户可以聚合不同区域中的信息，并且用户可以轻松地使用拆分条(也称为"拆分器")调整面板的大小。

另外，还可以嵌套多个 SplitContainer 控件，并且第二个 SplitContainer 控件可以水平放置，从而产生上面板和下面板。SplitContainer 控件默认情况下可通过键盘来访问。如果 IsSplitterFixed 属性设置为 False，用户可以按箭头键来移动拆分器。

SplitContainer 控件的 Orientation 属性决定拆分器的方向，而不是决定控件本身的方向。因此，当该属性设置为 Vertical 时，拆分器将垂直放置，从而产生左面板和右面板。SplitterRectangle 属性的值是随 Orientation 属性的值变化的。

还可以限制 SplitContainer 控件的大小和移动。FixedPanel 属性决定调整 SplitContainer 控件大小后，哪个面板将保持原来的大小，IsSplitterFixed 属性则决定是否可以通过键盘或鼠标来移动拆分器。

SplitContainer 控件的每个面板(Panel)都具有用于确定其各自大小的属性。SplitContainer 控件的主要属性和事件见表 4.4。

表 4.4　SplitContainer 的主要属性和事件

属性/事件	说　明
FixedPanel	调整 SplitContainer 控件大小后，哪个面板将保持原来的大小
IsSplitterFixed	是否可以使用键盘或鼠标来移动拆分器
Orientation	拆分器是垂直放置还是水平放置
SplitterDistance	从左边缘或上边缘到可移动拆分条的距离（以像素为单位）
SplitterIncrement	用户可以移动拆分器的最短距离（以像素为单位）
SplitterWidth	拆分器的宽度（以像素为单位）
SplitterMoving	拆分器移动时发生（事件）
SplitterMoved	拆分器移动后发生（事件）

新建一个窗体应用程序 WinApp_SplitContainer，在窗体上绘制一个 SplitContainer 控件(在工具箱的【容器】选项卡中)，将 BorderStyle 属性修改为 Fixed3D。在 Panel1 中绘制 PictureBox1，Panel2 中绘制 PictureBox2，Image 属性用"项目资源文件"的形式导入，并将 SizeMode 属性都修改为 StretchImage，这样，导入的图片就会自动调整大小来适应图片框的大小(图 4.16)。

双击 SplitContainer 控件，在 SplitterMoved 事件处理程序中输入如下代码。

```
Dim nWidth As Integer = SplitContainer1.Width
PictureBox1.Width = SplitContainer1.SplitterDistance
PictureBox2.Width = nWidth - SplitContainer1.SplitterDistance

Dim nHeight As Integer = SplitContainer1.Height
PictureBox1.Height = nHeight
PictureBox2.Height = nHeight
```

即，每当拆分器移动后，将 SplitContainer 控件的宽度 Width 保存到变量 nWidth 中；PictureBox1 的宽度 Width 就是 SplitterDistance(含义见表 4.4)；PictureBox2 的宽度 Width 就是 SplitContainer 控件宽度剩下的部分。PictureBox1 和 PictureBox2 的高度与 SplitContainer 控件的高度一致。运行效果如图 4.15 所示。

图 4.15 SplitContainer 控件测试

另外，SplitContainer 控件的 Panel1Collapsed 或 Panel2Collapsed 属性设置为 True，将会隐藏相应的 Panel，而另一个 Panel 将会占用整个 SplitContainer 控件的空间。

4.2.5 TableLayoutPanel

TableLayoutPanel 控件以网格方式排列其内容。因为在设计时和运行时都执行布局，所以，当应用程序环境更改时，布局可以动态更改。这使得面板中的控件能够按比例调整大小，以便响应如父控件调整大小或由于本地化引起的文本长度变化等更改。

任何 Windows 窗体控件都可以是 TableLayoutPanel 控件的子控件，包括 TableLayoutPanel 的其他实例。这允许用户构造复杂布局以适应运行时的更改。

TableLayoutPanel 控件可以扩展，以便在添加新控件时能容纳这些控件，具体取决于 RowCount(行数)、ColumnCount(列数)和 GrowStyle(扩展方式)属性的值。当 GrowStyle 的值为 FixedSize 时，TableLayoutPanel 控件的行数与列数由 RowCount 和 ColumnCount 决定；为 AddRows 时，TableLayoutPanel 控件可以扩展行；为 AddColumns 时，TableLayoutPanel 控件可以扩展列。

TableLayoutPanel 控件将以下属性添加到其子控件：Cell、Column、Row、ColumnSpan 和 RowSpan。可以通过设置子控件的 ColumnSpan 或 RowSpan 属性合并 TableLayoutPanel 控件中的单元格。

新建一个窗体应用程序 WinApp_TableLayoutPanel，在窗体上绘制一个 TableLayoutPanel 控件(在工具箱的【容器】选项卡中)，初始状态下，控件只是一个 2 行 2 列的表格，跟 Excel 表格一样，可以用鼠标拖曳分隔线，控制行高和列宽。点击右上角的智能标签，出现如图 4.16 所示的界面，选择编辑行和列，出现如图 4.17 所示的界面。

图 4.16 TableLayoutPanel 任务

正如 Excel 表格一样，一个单元格中可以放置一个数据，但是，如果数据长度超过一个单元格，也可以占用多个单元格。TableLayoutPanel 控件的单元格中放置的子控件，都有 RowSpan 和 ColumnSpan 属性(图 4.17)。如果 RowSpan 属性为 2，那么，拉伸子控件，将可使它跨越 2 行，对于子控件的 ColumnSpan 属性也有相似的特性。

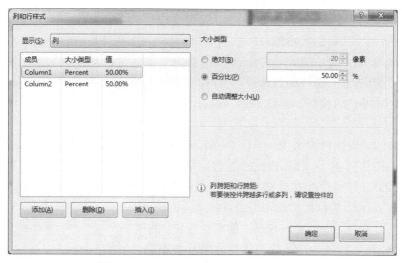

图 4.17　TableLayoutPanel 行和列的编辑

　　调整单元格内子控件的 Anchor 属性，可以修改控件的对齐方式，如图 4.18 所示，在单元格中放入 4 个按钮，Button1 的 Anchor 属性为"Top,Left"，Button2 的为"Bottom,Right"，Button3 的为"Bottom"，Button4 的为"None"。可见，子控件的 Anchor 属性为 None 时，该子控件将在单元格中居中显示。

　　将 TableLayoutPanel 控件的 Rows 属性设置为 5，Columns 属性设置为 3，为便于观察，将 CellBorderStyle 属性设置为 Single，这样，在程序运行的时候就会显示表格线。在 TableLayoutPanel 控件的第一行第一列所在的单元格绘制一个 PictureBox 控件，将其 RowSpan 属性设置为 5，并调整控件大小，使其占 5 行；将 SizeMode 属性设置为 StretchImage，即调整图片大小，以适应控件大小，并添加图片。其他两列分别添加 Label 控件和 TextBox 控件，Anchor 属性统一设置为 None。运行程序，其效果如图 4.19 所示。

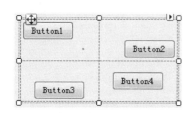

图 4.18　TableLayoutPanel 子控件的对齐方式

图 4.19　TableLayoutPanel 控件测试

4.2.6　FlowLayoutPanel

　　FlowLayoutPanel 控件也是一个 Panel，与 Panel 的外观类似，用于在水平或垂直流方向排列其内容。可以将该控件的内容从一行换至下一行，或者从一列换至下一列。还可以选择剪裁内容而不是换行。

　　可以通过设置 FlowDirection 属性的值来指定流方向，主要包括 LeftToRight(从左到右)，TopBottom(从上到下)等方向。还可以通过设置 WrapContents 属性的值来指定是换行还是剪裁 FlowLayoutPancl 控件的内容。如果 FlowDirection 属性的值为 LeftToRight，则放入 FlowLayoutPanel 控件中的子控件将以从左到右的顺序排列；如果此时 WrapContents 的属性为 True，一行排列的子控件的总宽度达到 FlowLayoutPanel 控件的宽度时将自动换行。将 AutoScroll 属性设置为 True 时，将自动添加水平与垂直滚动条。

将 AutoSize 属性设置为 True 时，FlowLayoutPanel 控件自动调整大小以容纳其内容。它还向其子控件提供了 FlowBreak 属性。将 FlowBreak 属性的值设置为 True 会使 FlowLayoutPanel 控件停止在当前流方向布局控件，并换到下一行或下一列。

任何 Windows 窗体控件都可以是 FlowLayoutPanel 控件的子控件，包括 FlowLayoutPanel 的其他实例。利用此功能，可以在运行时构造适应窗体尺寸的复杂布局。

新建一个窗体应用程序 WinApp_FlowLayoutPanel，在窗体上绘制两个 FlowLayoutPanel 控件(在工具箱的"容器"选项卡中)，BorderStyle 属性统一修改为 FixedSingle。在第一个面板控件中添加 Label、TextBox、ComboBox 与 DateTimePicker 控件，在第二个面板中添加 Label 和 TextBox 控件。将面板中的所有 Label 控件的 Anchor 属性修改为 None，AutoSize 属性修改为 False。程序的运行效果如图 4.20 所示。

图 4.20　FlowLayoutPanel 控件测试

4.3　菜单和工具栏

一般地，菜单(MenuStrip)、上下文菜单(ContextMenuStrip)、工具栏(ToolStrip)与 状态栏(StatusStrip)这四个控件扮演着容器的角色，可以内含各种工具栏类型的控件，包括标签(ToolStripLabel)、文本框(ToolStripTextBox)、按钮(ToolStripButton)、下拉列表框(ToolStripComboBox)以及进度条(ToolStripProgressBar)等。本节主要介绍菜单、状态栏与工具栏相关的内容，并完善 NotifyIcon 控件的应用。在应用程序中添加这些元素，会使应用程序显得简捷美观，而且，看起来更专业。

4.3.1　MenuStrip

菜单通过存放按照一般主题分组的命令将功能公开给用户。MenuStrip 控件是此版本的 Visual Studio 和.NET Framework 中的新功能。使用该控件，可以轻松创建 Microsoft Office 中那样的菜单。MenuStrip 控件支持多文档界面(MDI)和菜单合并、工具提示和溢出。可以通过添加访问键、快捷键、选中标记、图像和分隔条，来增强菜单的可用性和可读性。

使用 MenuStrip 控件可以创建支持高级用户界面和布局功能的易自定义的常用菜单，例如文本和图像排序与对齐、拖放操作、MDI、溢出和访问菜单命令的其他模式；支持操作系统的典型外观和行为；对所有容器和包含的项进行事件的一致性处理，处理方式与其他控件的事件相同。

新建一个窗体应用程序 WinApp_MenuStrip，在窗体上绘制一个 MenuStrip 控件(在工具箱的【菜单和工具栏】选项卡中)，如图 4.21 所示。菜单条所在的位置是主菜单(顶级菜单)，主菜单下是菜单项(子菜单)，点击菜单项，还可输入子菜单。所有的主菜单或子菜单，均只需要在"请在此处键入"的位置输入即可。相关功能的菜单项归属于一个主菜单，相似功能的菜单项可以用分隔条进行分组(在"请在此处键入"处输入"-"即可显示分隔条)。每个菜单项均是一个 ToolStripMenuItem 对象，它们像按钮一样，都有 Click 事件。

鼠标右击菜单项，可以删除、插入、剪切、复制菜单项，也可设置该菜单的属性、查看其代码以及在该菜单项前打勾(Checked)或者设置图像。如果菜单项的 CheckOnClick 属性为 True，则点击菜单后，自动在菜单项之前打勾或取消打勾，这比给 Checked 属性赋值要方便，省却了编程的麻烦。DisplayStyle 属性的默认值是 ImageAndText，即菜单项同时显示图像和文本。当然，菜单项还有 Enabled 和 Visible 属性，前者表示菜单是否有效，后者表示菜单是否可见。

按照以上介绍的方法，键入如图 4.21 所示的菜单，将"打开文件"菜单项的 CheckOnClick 属性设置为 True，将【退出】菜单项的 Name 属性修改为 itemQuit，并修改其 Image 属性，以"项目资源文件"的形式导入图片。在【退出】菜单项的 Click 事件处理程序中输入"Me.Close"，从而，关闭程序。程序的运行效果如图 4.22 所示。

图 4.21　菜单的设计

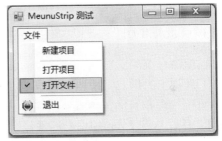

图 4.22　MenuStrip 控件测试

4.3.2　ContextMenuStrip

快捷菜单(也称为上下文菜单和弹出菜单)在用户单击鼠标右键时会出现在鼠标位置。快捷菜单在鼠标指针位置提供了工作区或控件的选项。快捷菜单的名称主要源于它们显示的选项是上下文相关的——与右击的对象直接相关。快捷菜单没有菜单条，只有一个相关菜单集合。

快捷菜单使用 ContextMenuStrip 控件，旨在无缝地与新的 ToolStrip 和相关控件结合使用，但是，也可以很容易地将 ContextMenuStrip 与其他控件关联。ToolStripMenuItem 是 ContextMenuStrip 的重要的伴随类，表示显示在 MenuStrip 或 ContextMenuStrip 中的一个可选选项。

新建一个窗体应用程序 WinApp_ContextMenuStrip，在窗体上绘制一个 ContextMenuStrip 控件(在工具箱的【菜单和工具栏】选项卡中)，一个 NotifyIcon 控件，如图 4.23 所示。点击 ContextMenuStrip 控件，在"请在此处键入"的地方输入 Setup 和 Exit，为了美观，可以右击菜单项，选择弹出菜单中的设置图像，导入图像。

图 4.23　ContextMenuStrip 与 NotifyIcon 的配合使用

将 NotifyIcon 的 Text 属性设置为"ContextMenuStrip 测试",并修改其 Icon 属性,设置一个图标。做完这些工作后,运行一下程序,两个控件之间没有任何关系,快捷菜单也无法显示。快捷菜单与对象相关联才有意义,所以,修改 NotifyIcon 的 ContextMenuStrip 属性,让它指向快捷菜单对象,并在 Exit 菜单项的 Click 事件中输入代码"Me.Close"。重新运行程序后,右击任务栏状态通知区域的图标,将出现如图 4.24 所示的界面,此时选择 Exit,程序将关闭(Setup 选项没有任何效果,因为没有编写事件处理程序)。

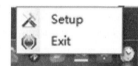

图 4.24　快捷菜单效果

4.3.3　ToolStrip

当程序有菜单的时候,一般都有工具栏。工具栏中的按钮实际上是菜单项的快捷方式,工具栏上的每一个按钮,都有对应的菜单项。通过 ToolStrip 控件实现工具栏,工具栏中的每一项都是 ToolStripItem 的一个实例,不但可以出现按钮,而且,还可以出现 Label、TextBox、ComboBox 等控件。

当 ToolStrip 控件上的所有项超出已分配的空间时,可以对 ToolStrip 启用溢出功能,并确定特定 ToolStripItem 的溢出行为。当用户将 ToolStripItem(比已分配的空间需要更多的空间)添加到已给定窗体当前大小的 ToolStrip 时,ToolStripOverflowButton 会自动显示在 ToolStrip 上。ToolStripOverflowButton 将显示,并且启用溢出的项将会移到下拉溢出菜单中。如果在设计时或运行时扩大窗体,则在主 ToolStrip 上可以显示更多的 ToolStripItem,ToolStripOverflowButton 甚至可能不会出现,直到减小窗体的大小。

对 ToolStrip 控件启用溢出时,请确保 ToolStrip 的 CanOverflow 属性没有设置为 False。当 CanOverflow 为 True(默认情况下)时,如果 ToolStripItem 的内容超出 ToolStrip 的水平宽度或 ToolStrip 的垂直高度,ToolStripItem 将被送入下拉溢出菜单。可以指定特定 ToolStripItem 的溢出行为,只需将 ToolStripItem 的 Overflow 属性设置为所需的值。可能值有:Always、Never 和 AsNeeded(默认值)。

可以允许用户重新排列 ToolStrip 中的 ToolStripItem 控件。此时,应该将 AllowItemReorder 属性设置为 True(默认情况下,AllowItemReorder 为 False)。运行时,用户按住 Alt 键和鼠标左键可以将 ToolStripItem 拖动到 ToolStrip 中的其他位置。

可以控制是否在 ToolStripItem 上显示文本和图像，以及它们如何互相对齐和与 ToolStrip 对齐。定义在 ToolStripItem 上显示的内容，可将 DisplayStyle 属性设置为所需的值。可能的值有：Image(默认值)、ImageAndText、None 和 Text，这个属性和菜单项中的 DisplayStyle 属性一样。

ToolStripItem 上的文本的对齐方式由 TextAlign 属性设置，可能是上、中、下和左、中、右的组合(默认值为 MiddleCenter)。ToolStripItem 上的图像的对齐方式由 ImageAlign 属性设置，可能是上、中、下和左、中、右的组合(默认值为 MiddleLeft)。

在一个工具栏按钮上，同时显示图像和文本，需要定义 ToolStripItem 中两者的相对位置，可将 TextImageRelation 属性设置为所需的值来实现。可能的值为 ImageAboveText、ImageBeforeText、Overlay、TextAboveImage 和 TextBeforeImage。默认值为 ImageBeforeText，即图像在文本之前，但是，选择 ImageAboveText(图像在文本之上)更美观一些。

通过将 ToolStripItem 的 AutoToolTips 属性设置为 True，在程序运行时，可以自动显示在 ToolTipText 属性中设置的文本。

新建一个窗体应用程序 WinApp_ToolStrip，在窗体上绘制一个 MenuStrip 和一个 ToolStrip 控件(在工具箱的【菜单和工具栏】选项卡中)，工具栏自动居于菜单栏的下方。在 MenuStrip 中设置两个菜单项：Setup 与 Exit，分别命名为 menu_Setup 与 menu_Exit。采用如图 4.25 所示的方法，添加所需要的 ToolStripItem 类型。

图 4.25　添加 ToolStripItem

也可点击 ToolStrip 的 Items 属性中的按钮，采用图 4.26 所示的方法，从下拉框中选择合适的项，通过"添加"按钮添加。图 4.26 中的"成员"列表与图 4.25 中的工具栏上的对象一致。

将工具栏中的第一个按钮的 Image 属性设置为 Setup 图像，第二个设置为 Exit 图像。工具栏中的按钮只是菜单项的快捷方式，因而，在编程时，主要将代码放置在菜单项的 Click 事件处理程序中，在工具栏按钮的 Click 事件处理程序中直接调用菜单项中的代码即可。双击工具栏中的 Exit 按钮，输入代码：

```
menu_Exit.PerformClick()
```

此代码将激活 Exit 菜单项，相当于将点击的效果转给了该菜单项。本程序中的其他代码前面已经涉及，这里不再赘述。至于 ToolStrip 的其他属性的操作，可通过更改它们的属性以及调整窗体大小来观察。

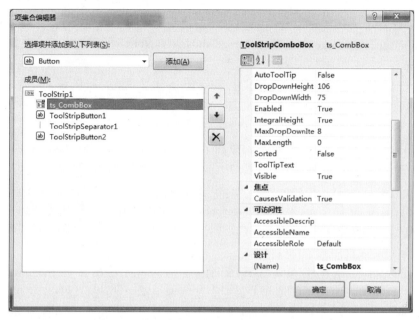

图 4.26   使用项集合编辑器管理 ToolStripItem

4.3.4   StatusStrip

StatusStrip 控件可以显示正在 Form 上查看的对象的相关信息、对象的组件或与该对象在应用程序中的操作相关的上下文信息，无论是编程工具还是 Office 工具，都提供了状态栏。通常 StatusStrip 控件由 ToolStripStatusLabel 对象组成，每个这样的对象都可以显示文本、图标或同时显示这二者。StatusStrip 还可以包含 ToolStripDropDownButton、ToolStripSplitButton 和 ToolStripProgressBar 控件。

新建一个窗体应用程序 WinApp_StatusStrip，在窗体上绘制一个 MenuStrip、ToolStrip 及 StatusStrip 控件(在工具箱的【菜单和工具栏】选项卡中)，MenuStrip 和 ToolStrip 控件均通过智能标签插入标准项。StatusStrip 控件只需通过 Items 属性打开"项集合编辑器"，添加两个 StatusLabel 即可，并将其 Name 属性修改为 StatusLabel1 与 StatusLabel2。StatusStrip 控件的 Dock 属性的默认值为底部(Bottom)。

状态栏中的标签常用的属性为：AutoSize 设置为 False，这样，可以通过 Size 属性调整标签的大小；如果要对标签添加边框，可以将 BorderSides 设置为 All，即添加四条边框，将 BorderStyle 设置为 SunkenOuter，即中间下沉边框突出；Dock 属性设置为 Bottom，确保状态栏停靠在窗体底部；SizingGrip 属性设置为 False，禁止在控件的右下角显示大小调整手柄。在窗体的 Load 事件处理程序中添加如下代码。

```
StatusLabel1.Text = Now.ToString("yyyy年M月d日")
StatusLabel2.Text = Now.ToString("H:mm:ss")
```

Now 表示系统当前日期和时间。第一条代码将标签设置为当前日期，第二条代码将标签设置为当前时间，运行效果如图 4.27 所示。

图 4.27　StatusStrip 控件测试

4.4　对 话 框

Windows 中有很多标准化的对话框，例如常见的打开文件对话框(OpenFileDialog)、保存文件对话框(SaveFileDialog)，以及颜色选择对话框和字体选择对话框等。对于这些对话框，Visual Basic 2010 中都提供了标准化的组件，以便在程序中方便地使用。

4.4.1　OpenFileDialog

OpenFileDialog 控件是一个预先设置的对话框，与 Windows 操作系统的打开文件对话框相同。通过 OpenFileDialog 控件，代码中就可以利用预先配置好的对话框，而不必自己编写代码完成此类工作。OpenFileDialog 控件只是返回一个编程人员所需要的文件名，至于如何打开文件，即如何对文件进行处理，OpenFileDialog 控件并不关心。

OpenFileDialog 控件的 ShowDialog 方法显示【打开】对话框，【打开】对话框的界面如图 4.28 所示。用户可以在该对话框的文件列表窗口中选择要打开的文件，也可以在【文件名】文本框中直接输入文件名。用户还可以通过"我的电脑"、"向上一级"等方法改变文件目录，从而选择合适的文件名。

图 4.28　"打开"对话框

ShowDialog 方法返回一个 DialogResult 的枚举型常量，属于 System.Windows.Forms 命名空间，其定义如下。

```
Public Enum DialogResult
    None = 0
    OK = 1
    Cancel = 2
    Abort = 3
    Retry = 4
    Ignore = 5
    Yes = 6
    No = 7
End Enum
```

在 OpenFileDialog 中选择【打开】或者在下一节中的 SaveFileDialog 中选择【保存】，都返回 1，即 DialogResult.OK。当取值在一定的范围内且个数确定时，尽量使用枚举类型，这样可以增加程序的可读性，显然，1 与 DialogResult.OK 的取值虽然一样，但是，可读性却不一样。

OpenFileDialog 的主要属性见表 4.5。当 CheckFileExsists 属性为 True 时，用户输入不存在的文件名，将显示一个"文件……不存在"的提示，直到文件存在时点击【打开】按钮或者点击【取消】放弃对文件的选择。Filter 是一个筛选器，用于选择一定范围内的指定的文件。例如，只需要"s"开头的文本文件，筛选器就可以是

Text Files(s*.txt)|s*.txt,

前者是筛选器的说明，显示在图 4.31 所示的"文件类型"处。当 AddExtension 属性为 True 时，如果图 4.31 中的文件名处没有扩展名，对话框将自动将 Filter 中指定的扩展名添加到 FileName 中。FileName 是返回的文件名，但是，如果在图 4.31 中点击【取消】，将返回空字符串。

表 4.5　OpenFileDialog 的主要属性

属性	说　明
CheckFileExists	用户输入不存在的文件名时，对话框是否显示警告
CheckPathExists	用户输入不存在的文件夹时，对话框是否显示警告
InitialDirectory	对话框的初始路径
DefaultExt	默认的文件扩展名
Filter	"筛选器说明|筛选器模式"字符串
AddExtension	是否自动在文件名中添加默认的扩展名
FileName	返回的文件名

新建一个窗体应用程序 WinApp_OpenFileDialog，在窗体上绘制一个 OpenFileDialog 控件(在工具箱的【对话框】选项卡中)，将 FileName 属性清空，InitialDirectory 属性设

置为"E:"(根据硬盘的实际情况)，Fileter 属性设置为"JPG Files(*.jpg)|*.jpg"。另外，再在窗体上绘制一个按钮和一个文本框，属性可以对照例子做调整。在按钮的 Click 事件处理程序中输入如下代码。

```
Dim nRet As Integer = OpenFileDialog1.ShowDialog()


If nRet = DialogResult.OK Then
    TextBox1.Text = OpenFileDialog1.FileName
End If
```

将对话框的返回值赋给变量 nRet，如果该值为 DialogResult.OK，则将文件名放到文本框中，运行效果如图 4.29 所示。

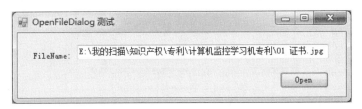

图 4.29　OpenFileDialog 控件测试

4.4.2　SaveFileDialog

SaveFileDialog 控件与 OpenFileDialog 控件的属性与功能基本相似，也只是返回一个编程人员所需要的文件名，至于如何保存文件，即如何对文件进行处理，SaveFileDialog 控件并不关心(6.5 节将会详细讲解文本文件的读取和保存)。

新建一个窗体应用程序 WinApp_SaveFileDialog，在窗体上绘制一个 SaveFileDialog 控件(在工具箱的【对话框】选项卡中)，将 FileName 属性清空，InitialDirectory 属性设置为"C:"，Filter 属性设置为"Text Files(*.txt)|*.txt"。其他控件以及代码都跟上一节中的相似。运行程序，在文件名文本框中输入"xd"，点击【保存】，运行效果如图 4.30 所示。

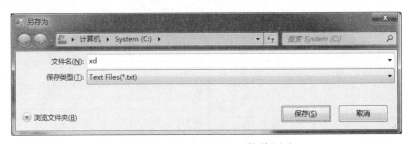

图 4.30　SaveFileDialog 控件测试

4.5　组　　件

在工具箱的【组件】选项卡中提供了很多后台组件，这些组件不能用于搭建程序界面，但是，可以帮助程序员更方便地开发应用程序。本节主要介绍计算机监控系统中常用的定时器组件 Timer 和串行通信组件 SeriaPort。

4.5.1　Timer

Timer 控件非常简单，只有两个常用属性，Interval 表示间隔的毫秒数，Enabled 表示 Timer 是否工作，如果为 True，则每过间隔的毫秒数，都将产生一次 Tick 事件。可以用 Timer 与 Label 配合，每过 1s 更新一次 Label 的 Text 属性，这样，就成了一个时钟了。

新建一个窗体应用程序 WinApp_Timer，在窗体上绘制一个 Timer 控件(在工具箱的【组件】选项卡中)和一个 Label 控件。Timer 的 Interval 属性设置为 1000，Enabled 属性设置为 True。Label 的 Font 属性中的字体大小设置为"小三"。

双击 Timer 控件，输入代码"Label1.Text = Now.ToString("H:mm:ss")"，运行效果如图 4.31 所示。

图 4.31　Timer 控件测试

Timer 控件虽然简单，但是，用途很广，而且，也非常实用。

4.5.2　SerialPort

串行接口技术简单成熟且应用广泛。Visual Basic 2010 很好地支持串行通信，编写了功能更加强大的 SerialPort 类(属于 System.IO.Ports 命名空间)。表 4.6 所示是 SerialPort 类的主要属性，RtsEnable 属性经常用作硬件握手信号，如果一方设置该属性为 True，另一方设置该属性为 False，即使程序正确，数据交互也不能完成。ReceiveBytesThreshold 属性一般设置为 1，表示收到一个字节的数据，即产生 DataReceived(数据已经接收)事件，这样可以使数据接收灵敏可靠。

表 4.6　SerialPort 的主要属性

属性	例子	说　明
PortName	COM1	串口名字，可从设备管理器中查看
BaudRate	9600	波特率，常用 9600
Parity	None	位校验，默认值 None
DataBits	8	数据位，默认值 8
StopBits	One	停止位，默认值 One
ReceiveBytesThreshold	1	接收字节的阈值，默认为 1
DtrEnable	False	是否启用数据终端准备好信号
RtsEnable	False	是否使用请求发送握手信号
HandShake	None	通信双方的交握协议，默认值为 None
IsOpen	False	串口是否打开，运行时属性

SerialPort 类在运行时通过 IsOpen 属性判断串口是否打开，用 Open 方法打开串口，用 Close 方法关闭串口——只有串口打开后才能收发数据。通过 Write 方法发送数据，Write 有三个重载方法，本例使用 Write(text as String)方法；也可使用 WriteLine 方法，自动在发送的文本后面添加回车换行。Read 方法用来读取对方发送的数据，有两个重载方法；ReadExisting 方法主要用来读取收到的所有的字符串。

DataReceived 事件发生，表示收到对方的数据；ErrorReceived 事件发生，表示发生了错误；PinChanged 事件则表示引脚信号发生了变化。ErrorReceived 和 PinChanged 事件处理程序中，可以使用 e.EventType.ToString() 语句来提取相关文本信息。

新建一个窗体应用程序 WinApp_SerialPort，用于两台计算机之间的聊天。在窗体上绘制一个 SerialPort 组件(在工具箱的"组件"选项卡中)，其属性不变；绘制两个标签(Label)，将 Text 属性设置为 Receive 和 Send；绘制两个文本框(TextBox)，将 Name 属性设置为 txtReceive 和 txtSend；绘制三个按钮(Button)，将 Name 属性设置为 btOpen、btClose 和 btSend，Text 属性设置为 Open、Close 和 Send，并将后两者的 Enable 属性设置为 False。

在 btOpen 的 Click 事件处理程序中输入如下代码。

```
If SerialPort1.IsOpen = False Then
    SerialPort1.Open()

    btOpen.Enabled = False
    btClose.Enabled = True
    btSend.Enabled = True
End If
```

如果串口为关闭状态，那么，打开串口，关闭串口按钮 btClose 和发送数据按钮 btSend 才有意义，所以，将其 Enable 属性设置为 True。

在 btClose 的 Click 事件处理程序中输入如下代码。

```
If SerialPort1.IsOpen Then
    SerialPort1.Close()

    btClose.Enabled = False
    btSend.Enabled = False
    btOpen.Enabled = True
End If
```

btSend 按钮用于发送数据，如果 txtSend 文本框中的字符串长度大于 0，则使用 SerialPort 的 Write 方法发送数据，其源代码如下。

```
If txtSend.Text.Length > 0 Then
    SerialPort1.Write(txtSend.Text)
End If
```

此时，运行程序，在 txtSend 文本框中键入字符串，点击【Open】打开串口，点击【Send】发送，对方将能收到数据(可以使用 TestPort 软件配合测试)。

在 SerialPort 的 DataReceived 事件处理程序中输入代码：

```
txtReceive.txt = SerialPort1.ReadExisting
```

即，读取对方发送的数据，放入 txtReceive 文本框中。通过 RS-232 接口交叉连接两台计算机。运行程序，从另一台计算机上发送字符串，这时，出现图 4.32 所示的错误提示信息，线程间操作无效，从不是创建控件"txtReceive"的线程访问它。如何在 SerialPort 的 DataReceived 事件处理程序中跨线程调用 Windows 窗体控件呢？

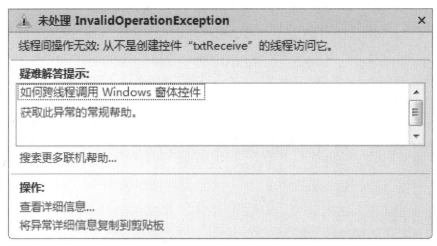

图 4.32　跨线程调用 Windows 窗体错误

跨线程调用 Windows 窗体控件可以通过代理(Delegate)来实现。甲方跟乙方借钱，但是，双方没有信用认识，可找丙方作为代理(担保人)，通过代理，甲方与乙方建立联系。先在窗体类中做如下声明。

```
Public Delegate Sub DelegateCom()

Dim dCom As DelegateCom = New DelegateCom(AddressOf GeneralCom)
```

声明一个代理 DelegateCom，它的实例 dCom 指向函数 GeneralCom，这样，在 SerialPort 的 DataReceived 事件处理程序中就可以通过 Invoke(dCom)方法调用代理，从而调用 GeneralCom 函数，而操作 Windows 窗体的语句可以放置在 GeneralCom 函数中。

这里又有一个问题，如果将 ReceiveBytesThreshold 设置为大于 1，那么，收到 1 个字节就不会有反应；如果设置为 1，那么，收到一批数据将会产生多个 DataReceived 事件，从而，使 txtReceive 文本框中只能出现一个字符串的尾巴——这就要求将一批收到的数据进行汇总。可以在窗体类中声明两个变量：

```
Dim bStart As Boolean    'True 表示正在接收数据

Dim strReceive As String    '收到的字符串汇总
```

再向窗体添加一个 Timer 控件，Interval 设置为 500(ms)。由于 SerialPort 类的默认波特率为 9600，因而 500ms 足够汇总所有接收到的字符串。SerialPort 中的 DataReceived 事件处理程序真正调用的是 GeneralCom 函数，其源代码如下。

```
    Timer1.Enabled = False    '数据到，禁止定时器中断

    If bStart = False Then
        bStart = True
        strReceive = ""   '第一批数据到达，清空字符串
    End If

    strReceive &= SerialPort1.ReadExisting  '汇总收到的字符串
    Timer1.Enabled = True  '如果 500 毫秒后无数据到达，就通过定时器提交数据
```

假如没有开始数据接收，那么，准备数据接收，将用来汇总字符串的变量 strReceive 清空，设置数据接收开始标志，启动定时器。这些工作完成后，将每次收到的数据汇总到 strReceive 变量中。500ms 以后，在定时器的事件处理程序中，将收到的数据 strReceive 放到 txtReceive 中，再做其他调整。图 4.33 所示是两个 WinApp_SerialPort 程序的运行效果。

图 4.33　SerialPort 控件测试

4.6　本 章 小 结

.NET Framework 4.0 所提供的控件或组件很多，功能非常齐全，使用这些控件或组件，既可以增加程序的可读性和节约开发成本，又可以增强程序的可靠性。SerialPort 组件是解决串行通信问题的基础，也是本书的重点，应充分理解。本章所介绍的每一个控件或组件，都要求熟练掌握，因而，需要反复操练，这样，才能将简单的控件或组件组合成一个用户满意的、性能可靠和界面美观的程序。

教 学 提 示

学习本章或对本章进行教学，可以先打开本章的例程，观察运行效果，然后，对照书本逐一学习其属性、方法和事件，在了解基本原理后，再进行模仿。总之，坚持从感性认识到理性认识，先运行例程，再对照学习，最后进行模仿，从而，达到熟练使用的效果。

思考与练习

1．CheckBox 与 RadioButton 控件有何区别，如何利用 GroupBox 对它们进行分组？

2．使用 TabControl 创建三个页标签，并在每页绘制合适的控件，要求整齐美观，分类合理。

3．创建一个窗体应用程序，要求添加菜单栏、工具栏与状态栏，在状态栏设置一个标签，显示当前时间(使用 Timer 控件)。

4．代理有什么作用，如何创建和使用代理？由简单到复杂，弄清 SerialPort 的使用方法。

第5章 图形程序设计

.NET Framework 4.0 提供了很多可视化控件供开发人员使用，来美化界面和完成程序的设计。但随着应用程序的规模和复杂度的提高以及可视化要求的不同，开发人员需要将自己的界面绘制到屏幕上。例如，在计算机监控系统中，温度经常是需要监控的参数，除了记录报警值和打印报表外，如果将温度趋势线显示在屏幕上，将非常直观，也有利于操作员的工作。本章主要介绍绘图的基础知识及主要图形的绘制方法，并给出了一个模拟的实时数据线的绘制程序。

5.1 坐标系及其变换

可视化控件都放置在窗体中，窗体本身也是一个控件，位于屏幕中的某个位置。每个控件都有一个坐标系，用于为其上的对象提供定位参考。默认情况下，控件的左上角为坐标原点，横向向右为 x 轴，纵向向下为 y 轴。如图 5.1 所示，为窗体的坐标系。

"点"是绘图的要素，直线的起点和终点，圆心等都是"点"。可以使用 Point 对象来描述坐标系中的一个点，例如：

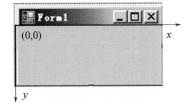

图 5.1 窗体坐标系

```
Dim p0 As Point = New Point (100, 200)
```

在学习绘图之前，需要理解矩形的概念。这里的矩形不一定用于绘制矩形，而是指绘制图形的范围。对于图 5.1 所示的窗体，从坐标原点到窗体的右下角所示的矩形，就是窗体的绘图范围。创建矩形比较简单。首先将一个变量定义为 Rectangle 对象，然后，设置其表示左上角的坐标 X 与 Y 的属性，再设置宽度 Width 属性和高度 Height 属性的值即可。

```
Dim rect As New Rectangle
rect.X = 0
rect.Y = 0
rect.Width = 100
rect.Height = 200
```

人们习惯使用左下角作为坐标的原点，这时就需要对坐标进行变换。x 轴方向不需要变换，设原来 y 轴方向的值为 y_0，绘图区域的高度为 h，则新的 y 轴方向的值 y_1 为

$$y_1 = h - y_0 \tag{5.1}$$

如果 y_0 的值达到边界最大值 h，则 y_1 为 0；如果 y_0 的值为 0，则 y_1 达到最大值，如此进行坐标变换。

如果用一个字节的范围 0~255 来表示线性温度 0~100℃，这时，也需要进行变换，只要将字节除以 255 后乘以 100 即可。这样，字节 0 还是 0，而 255 则被变换成最大值 100 了。

5.2　系统颜色

绘图离不开颜色，而系统颜色是开发人员最常使用的颜色，也是用户比较熟悉和习惯的颜色。在 Visual Basic 2010 中，要指定界面颜色使其与用户系统颜色一致，可以将对象的颜色属性设置为同一种系统颜色。如图 5.2 所示，如果要保证按钮的颜色与用户的系统颜色相匹配，应将 Button 控件的 BackColor 属性设置为系统颜色 Control(通过系统页标签)。表 5.1 所示为最常用的系统颜色，完整列表可参考 MSDN。

图 5.2　系统颜色的设置

表 5.1　系统颜色(部分)的定义

枚举值	说　明
ActiveCaption	活动标题栏的背景色
ActiveCaptionText	活动标题栏的文本颜色
Control	按钮和其他 3D 元素的背景色
ControlDark	3D 元素的阴影颜色
ControlLight	3D 元素的高光颜色
ControlText	按钮和其他 3D 元素的文本颜色
Desktop	Windows 桌面的颜色
GrayText	用户界面元素不可用时的文本颜色
Highlight	加亮文本的前景色（包括选中的菜单项和文本）

枚举值	说　　明
HighlightText	加亮文本的背景色（包括选中的菜单项和文本）
InactiveBorder	不活动窗体的边框颜色
InactiveCaption	不活动标题栏的背景色
InactiveCaptionText	不活动标题栏的文本颜色
Menu	菜单的背景色
MenuText	菜单的文本颜色
Window	窗体客户区域的背景色

　　系统颜色不仅可以分配给逻辑相关的属性，而且，也可以将系统颜色分配给任何颜色属性(如 BackColor)，画图时也可以通过 Drawing.SystemColors 命名空间方便地使用系统颜色。如果使用自定义颜色，可以参考 4.1.11 节中的 FromArgb 方法。

5.3 Pen 类

　　Pen(画笔)类用于定义线条特征，包括线条的颜色、宽度和样式(实线或虚线等)，绘制各种图形都需要使用画笔作为参数。Pen 的构造函数有 4 个重载方法，常用以下方法指定画笔的颜色和宽度：

```
Dim myPen As Pen = New Pen (Color, Width)
```

　　如果需要指定画笔的样式，可使用画笔的 DashStyle 属性。DashStyle 是一系列枚举值，位于 Drawing2D 命名空间，其成员如表 5.2 所示。

表 5.2　DashStyle 的枚举值

枚举值	说　　明	枚举值	说　　明
Dash	虚线	Dot	点线
DashDot	点横线	Solid	实线
DashDotDot	横线和两点组成的线条	Custom	自定义虚线

　　画笔是绘图函数中的一个参数，如果要定义宽度为 2 的红色画笔，所画出的线条为虚线，则源代码如下所示。

```
Dim myPen As Pen
myPen = New Pen(Color.Red, 2)
myPen.DashStyle = Drawing2D.DashStyle.Dash
```

　　这样，如果采用此画笔画椭圆，那么，这将是一个红色、宽度为 2 的虚线椭圆。Color 和 DashStyle 的枚举值都属于 System.Drawing 命名空间，而该命名空间在每一个窗体应用程序中都默认引用(可以从“解决方案资源管理器”中查看)，所以，在编写代码的时候，可以省略。

　　Visual Basic 2010 还提供了很多标准的画笔，也是属于 System.Drawing 命名空间，所以，同样可以直接引用。如果需要使用黑色画笔，在绘图函数中直接使用 Pens.Black 即可，不需要声明，也不需要初始化。

5.4　Graphics 类

Windows 操作系统中将文本、线条和图形等绘制到屏幕上的代码称为图形设备接口 (Graphics Device Interface，GDI)。GDI 处理来自 Windows 和应用程序的所有绘图指令，并输出到当前的显示设备。由于 GDI 要将输出的内容显示到屏幕上，因此，它负责处理安装在计算机上的显示驱动程序及对驱动程序进行设置，如分辨率和颜色深度。这意味着开发人员不必关心驱动程序相关的细节，只需要编写相关代码操作 GDI 即可。Visual Basic2010 主要通过 Graphics 类与 GDI 通信，首先创建一个 Graphics 对象，然后，利用此对象绘图。Graphics 类提供的常用方法见表 5.3。

表 5.3　Graphics 类的常用方法

枚举值	说　　明	枚举值	说　　明
DrawLine	画直线	DrawString	输出文字
DrawRectangle	画矩形	FillRectangle	填充矩形
DrawEllipse	画椭圆	FillEllipse	填充椭圆
DrawPolygon	画多边形	Clear	清除图形

创建一个窗体应用程序 WinApp_FormGraphics，在窗体的 Paint 事件中输入如下代码。

```
Dim g As Graphics = Me.CreateGraphics
g.DrawLine(Pens.Red, 0, 0, Me.Width, Me.Height)
g.DrawEllipse(Pens.Red, 0, 0, Me.ClientSize.Width - 1, Me.ClientSize.Height - 1)
```

首先，创建一个窗体的 Graphics 对象，然后，利用该对象的 DrawLine 方法绘制一条直线，采用标准的红色画笔，其后的四个参数表示起点和终点的坐标；DrawEllipse 方法描画一个椭圆，起点和终点坐标表示椭圆所在的区域，这里也可以使用 5.1 节介绍的 Rectangle 对象，运行效果如图 5.3 所示。窗体在每次重画时都会发生 Paint 事件，因而，改变窗体大小后，最小化窗体后又正常化，窗体的覆盖被移去时，都将重新描画图形。

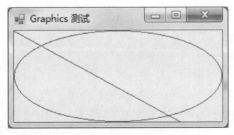

图 5.3　在窗体上绘图

当然，在绘图时，不必采用标准画笔，可以利用 5.3 节介绍的自定义画笔，以便指定线条的宽度和样式。

不一定要将 Graphics 对象设置为窗体或控件的客户区域，也可设置为内存位图区域。有时，出于性能方面的考虑，先使用内存位图来存储临时图像，或存储临时创建的复杂的图形，然后再发送到窗体。以下语句首先创建一个 30×30 的内存位图，然后创建此位图的 Graphics 对象 g，利用 g 的 Clear 方法，将位图的背景色设置为窗体的背景色，最后，在内存位图上画蓝色的椭圆，并设置为窗体的背景图片。由于窗体的 BackgroundImageLayout 属性默认为 Tile，即背景图片将层叠布置，所以，出现如图 5.4 所示的运行效果。

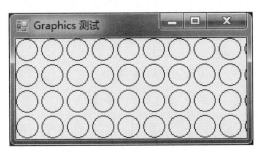

图 5.4　内存位图作为窗体的背景图片

```
Dim bmp As Bitmap = New Bitmap(30, 30, Imaging.PixelFormat.Format24bppRgb)
Dim g As Graphics = Graphics.FromImage(bmp)
g.Clear(Drawing.SystemColors.Control)
g.DrawEllipse(Pens.Blue, 0, 0, 25, 25)
Me.BackgroundImage = bmp
```

在初始化位图对象的构造函数中，PixelFormat 用于指定位图的颜色深度，也可能指定位图是否有 alpha 层。PixelFormat 的常用值见表 5.4。

表 5.4　PixelFormat 的常用值

枚举值	说　　明
Format16bppGrayScale	每像素 16 位，指定 65536 种颜色
Format16bppRgb555	每像素 16 位，指定 32768 种颜色
Format24bppRgb	每像素 16 位，指定 16777216 种颜色

5.5　绘 制 形 状

上一节已经初步介绍了一些形状的绘制方法，本节将详细介绍其他各种形状的绘制方法。首先，新建一个窗体应用程序 WinApp_Graphics，如图 5.5 所示，绘制一个 PictureBox 控件，背景色 BackColor 设置为系统色 ActiveCaptionText(白色)，在 cmbPen 下拉框的 Items 属性中分别输入形状 Line(线条)、Rectangle(矩形)、Ellipse(椭圆)、Polygon(多边形)；在 cmbBrush 下拉框中输入 SolidBrush(单色实心画笔)、TextureBrush(图像填充画笔)。选择形状后，点击 Pen，将在图片框中绘制相应的形状。

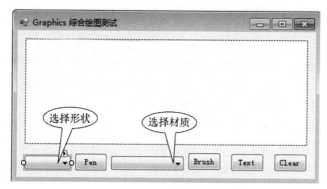

图 5.5 Graphics 综合绘图测试的设计

在窗体类中定义如下变量。

```
Dim g As Graphics          '绘图对象
Dim p0 As Point            '起点
Dim p1 As Point            '终点
Dim rect As Rectangle      '矩形对象
Dim w As Integer           '图片框的宽度
Dim h As Integer           '图片框的高度
```

在窗体的 Load 事件处理程序中输入如下初始化代码。

```
cmbPen.SelectedIndex = 0
cmbBrush.SelectedIndex = 0

w = PictureBox1.Width
h = PictureBox1.Height
g = PictureBox1.CreateGraphics
rect = New Rectangle(0, 0, w - 3, h - 3)
```

首先，让下拉框显示第一条内容，然后，获取图片框的宽度和高度，创建绘图对象 g，给矩形对象 rect 赋值——宽度和高度减去 3 是为了调整视觉效果。

5.5.1 绘制直线

绘制直线使用 Graphics 的 DrawLine 方法，可以自定义画笔，也可使用标准画笔。常用方法如下所示。

```
Graphics.DrawLine (pen, p0, p1)          'p0 和 p1 是起点和终点
Graphics.DrawLine(pen, x0, y0, x1, y1)   '也可采用这种起点和终点表示方法
Graphics.DrawLines(pen, pArray)          ' pArray 是 Point 数组
```

DrawLines 方法将 Point 数组中的点连起来，如果只有两个点，就相当于绘制一条直线。

在以下代码中，p0 为图片框的左上角，p1 为图片框的右下角。bPen 是自定义宽度为 3 的蓝色画笔(见源代码)，第一条直线是左上角到右下角的实线，第二条直线是左下角到右上角的虚线(点横线)，第三条直线位于图片框的左侧，用黑色标准画笔绘制。

```
p0 = New Point(0, 0)
```

84

```
p1 = New Point(w, h)
g.DrawLine(bPen, p0, p1)
bPen.DashStyle = Drawing2D.DashStyle.DashDot
g.DrawLine(bPen, 0, h, w, 0)
g.DrawLine(Pens.Black, 10, 10, 10, h - 10)
```

5.5.2　绘制矩形

绘制矩形使用 Graphics 的 DrawRectangle 方法，可以自定义画笔，也可使用标准画笔。常用方法如下所示。

```
Graphics.DrawRectangle (pen, rect)      'rect 是 Rectangle 对象
Graphics. DrawRectangle(pen, x0, y0, x1, y1)  '也可采用左上角和右下角的表示方法
```
本例中使用如下代码绘制一个宽度为 3 的蓝色边框的矩形，rect 为图片框的边界。

```
g.DrawRectangle(bPen, rect)
```

5.5.3　绘制椭圆

绘制椭圆使用 Graphics 的 DrawEllipse 方法，可以自定义画笔，也可使用标准画笔。常用方法如下所示。

```
Graphics.DrawEllipse (pen, rect)      'rect 是 Rectangle 对象
Graphics. DrawEllips(pen, x0, y0, x1, y1)  '也可采用左上角和右下角的表示方法
```
本例中使用如下代码绘制一个宽度为 3 的蓝色边的椭圆，rect 为图片框的边界。

```
g.DrawEllipse(bPen, rect)
```

5.5.4　绘制多边形

绘制多边形使用 Graphics 的 DrawPolygon 方法，可以自定义画笔，也可使用标准画笔。常用方法如下所示。

```
Graphics.DrawPolygon (pen, pArray)      'pArray 是 Point 数组
```
本例中使用如下代码绘制一个宽度为 3 的蓝色边框的三角形，首先定义 Point 数组 pArray，具有三个元素，分别赋值，最后调用 DrawPolygon 方法完成绘制。DrawPolygon 方法和 DrawLines 方法的参数形式一致，但是，功能不一样，前者完成一个封闭图形，即多边形(假设 pArray 具有 3 个以上不在一条直线上的点)；而后者仅仅将数组中提供的点按照下标顺序连接起来。

```
Dim pArray(2) As Point
pArray(0) = New Point(w / 2, 10)
pArray(1) = New Point(10, h - 10)
pArray(2) = New Point(w - 10, h - 10)
g.DrawPolygon(bPen, pArray)
```

在图片框中绘制各种形状后，其效果如图 5.6 所示。清除图形使用 Graphics 提供的 Clear 方法。Clear 只有一个颜色参数，一般使用绘图控件的背景色。由于图片框的背景色为系统色 ActiveCaptionText，所以，Clear 方法也使用此颜色。

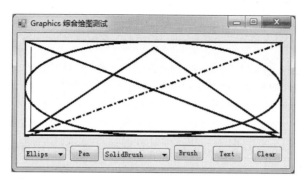

图 5.6 在图片框中绘制各种形状

5.6 Brush

对于封闭图形，如矩形、椭圆和多边形等，可以设置封闭区域的背景样式。Pen 对象定义图形的轮廓线的属性，而封闭图形的内部区域属性由 Brush 对象定义。Brush 类定义用于填充图形形状内部的对象。GDI 提供了几种填充封闭图形内部的画刷：SolidBrush、TextureBrush 和 LinearGradientBrush 等。SolidBrush 是单色实心画刷，TextureBrush 是图像填充画刷，LinearGradientBrush 是线性渐变画刷。

以下代码定义了一个红色实心画刷，然后，填充一个封闭的矩形，或者说绘制一个实心红色矩形。

```
Dim sBrush As SolidBrush = New SolidBrush(Color.Red)
 g.FillRectangle(sBrush, rect)
```

以下代码用图像来填充椭圆。首先，将图标文件 wi0122-64.ico 复制到本项目的 Debug 目录下，在调试状态下运行程序，则 My.Application.Info.DirectoryPath 获取应用程序所在的目录，这样，strFileName 中就是图标文件的绝对路径。bmp 是一个内存位图，来自图标文件，TextureBrush 对象 tBrush 用此位图生成。Graphics 的 FillEllipse 方法与 Ellipse 方法类似，只是这里使用的是画刷。运行效果如图 5.7 所示。

图 5.7 在图片框中用图像填充椭圆

```
Dim strFileName As String = My.Application.Info.DirectoryPath & "\wi0122-64.ico"
 Dim bmp As Bitmap = Bitmap.FromFile(strFileName)
```

```
Dim tBrush As TextureBrush = New TextureBrush(bmp)
g.FillEllipse(tBrush, rect)
```

画刷不但可以用来填充封闭图形，而且，可以用来绘制文字。绘制文字的常用方法是：

```
Graphics.DrawString (string, font, brush, x, y)
```

其中，string 是所要绘制的字符串，font 是字形，brush 是画刷，x 与 y 是绘制文字的左上角的横坐标与纵坐标。下面的代码生成 16 号宋体粗体字型，采用蓝色实心画刷，在点(25，60)处绘制字符串"通用多功能计算机监控系统测试软件"。

```
Dim fFont As Font = New Font("宋体", 16, FontStyle.Bold)
Dim sBrush As SolidBrush = New SolidBrush(Color.Blue)

g.DrawString("通用多功能计算机监控系统测试软件", fFont, sBrush, 25, 60)
```

5.7　绘制实时数据线

在计算机监控系统中，经常需要绘制实时曲线，以便给工作人员提供决策参考。新建一个窗体应用程序 WinApp_RealTime，绘制一个图片框，并将其背景色 BackColor 设置为系统色 ActiveCaptionText。绘制一个定时器 Timer，Enabled 属性设置为 True，Interval 属性设置为 1000。本项目每过 1000ms 产生一个随机字节，0 对应 0℃，255 对应 100℃(假设为线性关系)。纵坐标表示温度，横坐标表示 100 个时间点。左下角为坐标原点，因而，需要利用式(5.1)对坐标进行变换。采用标准画笔绘制图形，如果当前温度超过上一个温度数值，则采用红笔绘制，否则采用蓝笔绘制。

在窗体类中声明如下变量。

```
Dim g As Graphics
Dim p0 As Point = New Point(0, 0)
Dim p1 As Point = New Point(0, 0)
Dim w As Integer
Dim h As Integer
Dim nMaxPoint As Integer = 100
Dim nPos As Integer
```

p0 是上一个温度点，p1 是当前温度点，w 是图片框的宽度，h 是图片框的高度，nMaxPoint 是常数 100，表示横坐标有 100 个时间点，nPos 表示当前是第几个点。在窗体的 Load 事件处理程序中，需要做如下初始化。

```
w = PictureBox1.Width
h = PictureBox1.Height
g = PictureBox1.CreateGraphics
```

随机字节采用第 2 章 Lottery 中使用的 GetRandomByte 函数获取。需要根据 nPos 和随机字节，计算出当前点的坐标，这可以通过 GetPoint 函数进行处理：

```
Private Function GetPoint(ByVal X As Integer, ByVal Y As Integer) As Point
```

```
      Dim p As Point = New Point
      Dim t As Integer

      t = Y / 256 * 100                    '计算当前温度
      p.X = w / nMaxPoint * X              '计算 X 坐标
      p.Y = h - h / 100 * t                '坐标变换，计算 Y 坐标
      Label1.Text = t                      '显示当前温度
      Return p                             '返回结果
End Function
```

其中，形式参数 X 表示 nPos，Y 表示随机字节。

在时钟的 Tick 事件处理程序中，输入如下代码。

```
Dim bData As Byte = GetRandomByte()

If nPos = 0 Then
    g.Clear(Drawing.SystemColors.ActiveCaptionText)
Else
    p0 = p1
End If

p1 = GetPoint(nPos, bData)               '计算当前坐标

If nPos = 0 Then
    nPos += 1                            '刚开始绘制，准备下一个点
    Return                               '目前只有一个点，直接返回
End If

If p1.Y < p0.Y Then
    g.DrawLine(Pens.Red, p0, p1)        '温度升高，用红笔
Else
    g.DrawLine(Pens.Blue, p0, p1)       '温度降低，用蓝笔
End If

nPos += 1                                '准备计算下一个点
If nPos = nMaxPoint Then nPos = 0        '达到 100 个点，从头开始
```

首先通过 GetRandomByte 函数获取随机字节 bData，如果刚开始绘图(nPos=0)，则清除图形，准备绘图；否则，将当前点 p1 的值送到 p0 中保存。如果温度升高，就用红笔绘制；如果温度降低，就用蓝笔绘制。图片框的右上角显示当前温度。程序的运行效果如图 5.8 所示。

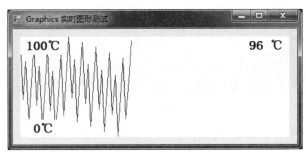

图 5.8　在图片框中绘制实时图形

5.8　本 章 小 结

绘图需要理解坐标系及其变换，并熟练使用画笔、画刷。本章详细介绍了绘图的基本要素，设计了一个综合绘图程序 WinApp_Graphics，实现了绘制直线、矩形、椭圆和多边形，以及用实心画刷和图像填充绘图对象实现了图像的填充和文字的绘制。在计算机监控系统中，经常需要绘制实时趋势线，来帮助工作人员进行监控决策。WinApp_RealTime 模拟了一个实时数据的显示场景，可以应用于实际的工程项目中。

教 学 提 示

编写简单的程序在窗体的工作区域、PictureBox、Panel 或其他控件上绘制直线、矩形和椭圆等，尝试变换画笔的颜色和坐标变换的使用。掌握基础技能后，独自编写程序绘制实时数据线，以达到知识的综合应用效果。

思 考 与 练 习

1. 如何自定义画笔，如何使用自定义画笔和标准画笔？
2. DrawLines 方法和 DrawPolygon 方法有何相似和不同之处？
3. 如何清除绘制的图形？
4. 有几种方法用来绘制矩形和椭圆？
5. 如何使用 TextureBrush 对封闭图形进行填充？
6. 模仿实时数据线绘制程序 WinApp_RealTime，深刻理解其坐标计算与坐标变换技术。

第 6 章　My 命名空间

My 功能提供了容易而直观的方法来访问大量 .NET Framework 类，从而使 Visual Basic 用户能够与计算机、应用程序、设置、资源等进行交互。5.6 节使用了 My 功能获取应用程序路径"My.Application.Info.DirectoryPath"，可谓简捷方便。图 6.1 列出了 My 功能的层次结构。

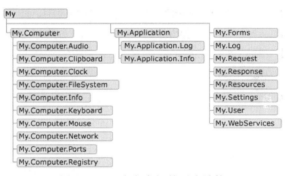

图 6.1　My 命名空间的层次结构

My 的顶级成员被公开成对象，每一个对象在运行上就如同一个命名空间或拥有共享成员的类，并会公开一组相关联的成员，即，My 提供了一种快捷方式，让编程人员非常直观地访问默认对象实体的常用方法、属性和事件，从而提高了编程的速度和简易性。表 6.1 列出了 My 中包含的对象，以及每个对象可执行的操作。本章介绍编程中常用的 My 对象及其操作方法。

表 6.1　My 对象及其操作

对象	操 作
My.Application	访问应用程序信息和服务
My.Computer	访问主机及其资源、服务和数据
My.Forms	访问当前项目中的窗体
My.Log	访问 Application 日志
My.Request	访问当前 Web 请求
My.Resources	访问资源元素
My.Response	访问当前 Web 响应
My.Settings	访问用户和应用程序级设置
My.User	访问当前用户的安全性上下文
My.WebServices	访问由当前项目引用的 XML Web 服务

6.1 访问资源元素

My.Resources 对象提供对应用程序资源的访问,并使编程人员能够动态地检索应用程序的资源。My.Resources 对象只公开全局资源,可以使用资源设计器创建和管理项目的资源。资源设计器支持诸如字符串、图像、图标、音频和文件这样的资源类型,如图 6.2 所示。资源设计器是非特定于语言的,支持所有 Visual Studio 语言项目,对于 Visual Basic,资源设计器将强类型资源生成到 My.Resources 命名空间。

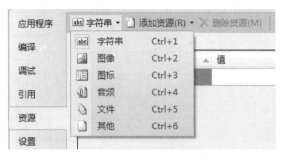

图 6.2　项目资源设计器

每个资源都有名称、类别和值,这些资源设置确定访问资源的属性在 My.Resources 对象中的显示方式。名称确定属性名,资源数据是属性值,类别确定属性的类型。从 My.Resources 对象可以访问应用程序的区域信息特定资源文件。默认情况下,My.Resources 对象从与 My.Application.UICulture 属性中的区域信息匹配的资源文件中查找资源。My.Resources 对象的属性提供对应用程序资源的只读访问。

新建一个窗体应用程序 WinApp_Audio,在解决方案资源管理器中右击项目名称并选择"属性",打开如图 6.2 所示的项目资源设计器,在设计器上部的第一个下拉框中选择"音频",添加资源下拉框中选择"添加现有文件",在 Windows 的 Media 目录下选择一个音频文件,这里为 Windows_Ringin。可以发现,在解决方案资源管理器中多了一个 Resources 目录,在窗体应用程序的目录下,也存在这个子目录,两个目录中都有文件 "Windows Ringin.wav"。事实上,所有通过项目资源设计器添加的图片、图标和音频等文件都保存在该子目录下。

在窗体上添加一个命令按钮,双击按钮写入如下代码即可播放选择的音频。

```
My.Computer.Audio.Play(My.Resources.Windows_Ringin, AudioPlayMode.Background)
```

在 Visual Basic2010 应用程序中,播放声音最简单和最常用的方法便是使用 My.Computer.Audio 对象。该对象的 Play 方法用来播放 WAV 格式的声音文件,其代码如下所示。

```
My.Computer.Audio.Play ( wavFile, AudioPlayMode )
```

其中,wavFile 是音频文件的绝对路径。AudioPlayMode 是播放模式,这是一个枚举值,Background 表示后台播放,这也是常用模式;BackgroundLoop 表示后台循环播放;WaitToComplete 表示播放声音文件和应用程序资源中的声音,并等待其结束。

如果使用音频文件的绝对路径播放音频,由于需要维护两个文件,就会使得程序的保存、复制和运行不够灵活。但是，如果使用 My.Resources 对象就比较方便，因为项目编译以后生成的可执行文件中包含音频资源，可将 EXE 文件复制到其他路径，观察运行效果。

6.2 访 问 主 机

My.Computer 对象提供用于处理计算机组件(如音频、时钟、键盘、文件系统等等)的属性，见表 6.2。My.Computer 对象公开的属性返回有关在其上部署应用程序的计算机信息(在运行时确定)。上一节已经介绍了 Audio 对象，下面介绍一些其他常用对象。

表 6.2　My.Computer 对象的属性

属性	说　　明
Audio	提供对计算机音频系统的访问
Clipboard	提供用于操作剪贴板的方法
Clock	提供用于对系统时钟的访问
FileSystem	提供用于处理驱动器、文件及目录的属性和方法
Info	获取有关计算机的内存、加载的程序集等方面的信息
Keyboard	提供对键盘属性和方法的访问操作
Mouse	提供对鼠标属性和方法的访问操作
Name	获取计算机的名称
Network	提供对网络的访问
Ports	提供用于访问计算机的串行端口的属性和方法
Registry	提供注册表的访问操作

6.2.1　剪贴板操作

My.Computer.Clipboard 对象提供了可用于与剪贴板交互的方法和属性，使用户可以将数据写入剪贴板或从剪贴板获取数据，并可以检查剪贴板上是否存在指定格式的数据。剪贴板是使应用程序能够传输数据的一组函数和消息。因为所有应用程序都可以访问剪贴板，所以可以轻松地在它们之间传输数据。

My.Computer.Clipboard 对象的 Clear 方法用于清除剪贴板。由于剪贴板由其他进程共享，因此清除剪贴板可能会影响这些进程。

剪贴板可用于存储数据，例如文本和图像。My.Computer.Clipboard 对象使编程人员可以方便地访问剪贴板以及读写剪贴板。可以使用 SetAudio、SetData、SetFileDropDownList、SetImage 和 SetText 方法将数据放置在剪贴板上。而 GetText、GetImage、GetData、GetAudioStream 和 GetFileDropDownList 方法可以指定要从剪贴板读取什么类型的数据。

由于 Visual Basic 2010 的即时窗口不能直接支持 My 功能(2008 版本可直接支持)，但可以在窗体应用程序中通过 Debug.Print 来输出 My 对象的方法和属性的调用结果，为了增加灵活性，数据可以从文本框中读取。

新建一个窗体应用程序 WinApp_Clipboard，在窗体上绘制两个命令按钮和两个文本框，上面的控件用来测试 SetText 方法，下面的控件用来测试 GetText 方法。

```
My.Computer.Clipboard.SetText(txtSet.Text)        '测试 SetText 方法
Debug.Print(My.Computer.Clipboard.GetText)        '测试 GetText 方法
```

程序运行后，在上面的文本框中输入"Hello World"，点击【SetText】按钮，文本被复制到剪贴板。在下面的文本框中通过【Ctrl + V】命令粘贴或者打开记事本进行粘贴，"Hello World"都能被复制。点击【GetText】按钮，可以通过 Debug.Print 方法将剪贴板中的文本输出到即时窗口中，运行效果如图 6.3 所示。

图 6.3　Clipboard 测试

6.2.2　访问系统时钟

My.Computer.Clock 对象提供了用于查找计算机的当前本地时间(LocalTime)和 UTC 时间(GmtTime)的属性。它还公开从计算机的系统计时器中获取的毫秒计数(TickCount)。下面是通过 Debug.Print 调用 My 功能后，在即时窗口中输出的返回值。

```
调用: My.Computer.Clock.LocalTime  返回: 2014-8-12 16:45:09
调用: My.Computer.Clock.GmtTime    返回: 2014-8-12 8:45:09
调用: My.Computer.Clock.TickCount  返回: 10268469
```

6.2.3　获取主机系统信息

由 My.Computer.Info 对象公开的属性会返回有关从中部署应用程序的计算机(在运行时确定是哪台计算机)的信息。一般情况下，此数据与开发计算机上的可用数据不同。如下所示，AvailablePhysicalMemory 属性列出了可用物理内存，AvailableVirtualMemory 属性列出了可用虚拟内存，OSFullName 属性列出了操作系统的全称，OSPlatform 属性列出了操作系统平台，OSVersion 属性列出了操作系统的版本号，TotalPhysicalMemory 属性列出了主机的总物理内存，TotalVirtualMemory 属性列出了主机的总虚拟内存。InstalledUICulture 属性获取操作系统安装的当前用户界面区域信息，返回一个 CultureInfo 对象，6.3 节将进一步讨论该主题。

```
调用: My.Computer.Info.AvailablePhysicalMemory  返回: 1381314560
调用: My.Computer.Info.AvailableVirtualMemory   返回: 1936027648
调用: My.Computer.Info.OSFullName               返回: Microsoft Windows 7
调用: My.Computer.Info.OSPlatform               返回: Win32NT
调用: My.Computer.Info.OSVersion                返回: 6.1.7601.65536
调用: My.Computer.Info.TotalPhysicalMemory      返回: 3129868288
```

调用: My.Computer.Info.TotalVirtualMemory   返回: 2147352576
调用: My.Computer.Info.InstalledUICulture.ToString 返回: zh-CN

6.2.4　访问键盘

My.Computer.Keyboard 对象提供连接计算机键盘的接口。My.Computer.Keyboard 的属性提供有关若干特殊键的状态的信息。My.Computer.Keyboard.SendKeys 方法允许编程人员将键发送到活动窗口，就好像它们是在键盘上键入的一样。下面列出了键盘的几个组合键和大写锁定键等的按键状态。

调用: My.Computer.Keyboard.AltKeyDown   返回: False
调用: My.Computer.Keyboard.CapsLock   返回: False
调用: My.Computer.Keyboard.CtrlKeyDown   返回: False
调用: My.Computer.Keyboard.NumLock   返回: True
调用: My.Computer.Keyboard.ScrollLock   返回: False
调用: My.Computer.Keyboard.ShiftKeyDown   返回: False

以下代码用 Shell 方法调用计算器并返回进程 pID。进程被激活后，利用 My.Computer.Keyboard 对象的 SendKeys 方法发送的按键，好像用鼠标点击的一样。

```
Dim pID As Integer = Shell("calc.exe", AppWinStyle.NormalFocus)
AppActivate(pID)

My.Computer.Keyboard.SendKeys("123")
```

6.2.5　访问鼠标

My.Computer.Mouse 对象提供了一种方式，用于查找有关计算机鼠标的信息：鼠标按钮是否已交换、鼠标滚轮是否存在以及旋转一个单位时的滚动量。下面给出了作者计算机鼠标的测试结果，即左右按钮没有交换、存在滚轮且旋转一个单位的滚动量为 3。

调用: My.Computer.Mouse.ButtonsSwapped   返回: False
调用: My.Computer.Mouse.WheelExists   返回: True
调用: My.Computer.Mouse.WheelScrollLines 返回: 3

6.2.6　获取计算机的名称

在控制面板的系统选项中可以查看和更改计算机的名称，此名称可以简单地通过 My.Computer .Name 获取。

6.2.7　访问网络

My.Computer.Network 对象提供用于与计算机连接到的网络进行交互的属性、事件和方法。可以使用 My.Computer.Network.Ping 方法来确定远程计算机或主机是否可用。服务器可以通过 URL(不要包含"http://")、计算机名称或 IP 地址来指定。Ping 方法不是一个用于确定远程计算机可用性故障的保险方法，因为目标计算机上的 Ping 端口可能已关闭，或者 Ping 请求可能被防火墙或路由器阻止。一般的计算机都装有网卡，因而，以下代码将返回 True，表示本地网络良好。

```
My.Computer .Network .Ping ("127.0.0.1")
```

还可以在 Ping 方法中指定超时，以毫秒为单位。

My.Computer.Network.IsAvailable 属性可用于确定计算机是否拥有工作网络或 Internet 连接。如果此属性为 False，则计算机将不能跟外界网络连接。

My.Computer.Network 对象的 UploadFile 方法用于上载文件，需要将源文件的位置和目标目录的位置指定为字符串或 URI。该方法有 8 个重载，一般情况下还需要指定 String 类型的用户名和密码。UploadFile 方法的简单定义如下代码所示。

```
My.Computer .Network .UploadFile(sourceFileName As String, address As String)
```

My.Computer.Network 对象的 DownloadFile 方法用于下载文件，其使用方法与 UploadFile 方法类似。

6.2.8　访问串口

4.5.2 节用串行通信控件 SerialPort 实现了一个串行通信聊天程序。My.Computer.Ports 对象也提供了用于访问 .NET Framework 串行端口类 SerialPort 的直接入口点。My.Computer.Ports 对象的 SerialPortNames 属性返回计算机上的串口名称的集合，可以使用以下代码将串口名称添加到 ComboBox 下拉框中。

```
For Each sp As String In My.Computer.Ports.SerialPortNames
    ComboBox1.Items.Add(sp)
Next
ComboBox1.SelectedIndex = 0
```

For Each 循环可以用于列举集合中的项。由于 ComboBox 中的项都是从计算机系统中取出的，这样，在选择串口的时候，每个串口都是存在的。最后一条语句显示集合中的第一个串口(不一定是"COM1")。

My.Computer.Ports 对象的 OpenSerialPort 方法返回一个串口对象，利用此串口对象的 WriteLine 方法可以从串口发送字符串，下面的子程序用于从 COM1 发送字符串。

```
Sub SendSerialData(ByVal data As String)
    Using comPort As IO.Ports.SerialPort =
        My.Computer.Ports.OpenSerialPort("COM1")
        comPort.WriteLine(data)
    End Using
End Sub
```

在 Using 和 End Using 之间的程序代码针对 comPort 对象执行各种操作后，自动释放 comPort 对象，避免使用完毕还占用系统资源。

6.3　访问应用程序

My.Application 对象公开的属性返回只与当前应用程序或 DLL 关联的数据，无法利用 My.Application 更改任何系统级别的信息，一些成员仅对 Windows 窗体或控制台应用程序可用。My.Application 对象的 Culture 属性用于获取当前线程用于字符串操作和字符串格式设置的区域信息；Info 属性返回 My.Application.Info 对象，提供了用于获取应用程序的程序集相关信息(如版本号和说明等)的属性，这些属性可在程序设计时通过"项目属性"→"应用程序"→"程序集信息"进行修改，其具体内容如图 6.4 所示；UICulture 属性用于获取当前线程用于检索特定于区域的资源区域信息。

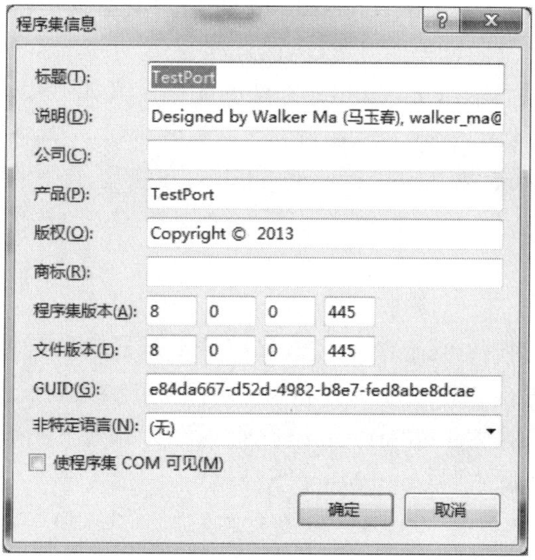

图 6.4 程序集信息示例

My.Application 对象的 ChangeCulture 方法用于更改当前线程用于字符串操作和字符串格式设置的区域信息，常用区域信息名称和标识符见表 6.3，完整数据请参考 MSDN 中的 CultureInfo 类。ChangeUICulture 方法用于更改当前线程用于检索特定于区域的资源区域信息。

表 6.3 常用区域信息名称和标识符

区域信息/语言名称	说明区域信息标识符	区域
zh-CN	0x0804	中文(中国)
en	0x0009	英语
en-CA	0x1009	英语(加拿大)
en-GB	0x0809	英语(英国)
en-US	0x0409	英语(美国)

以下代码首先声明一个十进制数，并完成初始化。然后，调用 My.Application 对象的 ChangeCulture 方法，将 Culture 设置为"英语(美国)"，此时，在即时窗口中输出的货币格式为美元"$"符号；将 Culture 设置为"中文(中国)"时，输出的货币格式为人民币"¥"符号。"C"格式表示在输出的数据前面添加货币符号。

```
Dim dMoney As Decimal = 100.36
My.Application.ChangeCulture("en-US")
Debug.Print(dMoney.ToString("C"))          '输出: $100.36
```

```
My.Application.ChangeCulture("zh-CN")
Debug.Print(dMoney.ToString("C"))          '输出: ¥100.36
```

6.4　访问用户与应用程序级设置

不少应用程序都提供了用户喜好设置，比如界面的颜色和程序的位置等，下次程序启动的时候，依然保持用户喜好的设置。可以使用 My.Settings 对象完成用户喜好设置，因为 My.Settings 对象提供了对应用程序设置的访问，并允许编程人员动态地存储和检索应用程序的属性设置和其他信息。在图 6.2 中点击【设置】选项，即可打开图 6.5 所示的用户设置设计器(图中已经设置了串口常用的参数)。

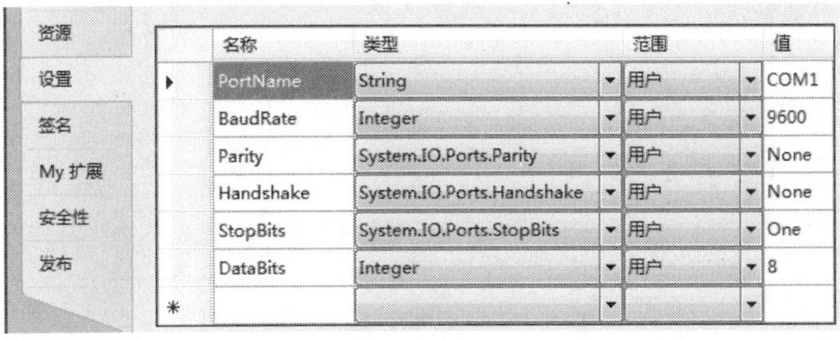

资源	名称	类型	范围	值
设置	▶ PortName	String	用户	COM1
签名	BaudRate	Integer	用户	9600
My 扩展	Parity	System.IO.Ports.Parity	用户	None
安全性	Handshake	System.IO.Ports.Handshake	用户	None
发布	StopBits	System.IO.Ports.StopBits	用户	One
	DataBits	Integer	用户	8
	✱			

图 6.5　用户设置设计器

每个设置都有"名称"、"类型"、"范围"和"值"，并且这些设置确定属性如何访问 My.Settings 对象中出现的每个设置："名称"确定属性的名称，"类型"确定属性的类型，"范围"指明属性是否为只读。如果范围为"应用程序/Application"，则属性为只读；如果范围为"用户/User"，则属性为可读写(默认值)。"值"是属性的默认值，如图 6.5 所示，如果没有为串口名称 PortName 指定值，则其值默认为 "COM1"。

若要添加或删除设置，只要使用"设置设计器"，就像在 Excel 中编写表格数据一样简单。添加设置时，在图 6.5 的带"✱"的行中输入名称，然后，选择类型。有的类型没有直接列出，可以通过类型下拉框底部的"浏览"进行选择。"范围"一般选择用户，即可读写，"值"一栏写入默认值即可。如果需要移除设置，只需右击该行所在的行标签，在弹出式菜单中选择"移除设置"即可。

读取应用程序设置使用 My.Settings.itemName 方法。如果要保存应用程序设置，首先需要在设计时，在项目属性的【应用程序】标签中，勾选【关机时保存 My.Settings】，然后在程序运行过程中给 itemName 赋值(如果有变化)即可。

新建一个窗体应用程序 WinApp_Settings，对 4.5.2 节中的 WinApp_SerialPort 程序进行改进，使其可以在程序运行时改变串口设置，而且，可以保存设置，以便下次程序启动时使用该设置。在主窗体 frmMain 中添加一个【Setup】按钮，如图 6.6 所示，并在其 Click 事件处理程序中输入如下代码。

```
frmSetup.Show()
```

frmSetup 是串口参数设置窗体，如图 6.7 所示，Show 方法显示该窗体，这时，可以对串口参数进行设置，设置完毕点击【OK】，串口参数将被重新设置，并被保留到 user.config 文件中。

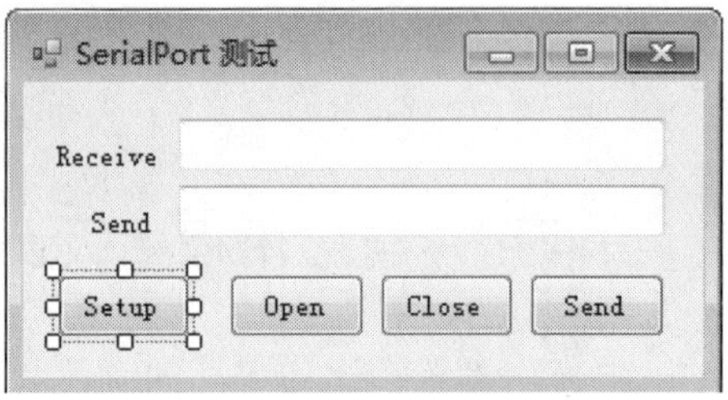

图 6.6　主窗体添加【Setup】按钮

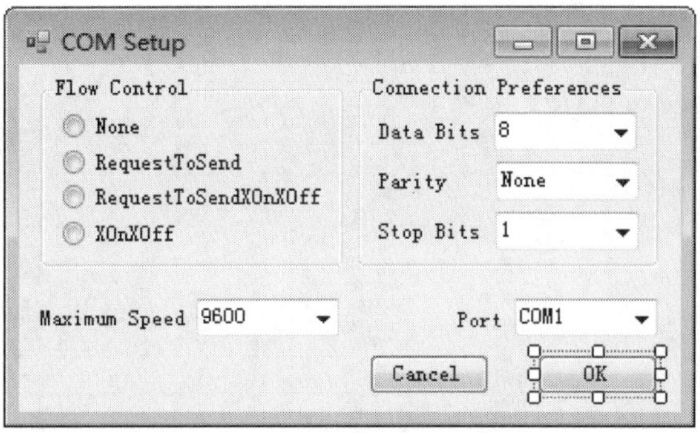

图 6.7　串口参数设置窗体

在主窗体 frmMain 类中输入自定义子程序 LoadSettings 装载用户设置，其源代码如下所示。

```
Private Sub LoadSettings()
    With SerialPort1
        Dim bStatus As Boolean = .IsOpen
        If bStatus Then .Close()

        .PortName = My.Settings.PortName
        .BaudRate = My.Settings.BaudRate
        .Parity = My.Settings.Parity
        .DataBits = My.Settings.DataBits
        .StopBits = My.Settings.StopBits
        .Handshake = My.Settings.Handshake

        If bStatus Then .Open()
    End With
End Sub
```

其中，用"With 对象名"和"End With"括起来的语句，可以忽略对象名(这里是 SerialPort1)，这样，代码显得层次分明。有的串口参数的设置，必须在串口关闭的情况下才能进行，所以，代码开始时，将串口打开/关闭状态放到 Boolean 变量 bStatus 中保存起来，如果串口处于打开状态，则关闭串口，然后，将用户设置的参数复制到串口参数中去。最后，恢复串口状态，如果原来串口是打开的状态，则重新打开串口。

在主窗体 frmMain 的 Load 事件中调用 LoadSettings 方法，这样，可以确保应用程序启动时，即可启用用户的喜好设置。如何在程序运行时改变串口参数呢？

主窗体运行后，已经获取了用户设置的串口参数。在 frmSetup 窗体的 Load 事件中，需要将串口参数复制到程序界面中去。串口名称下拉框 cmbPort 在程序运行时自动获取，其他下拉框中的内容在设计时手工输入。frmSetup 窗体的 Load 事件处理代码如下所示。

```
cmbPort.Items.Clear()              '添加串口名称
For Each strPort As String In My.Computer.Ports.SerialPortNames
    cmbPort.Items.Add(strPort)
Next

With frmMain.SerialPort1          '根据串口参数设置界面

    Select Case .Handshake
        Case IO.Ports.Handshake.None
            rb_FlowNone.Checked = True
        Case IO.Ports.Handshake.RequestToSend
            rb_FlowRequestToSend.Checked = True
        Case IO.Ports.Handshake.RequestToSendXOnXOff
            rb_FlowAll.Checked = True
        Case IO.Ports.Handshake.XOnXOff
            rb_FlowXOnXOff.Checked = True
    End Select

    cmbPort.Text = .PortName
    cmbBaudRate.Text = .BaudRate
    cmbDataBits.Text = .DataBits
    cmbParity.Text = .Parity.ToString
    cmbStopBits.Text = .StopBits
End With
```

【Cancel】按钮直接调用 Me.Close 方法关闭 frmSetup 窗体。【OK】按钮将根据用户的界面操作，将用户设置的参数复制到串口参数中，随后，调用 SaveSettings 方法保存用户设置。【OK】按钮的 Click 事件处理程序的源代码如下所示。

```
Dim bStatus As Boolean

With frmMain.SerialPort1
    '将用户设置的参数复制到串口参数中
    bStatus = .IsOpen
    If bStatus Then .Close()
    .PortName = cmbPort.Text
```

```
                .BaudRate = cmbBaudRate.Text

        Select Case cmbParity.Text
            Case "Odd"
                .Parity = IO.Ports.Parity.Odd
            Case "Even"
                .Parity = IO.Ports.Parity.Even
            Case "Mark"
                .Parity = IO.Ports.Parity.Mark
            Case "Space"
                .Parity = IO.Ports.Parity.Space
            Case Else
                .Parity = IO.Ports.Parity.None
        End Select

        If rb_FlowNone.Checked Then .Handshake = IO.Ports.Handshake.None
        If rb_FlowRequestToSend.Checked Then .Handshake = _
                        IO.Ports.Handshake.RequestToSend
        If rb_FlowAll.Checked Then .Handshake = _
                        IO.Ports.Handshake.RequestToSendXOnXOff
        If rb_FlowXOnXOff.Checked Then .Handshake = _
                        IO.Ports.Handshake.XOnXOff

        .DataBits = Val(cmbDataBits.Text)
        .StopBits = Val(cmbStopBits.Text)

        If bStatus = True Then .Open()
    End With

    '保存用户设置
    SaveSettings()
    Me.Close()
```

SaveSettings 方法是 frmSetup 类中自定义方法，将串口参数复制到 My.Settings 对象的名称变量中，其源代码如下所示。

```
Private Sub SaveSettings()
    With frmMain.SerialPort1
        My.Settings.PortName = .PortName
        My.Settings.BaudRate = .BaudRate
        My.Settings.Parity = .Parity
```

```
        My.Settings.DataBits = .DataBits
        My.Settings.StopBits = .StopBits
        My.Settings.Handshake = .Handshake
    End With
End Sub
```

在 WinApp_SerialPort 程序的基础之上添加了 My.Settings 操作，改进成了 WinApp_Settings 程序，使后者有了“记忆”功能，看起来有点像高手的作品了。

6.5 文本文件操作

My.Computer.FileSystem 对象提供用于处理驱动器、文件和目录的属性及方法，可以非常方便地操作文件，如创建文件、打开并读写文件(文本文件及二进制文件均可)、复制与删除文件及查找文件与获取文件信息等；操作目录，包括对目录的创建、删除、移动、复制，以及获取目录下的文件；获取驱动器信息，如 My.Computer.FileSystem 对象的 Drives 属性返回系统中所有可用驱动器名称的只读集合，GetDriveInfo 获取指定驱动器的 DriveInfo 对象。

文本文件操作是 My.Computer.FileSystem 对象的最常用的功能，其主要方法见表 6.4。此外，DirectoryExists 判断目录是否存在，如果不存在，则可以通过调用 CreateDirectory 方法创建目录。

表 6.4   My.Computer.FileSystem 对象的常用方法

方法	说　　明
WriteAllText	将所有字符串数据写入文本文件
ReadAllText	读取文本文件中的数据到字符串变量
FileExists	判断文件是否存在，返回 Boolean 值
DirectoryExists	判断目录是否存在，返回 Boolean 值
CreateDirectory	创建目录

新建一个窗体应用程序 WinApp_File，添加一个文本框(多行)，用于输入文本数据，添加三个命令按钮，分别用于保存文本、读取文本以及清除文本框的内容。在对命令按钮编程之前，右击项目，添加“新建项”，选择“模块”，并将模块取名为 FileProcess.vb，在模块中定义两个常量，用于返回操作是否成功：

```
Public Const FILE_SUCCESS As Integer = 0
Public Const FILE_ERROR As Integer = -1
```

然后，依次输入以下代码，用来读写文本和创建目录。

```
Public Function CheckFile(ByVal strPath As String) As Boolean
    '检查文件是否存在
    If strPath = "" Then Return False
    Return My.Computer.FileSystem.FileExists(strPath)
```

```
End Function


Public Function ReadTxtFile(ByVal strPath As String) As String
    '读取文本文件至字符串，如果文件不存在或路径为空,返回空字符串
    If (CheckFile(strPath) = False) Or (strPath = "") Then
        Return ""
    End If


    Return My.Computer.FileSystem.ReadAllText(strPath)
End Function


Public Function WriteStringToTxt(ByVal strSource As String, _
                    ByVal strPath As String) As Integer
    '将字符串写入文本文件
    If strSource = "" Or strPath = "" Then Return FILE_ERROR


    My.Computer.FileSystem.WriteAllText(strPath, strSource, False)
    Return FILE_SUCCESS
End Function


Public Function CheckFolder(ByVal strPath As String) As Boolean
    '检查目录是否存在
    Return My.Computer.FileSystem.DirectoryExists(strPath)
End Function


Public Sub CheckCreateFolder(ByVal strPath As String)
    '如果目录不存在，则创建它
    If CheckFolder(strPath) = False Then
        My.Computer.FileSystem.CreateDirectory(strPath)
    End If
End Sub
```

将常用子程序分类，并放到一个模块中去，以便下次使用，这是一个良好的编程习惯，非常有利于提高软件开发的效率。

在窗体类中定义 String 类型的变量 strFilePath，用来保存文件的名称(包括绝对路径)。在窗体的 Load 事件处理程序中输入如下代码，将 Test.txt 文件放在当前运行程序的目录下。

```
strFilePath = My.Application.Info.DirectoryPath & "\Test.txt"
```

在 btWrite 按钮的 Click 事件处理程序中输入如下代码，如果文本框中的内容非空，则写入 strFilePath 所指定的文本文件 Test.txt 中。

```
If TextBox1.Text = "" Then Return
WriteStringToTxt(TextBox1.Text, strFilePath)
MessageBox.Show("Write OK!")
```

在 btRead 按钮的 Click 事件处理程序中输入如下代码，如果存在指定的文本文件，则读取后放入 TextBox1 文本框中，否则，显示消息框提示"File does not exist!"。

```
If CheckFile(strFilePath) Then
    TextBox1.Text = ReadTxtFile(strFilePath)
Else
    MessageBox.Show("File does not exist!")
End If
```

btClear 按钮用来清除文本框中的内容。程序运行时，首先在文本框中输入文本，然后，点击【Write】按钮保存数据。此时，如果关闭程序或者点击【Clear】清除数据后，点击【Read】按钮，文本文件中的内容将被读取，然后放到文本框中进行显示。程序的运行效果如图 6.8 所示。

图 6.8　文本文件的读写测试

6.6　本章小结

Visual Basic 中的 My 命名空间公开了一些属性和方法，这些功能提供了容易而直观的方法来访问大量.NET Framework 类，从而使 Visual Basic 用户能够与计算机、应用程序、设置、资源等进行交互。本章以 My 命名空间的层次结构图作为参照，结合应用实例详细介绍了常用的 My 功能。用好 My 功能，可以简化编程，提高应用程序的可靠性和可读性。文本文件操作比较常用，且涉及的内容较多，故从"访问主机"中分离出来进行介绍。在 My 功能中，访问资源元素和访问用户与应用程序级设置是设计大型应用程序必须掌握的基本技术。

教 学 提 示

在资源设计器中分别添加音频、图标和图片等元素并加以应用；在用户设置设计器中添加用户设置，在程序中进行更改，观察下次程序启动时的效果；利用 CheckCreateFolder 子程序，将应用程序产生的数据文件用独立文件夹存放。资源设计器、用户设置设计器及文本文件操作这三项基本技能，都是设计一般应用程序常用的。另外，通过在项目中引入"项目名称.My"命名空间(Visual Basic 2008 版不需要)，就可以直接在即时窗口中调用 My 对象，用来快速学习获取主机信息的方法，如"?Computer.Name"即可显示本机的名称。

思考与练习

1. 如何使用 My 功能配置应用程序资源？
2. 如何利用 My 功能播放音频，播放模式有哪几种？
3. 如何获取主机信息？
4. 如何在应用程序设计期间设置应用程序信息(如版权等)，如何获取这些信息？
5. 如何访问用户与应用程序级设置，如何使用该功能满足用户偏好？
6. 如何使用 My 功能读写文本文件？

第7章 常用编程技巧

设计一个使用方便的实用小程序也并非一件简单的事，往往需要掌握一些基本的程序设计技巧及高级技巧。本章所介绍的技巧是一些使用频率较高的常用技巧，主要包括消息框与对话框的使用、环境变量的利用、日期与时间的处理、字符串的处理以及多线程的实现等内容。提高编程技巧需要多看别人的程序，并经过尝试和积累。

7.1 消 息 框

消息框(MessageBox)是一个预定义对话框，用于向用户显示与应用程序相关的信息。消息框也用于请求来自用户的信息。3.3 节已经通过 MessageBox.Show 方法显示了一个消息框(图 3.19)。

MessageBox 的 Show 方法有 21 个重载。一般来说，一个完整的消息框包括消息内容、标题、合适的按钮和图标即可，因而，依次设置这四个参数就可以完成一个专业的消息框。可以使用 MessageBoxButtons 枚举设置在 MessageBox 消息框上显示的按钮，其成员和说明见表 7.1。

表 7.1 MessageBoxButtons 枚举类型的成员

成员	说　明
AbortRetryIgnore	包含"终止"、"重试"和"忽略"按钮
OK	包含"确定"按钮
OKCancel	包含"确定"和"取消"按钮
RetryCancel	包含 "重试"与"取消"按钮
YesNo	包含"是"和"否"按钮
YesNoCancel	包含"是"、"否"和"取消"按钮

消息框上的图标用来提示消息内容的种类，一看图标，就知道该消息框的内容为成功、失败或出错。可以使用 MessageBoxIcon 枚举设置在 MessageBox 消息框上显示的图标，其成员和说明见表 7.2。

表 7.2 MessageBoxIcon 枚举类型的成员

成员	说　明
Asterisk	图标由一个蓝底圆圈和其中的白色小写字母 i 组成
Error	图标由一个红底圆圈和其中的白色×组成
Exclamation	图标由一个黄底三角形和其中的黑色惊叹号组成

成员	说　　明
Hand	同 Error
Information	同 Asterisk
None	未包含符号
Question	图标由一个蓝底圆圈和其中的白色问号组成
Stop	同 Error
Warning	同 Exclamation

在读写文件或数据库的时候，用户操作是否成功，一般用消息框来提示一下，否则，会让用户感到忧郁。Information 图标一般提示操作成功，Error 图标表示出错，Warning 图标一般也用于提示操作成功，但是，可能有一些副作用，Question 图标提示用户做出选择(如是否覆盖文件)。图标仅仅提供一个辅助性的视觉效果，具体内容还是在消息框的内容文本中给出。

MessageBox 的 Show 方法具有返回值，即 DialogResult 枚举，其成员和说明见表 7.3(具体数值定义已经在 4.4.1 节做了说明)。由于 DialogResult 枚举属于 System.Windows. Forms 命名空间，而该命名空间在窗体应用程序中默认引用，因而，DialogResult 枚举可以在程序中直接使用。程序将根据用户的选择所产生的返回值做出相应的安排。

表 7.3　DialogResult 枚举类型的成员

成员	说　　明
OK	返回值是 OK（一般从"确定"的按钮发送）
Cancel	返回值是 Cancel（一般从"取消"的按钮发送）
Yes	返回值是 Yes（一般从"是"的按钮发送）
No	返回值是 No（一般从"否"的按钮发送）
Ignore	返回值是 Ignore（一般从"忽略"的按钮发送）
Abort	返回值是 Abort（一般从"终止"的按钮发送）
Retry	返回值是 Retry（一般从"重试"的按钮发送）
None	返回值是 Nothing，表明有模式对话框继续运行

消息框的测试非常简单，只需要新建一个窗体应用程序，在命令按钮的 Click 事件中输入代码即可。如果需要查看返回值，直接将该值赋给整型变量即可。下面的语句显示一个消息框，其效果如图 7.1 所示。注意参数位置和消息框上显示内容的对应关系。

```
MessageBox.Show ("确信吗?","删除所有记录", _
                 MessageBoxButtons.YesNo,MessageBoxIcon.Question)
```

如果用户点击"是"，则返回"Yes {6}"；点击"否"，则返回"No {7}"。典型的消息框编程框架如下所示。利用 DialogResult 枚举成员名称比直接使用枚举值要易于记忆，且程序的可读性好。至于消息框的标题，可以利用 Me.Text 来直接引用所在窗体的标题。如果仅仅只有一个 OK 按钮用来向用户显示提示信息，则不需要使用返回值。

图 7.1　综合消息框示例

```
'进行一系列操作
Dim nRet As Integer = MessageBox.Show("内容", Me.Text, _
                MessageBoxButtons.YesNo, MessageBoxIcon.Question)
 If nRet = DialogResult.Yes Then
    'Yes 对应的语句
Else
    'No 对应的语句
End If
```

7.2　模式对话框

　　窗体与对话框可以是模式(Model)或非模式的(Modeless)，必须先关闭模式窗体或对话框，才能继续运行应用程序的其他部分。6.4 节中的 WinApp_Settings 项目中，点击主窗体中的【Setup】按钮，即可打开串口参数设置窗体。打开参数设置窗体后，主窗体依然可以获取焦点，这是因为在【Setup】按钮的 Click 事件处理程序中使用了 frmSetup.Show 方法，从而，以非模式方式打开了串口参数设置窗体。

　　将 WinApp_Settings 项目复制到 Ch07 目录，对其进行修改。首先，将 Show 方法修改为 ShowDialog 方法，同时，将 frmSetup 的 AcceptButton 属性修改为 btOK，将 CancelButton 属性修改为 btCancel，重新运行程序。这时，就会发现，如果不关闭串口参数设置窗体，将无法进入主窗体。另外，在串口参数设置窗体中，按 Enter 键，相当于点击了【OK】按钮；按 Esc 键，相当于点击了【Cancel】按钮——这就是窗体的 AcceptButton 属性和 CancelButton 属性的作用，可以在一定程度上方便用户操作程序。

　　既然将串口参数设置窗体当作对话框，自然也可以像 7.1 节中的消息框一样返回结果。将 btOK 对象的 DialogResult 属性设置为 OK，将 btCancel 对象的 DialogResult 属性设置为 Cancel，则可以使用下面的语句获取对话框返回的结果。

```
Dim nRet As Integer = frmSetup.ShowDialog()
```

　　点击【OK】按钮返回 1，点击【Cancel】按钮返回 2，与 4.4.1 节中对 DialogResult 的枚举定义一致。

7.3　获取环境变量的值

　　Environment 类属于 System 命名空间，提供了有关当前环境和平台的信息以及操作它们的方法。使用 Environment 类可检索信息，如命令行参数、退出代码、环境变量设置、调用堆栈的内容、自上次系统启动以来的时间，以及公共语言运行库的版本。Environment 类的常用属性见表 7.4。

表 7.4　Environment 类的常用属性

属性	说　　明
CommandLine	获取该进程的命令行
CurrentDirectory	获取或设置当前工作目录的完全限定路径
ExitCode	获取或设置进程的退出代码
MachineName	获取此本地计算机的 NetBIOS 名称
NewLine	获取为此环境定义的换行字符串
OSVersion	获取包含当前平台标识符和版本号的对象
ProcessorCount	获取当前计算机上的处理器数
StackTrace	获取当前的堆栈跟踪信息
SystemDirectory	获取系统目录的完全限定路径
TickCount	获取系统启动后经过的毫秒数
UserDomainName	获取与当前用户关联的网络域名
Version	获取一个关于公共语言运行库的 Version 对象

Environment.TickCount 与 6.2.2 节介绍的 My.Computer.Clock.TickCount 具有相同的效果。可以在即时窗口中对表 7.4 中的属性进行简单的测试，CurrentDirectory、NewLine、SystemDirectory 和 TickCount 是其中最常用的几个属性。

Environment 类的 SetEnvironmentVariable 方法用于创建、修改或删除环境变量。GetEnvironmentVariable 方法用于检索环境变量的值。GetEnvironmentVariables 方法则用于检索所有环境变量名及其值，即时窗口中的测试效果如图 7.2 所示，共有 34 个环境变量。

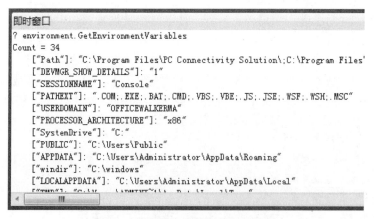

图 7.2　获取所有环境变量名及其值

根据图 7.2 的"环境变量名及其值"，就可以使用 GetEnvironmentVariable 方法提取感兴趣的单个环境变量名的值，例如，下面的语句将显示"C:\Windows"。

108

```
? environment.GetEnvironmentVariable("windir")
```

通过 Environment 类的属性或其 GetEnvironmentVariable 方法都可以非常方便地获取相关环境变量的值。

7.4 String 类及数据的格式化处理

字符串是 Unicode 字符的有序集合，用于表示文本。String 对象是 System.Char 对象的有序集合，用于表示字符串。String 对象的值是该有序集合的内容，并且该值是不可变的。String 对象称为不可变的(只读)，因为一旦创建了该对象，就不能修改该对象的值。看来似乎修改了 String 对象的方法实际上是返回一个包含修改内容的新 String 对象。在 Visual Basic 2010 的应用程序中，会大量使用.NET Framework 4.0 的 String 类来进行字符串的处理操作，而数据对象的 ToString 方法用来将数据转换为格式化的字符串。

7.4.1 String 类的使用

String 类提供的成员执行以下操作：比较 String 对象；返回 String 对象内字符或字符串的索引；复制 String 对象的值；分隔字符串或组合字符串；修改字符串的值；将数字、日期和时间或枚举值的格式设置为字符串；对字符串进行规范化。String 类的方法可以分为共享方法(Shared Method)和实例化方法。共享方法来自 String 类本身，使用共享方法时，并不需要创建对象，可以直接通过类的名称来调用这些方法。

1. 字符串的比较

使用 Compare 比较两个指定的 String 对象，Compare 是一个共享方法，有 10 个重载，主要功能还是根据字符串的字母顺序排序，直接比较两个字符串。Compare 方法返回一个整型值，如果为正数，表示第一个字符串大于第二个字符串；如果为负数，表示第一个字符串小于第二个字符串；如果为 0，则表示两个字符串相等。如下语句返回的 nResult 的值为-1，表示第二个字符串比第一个字符串大。

```
Dim string1 As String = "Hello, this is MA"    '本小节的示例都采用此对象
Dim string2 As String = "this"
Dim nResult As Integer = String.Compare(string1, string2)
```

有时，需要判断一个字符串的末尾是否与指定的字符串匹配，这可以通过 EndsWith 方法来实现。EndsWith 有 3 个重载，是一个实例化方法，必须通过 String 类的对象来调用，并返回布尔值。如下语句返回的 bResult 的值为 True。

```
 Dim bResult As Boolean = string1.EndsWith("MA")
```

与之对应的是，StartsWith 方法用来判断字符串的开头是否与指定的字符串匹配，也返回布尔值。

2. 在字符串中查找字符或子字符串

字符串也可以当作字符数组，因而，可以通过 String 类的 Chars 属性来获取字符串中位于特定索引位置的字符(索引位置从 0 开始计算)。使用 Length 属性可获取字符串中 Char 对象的数量；使用 Chars 属性可访问字符串中实际的 Char 对象。

```
Dim chVar As Char = string1.Chars(4)  'chVar 的值是"o"
```

```
Dim nLen As Integer = string1.Length  'nLen 的值为 17
```

反之，也可以使用 IndexOf 报告指定的 String 在此实例中的第一个匹配项的索引。IndexOf 方法有 9 个重载，有的只有一个参数，有的具有多个参数，能够从指定的字符位置开始查找，甚至检查指定数目的字符位置。而 LastIndexOf 报告指定的 String 对象在此实例内的最后一个匹配项的索引位置。

```
Dim nResult1 As Integer = string1.IndexOf("is")       'nResult1 的值是 9
Dim nResult2 As Integer = string1.IndexOf("is", 10)  'nResult2 的值是 12
Dim nResult3 As Integer = string1.LastIndexOf("is")   'nResult3 的值是 12
```

如果 IndexOf 或 LastIndexOf 方法返回-1，则表示字符串中不包含指定的子字符串。判断字符串中是否包含子字符串的另一方法是 Contains 方法，如果包含，则返回 True；否则返回 False，示例如下代码所示。

```
Dim bResult1 As Boolean = string1.Contains("MA")   'bResult1 的值为 True
Dim bResult2 As Boolean = string1.Contains("who")  'bResult2 的值为 False
```

3．由现有字符串创建新的字符串

String 类的 Copy 方法是一个共享方法，可以使用 Copy 创建一个与指定的 String 对象具有相同值的 String 的新实例。CopyTo 则可将字符串或子字符串复制到另一个字符串或 Char 类型的数组。

```
Dim myString As String = String.Copy(string1)
```

使用 Substring 从 String 实例检索子字符串，有 2 个重载，第一个参数表示起始位置(从 0 开始计数)，第二个参数表示字符长度，如果只有一个参数，表示获取从起始位置到结束的所有字符集。

Split 方法将一个字符串以指定的分隔符分割字符串(同时删除分隔符)，并保存到字符串数组中。下面的例子以空格为分隔符，将 string1 分割为 4 个子字符串。

如果需要将多个字符串串联起来，可以使用串联操作符"&"或"+"，也可以使用 String 类的 Concat 方法，不过，Concat 方法可以将字符串数组串联起来。下面的例子将作者姓名串联到一起，还可以将被 Split 分割得到的字符串数组串联起来(中间没有空格)。

顾名思义，Join 方法与 Split 方法的作用相反，可通过一个或多个子字符串创建新字符串，将数组中的字符串串联起来，中间用分隔符连接。

```
Dim myString As String = string1.Substring(1, 4)     '结果为"ello"
Dim strArrary() As String = string1.Split(" ")


Dim stringA As String = "马玉春"
Dim stringB As String = "计算机"
Dim stringC As String = "博士"
Dim stringSum As String = String.Concat(stringA, stringB, stringC)
' 结果为 "马玉春计算机博士"，等同于 stringA & stringB & stringC
stringSum = String.Concat(strArrary) '结果为 "Hello,thisisMA"
stringSum = String.Join("/", strArrary)  '结果为 "Hello,/this/is/MA"
```

使用 Format，可将字符串中的一个或多个格式项占位符替换为一个或多个数字、日期和时间或枚举值的文本表示形式。下面的语句将第一个占位符{0}替换为字符串"10"，将第二个占位符{1}替换为"30"，strDate 中的最终结果为 "今天是 10 月 30 日"。占位符还有一定的格式规范，将在 7.4.2 节进一步说明。

```
Dim strDate As String = String.Format("今天是{0}月{1}日", Now.Month,
Now.Day)
```

4. 截取指定子字符串

在工程实践中，经常需要截取字符串中指定特征的第 n 段子字符串，GetNumString 函数通过 String 类的 Split 方法实现了这种功能。GetNumString 函数有三个参数，第一个是源字符串 strSource，第二个是分隔字符串 strSeg，第三个是指定的位置 Location(从 0 开始计数)，如果超过界限，则返回空字符串。

```
Public Function GetNumString(ByVal strSource As String, _
                    ByVal strSeg As String, _
                    ByVal nLocation As Integer) As String
   '获取 第 nLocation 个 strSeg 前面的一段字符串, Start from 0.
   '以 "abc//de//ff", "//", 1 为参数，将返回 "de"
   Dim strVal(0) As String
   Dim strResult() As String

   strVal(0) = strSeg
   strResult = strSource.Split(strVal, StringSplitOptions.RemoveEmpty
Entries)

   If nLocation >= strResult.Length Then
       Return ""
   Else
       Return strResult(nLocation)
   End If
End Function
```

作者从事北京某局信息管理系统的研发工作，涉及到一些重复的字符串处理事务，为了提高效率，将这些重复的比较有典型意义的代码整理成了字符串函数库(StringProcess.vb)，其中的函数经过后期多年的工程应用得到不断完善。GetNumString 是其中最实用的一个函数，其他还有中文文本分词系列函数、密码穷举系列函数等，有应用需求的读者可以自行研读尝试。

5. 修改现有字符串

使用 String 类的 Insert 方法向现有字符串中指定的位置插入子字符串，Replace 方法将现有字符串中的子字符串用新的子字符串替代，Remove 方法移去现有字符串中的指定的子字符串，PadLeft 方法右对齐现有字符串中的字符，在左边用空格填充以达到指定的总长度，PadRight 方法左对齐此字符串中的字符，在右边用空格填充以达到指定的总长度。PadLeft 和 PadRight 都有两个重载方法，也可以指定其他填充字符。语句示例及结果如下所示。

```
Dim strInsert As String = string1.Insert(1, "...")
'strInsert 的值为: "H...ello, this is MA"

Dim strReplace As String = string1.Replace("Hello", " Good morning ")
'strReplace 的值为: "Good morning, this is MA"

Dim strRemove As String = string1.Remove(1, 4)
'strRemove 的值为: "H, this is MA"

Dim strPadLeft As String = string1.PadLeft(20)
'strPadLeft 的值为: "   Hello, this is MA"

Dim strPadRight As String = string1.PadRight(20, "#")
'strPadRight 的值为: "Hello, this is MA###"
```

String 类的 Trim、TrimEnd 和 TrimStart 方法除了可以清除字符串的前面与后面的空格之外，也可以清除特定的一个或多个字符。Trim 清除两头的字符，TrimEnd 仅清除尾部字符，TrimStart 仅清除首部字符，TrimStart 与 TrimEnd 相结合，完成 Trim 的功能。下面的语句都能得到"Hello"，第一条语句的 Trim 不带参数，默认清除前后的空格。第二条 Trim 语句将"xy"放入字符数组中，然后将现有字符串的开头字符与字符数组中的字符逐个比较，如果相等，则清除该字符，如果不等，则结束；对于结尾字符的处理也一样，从最尾部的字符开始与字符数组中的元素进行比较，如果相等，则清除该字符，如果不等，则结束。简而言之，对于第二条语句，就是将开头和结尾包含的"x"或"y"字符全部清除。TrimStart 与 TrimEnd 方法和 Trim 方法类似，这里不再赘述。

```
Dim strTrim1 As String = " Hello ".Trim  '得到结果: "Hello"
Dim strTrim2 As String = "xHelloy".Trim("xy".ToCharArray)  '得到结果:
"Hello"
```

使用 String 类的 ToLower 和 ToUpper 方法可更改字符串中字母的大小写。其示例如下所示。

```
Dim strUpper As String = string1.ToUpper
Dim strLower As String = string1.ToLower
```

7.4.2　数据的格式化处理

上一节中 String 类的 Format 方法使用了占位符，用来表示第几个参数。还可以指定对齐方式和格式化字符串，完整的占位符格式如下所示。

```
{index[,alignment][:formatString]}
```

必须使用成对的大括号（"{"和"}"）。因为左右大括号分别被解释为格式项的开始和结束，所以，如果要在固定文本中显示一个左括号（"{"），必须指定两个左括号（"{{"）；

要在固定文本中显示一个右括号("}"),必须指定两个右括号("}}")。格式项由下面的组件构成。

强制"索引"组件 index(也叫参数说明符)是一个从 0 开始的数字，可标识值列表中对应的元素。也就是说，参数说明符为 0 的格式项格式化列表中的第一个值，参数说明符为 1 的格式项格式化列表中的第二个值，依次类推。

通过指定相同的参数说明符，多个格式项可以引用值列表中的同一个元素。例如，通过指定类似于"{0:X} {0:E} {0:N}"的源字符串，可以将同一个数值格式化为十六进制、科学表示法和数字格式。

每一个格式项都可以引用所有的参数。例如，如果有三个值，则可以通过指定类似于"{1} {0} {2}"的源字符串来格式化第二、第一和第三个值。格式项未引用的值会被忽略。如果参数说明符指定了超出值列表范围的项，将导致运行时异常。

可选的"对齐"组件 alignment 是一个带符号的整数，指示首选的格式化字段宽度。如果"对齐"值小于格式化字符串的长度，"对齐"会被忽略，并且使用格式化字符串的长度作为字段宽度。如果"对齐"为正数，字段的格式化数据为右对齐；如果"对齐"为负数，字段的格式化数据为左对齐。如果需要填充，则使用空白。如果指定"对齐"，就需要使用逗号。

可选的"格式字符串"组件 formatString 由标准或自定义格式说明符组成。如果不指定"格式字符串"，则使用常规格式说明符("G")，数值会被转换为定点或科学表示法中最精简的一种。如果指定"格式说明符"，则需要使用冒号。格式说明符后可以跟一个数值表示数据的精度，这个数值称为精度说明符。

下面的语句显示十六进制字节，索引"0"对应需要显示的数据 13，索引"1"对应需要显示的数据 178；"4"表示右对齐，由于显示的数据都在一个字节范围之内，只占用两个字符的位置，所以，分别在前面补两个空格；格式字符串"X2"用以说明产生的十六进制字符串所需的最少位数，如果有必要，会在字符串前补上"0"，所以，这里表示用两个十六进制字符来显示一个字节。如果使用"x"作为格式说明符，则产生的十六进制字符串将变成小写。

```
Dim strHex As String = String.Format("十六进制数的显示: {0,4:X2}{1,4:X2}", 13, 178)

'strHex 的值为: "十六进制数的显示:   0D  B2"
```

不少对象都有 ToString 方法，这个方法一般有多个重载，如果不指定格式化字符串，则使用常规格式说明符("G")。使用 13.ToString("X2") 同样能得到"0D"，而且，ToString 方法是更常用的方法。

在进行货币相关计算的时候，需要使用货币符号，并且，由于准确到分，因而，需要保留两位小数。"C2"或"c2"经常用于将 Decimal 类型的数据转换为规范化的货币数据，保留两位小数，其示例如下所示。货币符号、星期和月份的表示都跟区域信息相关，这些可以参考 6.3 节更改区域信息。

```
Dim dMoney As Decimal = 12345.6
Dim strMoney As String = dMoney.ToString("C2")
'strMoney = "¥12,345.60"
```

"D"或"d"格式符只适用于整数类型，数值会被转换为十进制数的字符串，如果数值为负数，会在字符串的前面添加负号。精度说明符设置在最终字符串中所需的最少位数，如果有需要，就会在字符串前补 0，以便符合精度说明符所指定的位数。例如，3.ToString("D2")将得到字符串 "03"。

　　"E"或"e" 格式符用于将数值转换为 d.ddd…E+ddd 或 d.ddd…e+ddd 科学计数形式的字符串，其中 d 表示十进制字符。如果数值为负，字符串前补一个负号。小数点之前固定一个位数，小数点之后的位数由精度说明符指定，如果省略，则保留 6 位数的默认值。指数固定由一个正号或负号加至少三位数组合而成，如果有需要，指数前会补 0。例如，1234000.ToString("e2") 将得到字符串 "1.23e+006"。

　　"F"或"f" 格式符用于将数值转换为 ddd.ddd… 形式的字符串，其中 d 表示十进制字符。如果数值为负，字符串前补一个负号。精度说明符用以设置所需的小数位数，如果省略，将使用 NumberFormatInfo 类所指定的默认数值精度。NumberFormatInfo 类的使用跟区域信息设置有关(参考 6.3 节)，典型的用法见如下代码，其中，该类的属性 NumberDecimalDigits 设置了小数点的位数。如果直接使用 dMoney.ToString("F2") 将得到 "12345.60"。

```
Dim nfi As NumberFormatInfo = New CultureInfo("zh-CN", False).NumberFormat
nfi.NumberDecimalDigits = 3
Dim dMoney As Decimal = 12345.6
Dim myString As String = dMoney.ToString("F", nfi) '结果为: "12345.600"
```

　　"G"或"g"格式符用于将数值转换为固定点或科学计数法中最精简的一种，视数值的类型与精度说明符是否存在而定。如果省略了精度说明符或精度说明符为 0，数值的类型将取决于默认的精度。

　　"N"或"n"格式符用于将数值转换为 d,ddd.ddd… 形式的字符串，其中 d 表示十进制字符。如果数值为负，字符串前补一个负号。从小数点的左侧开始，每三位数一组的各个群组之间会被插入一个千位分隔符。精度说明符用以设置所需的小数位数，如果被省略，将使用 NumberFormatInfo 类所指定的默认数值精度。12345.6.ToString("N2") 将得到 "12,345.60"。

　　"P"或"p"将数值转换成一个带百分比的字符串，转换后的数值会被乘以 100 表示成一个百分比，精度说明符用来设置小数的位数。例如，0.253.ToString("P2") 将得到 "25.30%"。

　　Convert 类将一个基本数据类型转换为另一个基本数据类型，属于 System 命名空间，该类返回值与指定类型的值等效的类型，ToString 方法也可以将数值转换为字符串。另外，受支持的基类型还有 Boolean、Char、SByte、Byte、Int16、Int32、Int64、UInt16、UInt32、UInt64、Single、Double、Decimal、DateTime 和 String。下面的示例将数值转换为字符串，又将得到的字符串转换为 Decimal 类型的数值，数值后的"D"表示 Decimal 类型。

```
Dim myString As String = Convert.ToString(1234.5)  '得到 "1234.5"
Dim myDecimal As Decimal = Convert.ToDecimal(myString)  '得到 1234.5D
```

114

7.5 日期与时间的处理

日期类型 Date(或 DateTime)表示时间上的一刻,通常以日期和当天的时间表示。系统的只读属性 Now 返回一个 Date 值,包含系统的当前日期和时间。Date 类的构造函数有 11 个重载,常用的有"年,月,日"作为参数或"年,月,日,小时,分钟,秒"作为参数,也可用"#"将日期时间包围起来进行初始化。Date 类的初始化示例代码如下所示。

```
Dim dt0 As Date = New Date(2014, 8, 16)
Dim dt1 As Date = New Date(2014, 8, 16, 23, 59, 59)
Dim dt2 As Date = #8/16/2014 8:20:05 AM#    '日期、时间与 AM 之间有空格
Dim dt3 As Date = #8/27/2004#
```

在应用程序中,有时需要对日期或时间进行计算,比如,加上某一时间间隔,TimeSpan 类可以很好地胜任这一工作。TimeSpan 属于 System 命名空间,表示时间的间隔,即已经经过的一段时间。TimeSpan 有 4 个构造函数,常用的有"天数,小时数,分钟数,秒数"作为初始化参数,或者以 100ns(tick)为单位的数值进行初始化(1 ms = 10^4 ticks)。下面的代码计算计算机的工作时间,由于 Environment.TickCount 得到的是毫秒数,因而,需要转换为 tick 单位。

```
Dim workTimeSpan As TimeSpan = New TimeSpan(Environment.TickCount * 10000L)
Dim strWorkTime As String = workTimeSpan.ToString()
'strWorkTime= "3.14:01:58.9090000", 3 天, 14 小时, 1 分钟, 58 秒
```

时间与日期的计算以及格式化处理,主要围绕 Date 与 TimeSpan 类型进行。

7.5.1 日期与时间的计算

对 Date 和 TimeSpan 有了基本的了解后,就可以利用它们进行加减和比较运算。可以利用 Date 对象的 AddHours 方法给日期时间加上特定单位的时间值,来计算增加这些时间值之后的日期时间,如果给定的是正值,则计算出未来的日期时间;如果给定的是负值,则计算出过去的日期时间,示例代码如下所示。

```
Dim dt0 As Date = Now              '#2014/8/15 20:10:38#
Dim dt1 As Date = dt0.AddHours(5)  '#2014/8/16 1:10:38#
```

同理,Date 对象还有 AddYears、AddMonths 和 AddDays 等方法。也可以调用 Date 对象的 Add 方法加上一个正的 TimeSpan 对象,从而计算出未来的时间,下面的示例代码在当前时间增加 8h59min59s。

```
Dim dt0 As Date = Now              '#2014/8/15 20:17:52#
Dim ts As TimeSpan = New TimeSpan(8, 59, 59)
Dim dt1 As Date = dt0.Add(ts)      '#2014/8/16 5:17:51#
```

另外,也可以调用 DateAdd 方法来增加(正值)或减去(负值)指定的时间段。下面的代码设置日期时间 dt0,通过枚举值 DateInterval.Year 指定添加年限 3,从而计算出未来日期时间 dt1。

```
Dim dt0 As Date = New Date(2014, 8, 16)          '#8/16/2014#
Dim dt1 As Date = DateAdd(DateInterval.Year, 3, dt0)   '#8/16/2017#
```

调用某一个 Date 对象的 Subtract 方法，可以计算两个 Date 对象的差，这可以用于计算服务器的工作时间。在下面的示例中，如果调用 Date 对象的 Subtract 方法，所得到的时间段可能为正值，也可能为负值。如果调用 TimeSpan 对象的 Duration 属性，将得到绝对值。

```
Dim dtStart As Date = New Date(2014, 9, 8, 10, 15, 15)
Dim dtEnd As Date = New Date(2017, 8, 27, 10, 15, 15)
Dim ts As TimeSpan = dtEnd.Subtract(dtStart)         '1084 天
ts = dtStart.Subtract(dtEnd)                         '-1084 天
ts = dtStart.Subtract(dtEnd).Duration                '1084 天
```

计算两个 Date 对象之间的差，可以通过该对象的 DateDiff 方法来完成，并通过枚举值说明最后返回的是天数、秒数或其他值。下面的示例设置了两个 Date 对象 dtFuture 和 dtCurrent，通过 DateInterval.Day 获得两个对象间隔的天数 1，这可以用来计算倒计时的天数；通过 DateInterval.Second 获得两个对象间隔的秒数为 86409，基于其他枚举值，可以自行尝试。

```
Dim dtFuture As Date = New Date(2014, 8, 16, 20, 50, 59)
Dim dtCurrent As Date = New Date(2014, 8, 15, 20, 50, 50)
Dim nDiffDays As Integer = DateDiff(DateInterval.Day, dtCurrent, dtFuture)
Dim nDiffSeconds As Integer = DateDiff(DateInterval.Second, dtCurrent,
dtFuture)
```

DateDiff 方法还可以用来比较两个 Date 对象的大小，而 Date 对象的共享方法 Compare 也有这一功能。下面的示例设置了两个 Date 对象，Compare 方法有两个参数，如果第一个 Date 对象大于第二个 Date 对象，则返回 1；如果相等，则返回 0；如果第一个小于第二个，则返回-1。

```
Dim dtCurrent As Date = New Date(2014, 8,15)
Dim dtFuture As Date = New Date(2014, 8, 16)
Dim nResult As Integer = Date.Compare(dtFuture, dtCurrent)  ' nResult = 1
```

有时，需要提取日期时间对象中的部分数据，这可以通过 DatePart 方法来实现。该方法的第一个参数是一个枚举值，表示提取的数据的类别，第二个参数是一个 Date 对象。另一个更简单的提取日期时间对象中的部分数据的方法是使用其属性。下面的示例代码中，nYear 的结果都是 2014。

```
Dim dt As Date = Now             '当前年份为 2014 年
Dim nYear As Integer = DatePart(DateInterval.Year, dt)
nYear = dt.Year
```

7.5.2 日期与时间的格式化处理

日期和时间一般需要以适合用户的方式进行显示。下面的代码使用对象的 ToString 方法或 Format 函数，在格式字符"d"的作用下，都能得到相同的短日期格式的字符串。

```
Dim strDate As String = Now.ToString ("d")  '得到: "2014-8-16"
strDate = Format(Now,"d")                    '得到: "2014-8-16"
```
表 7.5 列出了常用的格式字符、说明及其结果示例(利用 Now 对象)，读者可以利用以上代码来测试各格式字符，观察效果。

表 7.5　常用日期时间格式字符的作用及其结果示例

格式字符	说明	结果示例
d	短日期模式	"2014-8-16"
D	长日期模式	"2014 年 8 月 16 日"
f	完整日期和时间	"2014 年 8 月 16 日 15:38"
F	完全模式（长时间）	"2014 年 8 月 16 日 15:38:15"
g	常规（短日期和短时间）	"2014-8-16 15:38"
G	常规（短日期和长时间）	"2014-8-16 15:38:37"
t	短时间模式	"15:39"
T	长时间模式	"15:39:34"

E-Mail 的时间戳有这样的形式："Sat, 16 Aug 2014 09:49:23"，表 7.5 中的格式符并不能满足此需要。这时，可以借助特殊的格式符号，对各项进行格式化组合。例如，下面的语句利用 "yyyy-MM-dd" 格式，可以得到另一种日期的表达方式，在此格式字符串中，"-"原样显示，其他的为格式符所表达的数值。

```
Today.ToString ("yyyy-MM-dd")  '得到字符串: "2014-08-16"
```
下面就各种常用的格式符，包括"年、月、日、时、分、秒"等进行说明。

d 表示月中的某一天，一位数的日期没有前导零；dd 也表示月中的某一天，但是，一位数的日期有一个前导零；ddd 表示周中某天的缩写名称，该名称在 DateTimeFormat 类中的 AbbreviatedDayNames 集合中定义；dddd 则表示周中某天的完整名称，在 DateTimeFormat 类中的 DayNames 集合中定义。

M 表示月份数字，一位数的月份没有前导零；MM 也表示月份数字，但是，一位数的月份有一个前导零；MMM 表示月份的缩写名称，在 DateTimeFormat 类中的 AbbreviatedMonthNames 集合中定义；MMMM 则表示月份的完整名称，在 DateTimeFormat 类中的 MonthNames 中定义。

y 表示不包含纪元的年份，如果不包含纪元的年份小于 10，则显示不具有前导零的年份；yy 也表示不包含纪元的年份，但是，如果不包含纪元的年份小于 10，则显示具有前导零的年份；yyyy 则表示包括纪元的四位数的年份。

h 表示 12 小时制的小时，一位数的小时数没有前导零；hh 表示 12 小时制的小时，一位数的小时数有前导零；H 和 HH 则是对应的 24 小时制。

m 表示分钟，一位数的分钟数没有前导零；mm 也表示分钟，但是，一位数的分钟数有一个前导零。

s 表示秒，一位数的秒数没有前导零；ss 也表示秒，但是，一位数的秒数有一个前导零。

　　根据以上定义，产生一个 E-Mail 时间戳的代码和结果如下所示。格式字符串中，"ddd"表示周中某天的缩写，"d"表示月中某天，没有前导 0，"MMM"表示月名称的缩写，后面是包括纪元的四位数的年份和 24 小时制的时间。除了格式符外，其他的原样显示。

```
Now.ToString ("ddd, d MMM yyyy HH:mm:ss")
'得到字符串: "周六, 16 八月 2014 09:49:23"
```

　　为什么周和月的名称都是中文呢？因为当前区域为中文，可以利用以下代码，将 AbbreviatedDayNames 集合中的数据在即时窗口中输出,结果将得到"周日"、"周一"……"周六"。同样的道理，AbbreviatedMonthNames 集合中也是月的中文缩写。

```
For Each strDayName As String In My.Application.Culture. _
                    DateTimeFormat.AbbreviatedDayNames
    Debug.Print(strDayName)
Next
```

　　6.2 节提供了区域信息变换的代码,可以通过以下代码,将当前区域信息设置为英文，即可在即时窗口中得到漂亮的 E-Mail 时间戳。

```
My.Application.ChangeCulture("en-US")
Debug.Print(Now.ToString("ddd, d MMM yyyy HH:mm:ss"))
'结果为: Sat, 16 Aug 2014 09:52:40
```

　随着开发工具版本的变化，相同的代码经常有不同的输出结果，例如：

```
Debug.Print(Now.ToString("yyyy/MM/dd"))
'Visual Basic 2008 得到字符串: "2014/08/16"
'Visual Basic 2010 得到字符串: "2014-08-16"
```

　　这是因为在 2010 版本中将"/"当做功能符，为了得到以上第一种结果，需要使用转义字符"\"，使用格式符"yyyy\/MM\/dd"即可在 2010 版本中得到"2014/08/16"。

7.6　可变数组与控件数组的使用

　　数组可以将相同类型的数据存放在一起，每个数据都有一个序号。下面的示例定义了两个一维 Byte 类型的数组。byteArray0 有 4 个元素，下标范围为 0～3。每个数组都是一个对象，Length 属性显示数组长度，即数组中的元素的个数，因而，nLength0 的值为 4。定义数组的时侯，可以直接对数组进行初始化，但是，不能设置数组元素的个数，byteArray1 就是在定义的时候对数组进行初始化，nLength1 的值同样是 4。

```
Dim byteArray0(3) As Byte
Dim nLength0 As Integer = byteArray0.Length
Dim byteArray1() As Byte = {1, 2, 3, 4}
Dim nLength1 As Integer = byteArray1.Length
```

7.6.1　可变数组

在进行数据传输，比如，串行通信或网络通信，需要定义字节数组缓冲区，用来存放接收到的数据。但是，收到的数据量却是不确定的，这时，定义可变数组来存放数据就比较合适。所谓的可变数组，就是在定义数组的时候不设置其元素的个数，在使用该数组的时候，再通过 ReDim 关键词指定元素个数。

下面的示例代码中，nLength 用来存放串行通信接收的字节的长度，bytesBuffer 数组存放接收到的字节。假设 comPort 是一个 SerialPort 对象，通过其 BytesToRead 属性获取已经到达的字节数存入 nLength 中，再根据 nLength 的值确定 bytesBuffer 数组的长度。最后，调用 comPort 的 Read 方法，从串口缓冲区中的位置 0 开始，读取 nLength 个字节，放入 bytesBuffer 数组中。关于此示例代码的应用测试，将在第 14 章进行。

```
Dim nLength As Integer
Dim bytesBuffer As Byte()

nLength = comPort .BytesToRead
ReDim bytesBuffer (nLength - 1)
comPort.Read(bytesBuffer, 0, nLength)
```

下面的 GetBytes 方法以字符串为参数，返回字符串"ABC"对应的 ASCII 码字节数组。可以将此字节数组直接给没有设置数组元素个数的 bData 数组，bData 的长度也被设置为 3。在这里，bData 充当了一个隐藏的可变数组。

```
Dim bData() As Byte = System.Text.Encoding.ASCII.GetBytes("ABC")
'结果为: bData(0) = 65, bData(1) = 66, bData(2) = 67
Dim nLength As Integer = bData.Length    '结果为: 3
```

可变数组使用灵活，能够满足应用程序中设置弹性内存的需要。

7.6.2　控件数组

在 Visual Basic2010 中，GroupBox 中的 RadioButton 都是其子控件，可以使用两种方法来实现控件数组(数组对象)。首先，创建一个窗体应用程序 WinApp_RadioButtons，绘制两个 GroupBox 控件，并在其中绘制 3 个 RadioButton，将 Name 属性依次更改为 rb1、rb2 和 rb3。绘制 2 个 TextBox 及 1 个 Button 控件，并将 Button 的 Name 更改为 btClear，如图 7.3 所示。在窗体类中定义 RadioButton 类型的控件数组：

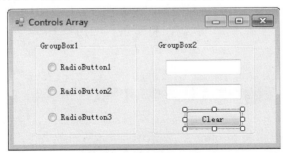

图 7.3　使用控件数组

```
Dim rb(2) As RadioButton
```

在窗体的 Load 事件处理程序中输入如下代码, 将 RadioButton 的窗体实例赋给 rb 数组对象。

```
rb(0) = rb1
rb(1) = rb2
rb(2) = rb3
```

双击第一个 RadioButton 对象, 在事件处理程序中添加 rb2 和 rb3 的对应事件, 这样, 即可使一个 GroupBox 中的 RadioButton 对象共享一个事件处理程序。但是, 如何确定到底是哪一个 RadioButton 对象呢? 首先, 通过 DirectCast 函数将 sender 对象转换为 RadioButton 对象, 并在 subRB 变量中保存起来, 如果 subRB 对象的 Name 属性和 RadioButton 数组 rb 中的元素的 Name 属性相同, 则认为选择了对应序号的 RadioButton 对象, 此时, 可以用消息框显示相应结果。

```
Private Sub rb1_CheckedChanged(ByVal sender As System.Object, ByVal e As _
                    System.EventArgs) Handles _
                    rb1.CheckedChanged, _
                    rb2.CheckedChanged, _
                    rb3.CheckedChanged
    Dim subRB As RadioButton = DirectCast(sender, RadioButton)

    For I As Integer = 0 To 2
        If subRB.Name = rb(I).Name And subRB.Checked Then
            MessageBox.Show("你点击了第" & (I + 1).ToString & _
                        "个单选按钮! ")
        End If
    Next I
End Sub
```

在.NET 中, 控件会被自动加入一个 Controls 的集合中, 此集合是层次式的。对于图 7.3 所示的界面中, 第一层的窗体只有两个子控件 GroupBox1 和 GroupBox2; 第二层的 3 个 RadioButton 对象则是 GroupBox1 的子控件, 而两个 TextBox 对象和一个 Button 对象则是 GroupBox2 的子控件。控件数组便于处理一组相同的控件, 因为可以通过循环来达到目的, 而利用 Controls 集合来访问控件的子控件, 是控件数组的另一应用。在 btClear 的 Click 事件处理程序中输入如下代码, 利用 For Each 循环可以对两个文本框中的内容清空。

```
For Each oControl As Control In GroupBox2.Controls
    If oControl.Name.Contains("Text") Then oControl.Text = ""
Next
```

程序运行后, 点击 RadioButton2, 显示如图 7.4 所示的效果, 将 RadioButton 对象的序号捕捉到了。在文本框中输入文字, 点击【Clear】按钮, 文字将被清除。

120

图 7.4　RadioButton 数组的测试

7.7　BASE64 编码与解码

BASE64 编码常用于加密邮件，SMTP 会话也采用 BASE64 编码。定义 MIME 文档传输的 RFC2045 定义了 BASE64 编码。其实，BASE64 编码只是将 3 个 8 位字节转换为 4 个 6 位字节，这 4 个 6 位字节其实仍然是 8 位，只不过高两位被设置为 0。 当一个字节只有 6 位有效时，它的取值空间为 0 到 2^6-1，即 63，也就是说被转换的 BASE64 编码的每一个编码的取值空间为 0～63。事实上，0～63 之间的 ASCII 码有许多不可见字符，所以应该再做一个映射，映射表为"A～Z"对应 0～25，"a～z"对应 26～51，"0～9"对应 52～61，"+"对应 62，"/"对应 63，这样就可以将 3 个 8 位字节，转换为 4 个可见字符。

7.4.2 节 Convert 类的 ToBase64String 方法可以用来获得 BASE64 编码，但是，只接受字节数组作为参数，因而，在调用该方法之前，必须将明文转换为对应的 ASCII 码字节数组，然后，调用 ToBase64String 方法转换为 BASE64 编码字符串。EncodeText 函数实现这一功能，以明文文本为输入参数，输出 BASE64 编码的字符串。

```
Public Function EncodeText(ByVal strDecoded As String) As String
    Dim bData() As Byte = System.Text.Encoding.ASCII.GetBytes(strDecoded)
    Return System.Convert.ToBase64String(bData)
End Function
```

Convert 类的 FromBase64String 方法以 BASE64 编码字符串为参数，输出解码后的字节数组，这个字节数组需要使用 GetString 函数转换为明文字符串。DecodeText 函数实现这一功能。

```
Public Function DecodeText(ByVal strEncoded As String) As String
    Dim bData() As Byte = System.Convert.FromBase64String(strEncoded)
    Return System.Text.Encoding.ASCII.GetString(bData)
End Function
```

BASE64 编码是一种常用的编码方法，可以对文本进行简单的加密和解密，具有一定的通用性——对于具有通用性的函数，应该用一个模块单独保存(如 Base64.vb)，并保留到一个相关的文件夹中，以后可以通过【添加】→【现有项】选择此模块，从而直接使用其中的函数，达到软件复用的目的(3.2.3 节已经提供了创建软件模块的方法)。

新建一个窗体应用程序，添加 Base64 模块，分别绘制两个标签，两个文本框和两个按钮，并设置相应的 Name 属性值。在 btEncode 的 Click 事件处理程序中输入如下代码，如果 txtDecode 文本框中存在明文字符串，则在 txtEncode 文本框中输出对应的 BASE64 编码的字符串。

```
If txtDecode.Text.Length > 0 Then
    txtEncode.Text = EncodeText(txtDecode.Text)
End If
```

在 btDecode 的 Click 事件处理程序中输入如下代码，如果 txtEncode 文本框中存在 BASE64 编码的字符串，则在 txtDecode 文本框中输出对应的明文字符串。

```
If txtEncode.Text.Length > 0 Then
    txtDecode.Text = DecodeText(txtEncode.Text)
End If
```

程序运行后,在【Decode】文本框中输入字符串,点击【Encode】按钮,则对应的【Encode】文本框中出现 BASE64 编码的字符串；删除【Decode】文本框中的明文字符串，点击【Decode】按钮，则在【Decode】文本框中得到对应的明文。测试效果如图 7.5 所示。

图 7.5　BASE64 编码与解码测试

7.8　Stopwatch 的使用

.NET Framework 4.0 在 System.Diagnostics 命名空间中提供的 Stopwatch 类提供了一组属性与方法来让程序员精确测量所经过的时间。Stopwatch 通过在基础定时器机制中计算定时器刻度来计算经过的时间。如果所安装的硬件或操作系统支持高分辨率的性能计数器，Stopwatch 类将会使用该计数器来测量经过的时间，否则，将使用系统定时器来测量经过的时间。可以使用 Stopwatch 类的共享只读属性 Frequency 与 IsHighResolution 来确认其计时精度与分辨率。

Stopwatch 对象通过 Start 方法来启动计时，使用 Stop 方法停止计时，使用 Reset 方法清除 Stopwatch 对象中累积的时间。一般通过 Stopwatch 对象的 Elapsed 属性(Timespan 类型)来读取所经过的时间。Stopwatch 对象可能处于运行或停止状态，可以使用 IsRunning 属性来确认 Stopwatch 对象的当前状态。当 Stopwatch 对象处于运行状态时，读取的数据会稳定递增；当 Stopwatch 对象处于停止状态时，读取的将是固定值。

新建一个窗体应用程序 WinApp_Stopwatch，绘制一个文本框和三个按钮，分别表示 Start、Stop 和 Reset。在窗体类中声明 Stopwatch 对象 sw。

122

```
Dim sw As Stopwatch = New Stopwatch
```

在【Start】按钮的 Click 事件处理程序中调用 sw 对象的 Start 方法启动计时；在【Reset】按钮的 Click 事件处理程序中调用 sw 对象的 Reset 方法复位计时，同时，将文本框中的内容清空；在【Stop】按钮的 Click 事件处理程序中输入如下代码，读取经过的时间，并转换为可读性强的格式。

```
sw.Stop()
Dim ts As TimeSpan = sw.Elapsed
TextBox1.Text = ts.ToString
```

程序运行后，其测试效果如图 7.6 所示。按下【Start】开始计时，按下【Stop】停止计时并显示时间，【Reset】将清除累计时间和文本框。Stopwatch 能够进行高精度计时，在研究算法的时候，可以直接显示时间用来对比算法的速度，直观性较好，而且，很有说服力。

图 7.6   Stopwatch 的测试效果

7.9   控件获取焦点

在应用程序的界面设计中，有时需要根据用户需求设置控件的焦点，即窗体程序启动后，让某一个特定的控件处于活动状态，从而满足用户的习惯或者方便用户输入信息。对于文本框，如果具有焦点，则可以直接在其中输入数据；如果按钮具有焦点，则可以按回车键确认。

将本章的 WinApp_Settings 项目复制到 WinApp_Active 目录，为了使串行通信软件在加载时能够让 Setup 按钮获得焦点，从而通过回车键即可打开参数设置对话框，可以分别使用以下代码实现(这些代码放置在主窗体的 Load 事件处理程序中)。第一条语句通过设置窗体的 ActiveControl 属性来设置活动控件，第二条语句调用控件本身的 Select 方法，从而使控件拥有焦点。此外，将控件的 TabStop 属性设置为 True，TabIndex 属性设置为 0，也能使控件获取焦点；调用控件的 Focus 方法同样可以为控件设置输入焦点。

```
Me.ActiveControl = btSetup
'btSetup.Select()
```

7.10   多线程的实现

在串行通信和网络通信中，发出数据请求后，如果一直等待数据的到达，主程序将不能做其他工作，主要表现在不能接收用户的请求。这时，可以通过使用多线程来避免。

采用多线程来接收数据的具体例子将在 16.4.4 节介绍，这里只介绍多线程的使用方法。

一般通过 Thread 类来创建并控制线程，设置其优先级并获取其状态。Thread 类属于 System.Threading 命名空间。Thread 类的 IsAlive 属性获取一个值，该值指示当前线程的执行状态，如果处于活动状态，则返回 True，否则返回 False。

Thread 类的 ThreadState 属性获取一个值，该值包含当前线程的状态。ThreadState 是一个枚举值，为线程定义了一组所有可能的执行状态。一旦线程被创建，它就至少处于其中一个状态中，直到终止。在公共语言运行库中创建的线程最初处于 Unstarted 状态中，而进入运行库的外部线程则已经处于 Running 状态中。通过调用 Start 方法可以将线程从 Unstarted 状态转换为 Running 状态。ThreadState 的常用枚举值见表 7.6。

表 7.6　ThreadState 的常用枚举值

名称	说　　明
Unstarted	尚未对线程调用 Thread.Start 方法
Running	线程已启动，且正在运行
StopRequested	正在请求线程停止（这仅用于内部）
Stopped	线程已停止
WaitSleepJoin	线程已被阻止
AbortRequested	已对线程调用了 Thread.Abort 方法
Aborted	线程状态包括 AbortRequested 并且该线程现在已死

Thread 对象的初始化通过如下代码实现，ThreadSub 是 Thread 类的对象 td 需要在线程中完成的工作，这一般是一个子程序。

```
Dim td As Thread = New Thread(AddressOf ThreadSub)
```

Thread 类的常用方法见表 7.7。Thread 对象创建后，处于 UnStarted 状态；通过调用 Start 方法，使其处于 Running 状态；调用 Sleep 和 Join 方法都会使其处于 WaitSleepJoin 状态。

表 7.7　Thread 类的常用方法

名称	说　　明
Abort	调用此方法通常会终止线程
Join	阻塞调用线程，直到某个线程终止时为止
Sleep	将当前线程阻塞指定的毫秒数
Start	使线程得以按计划执行

新建一个窗体应用程序 WinApp_Thread，绘制一个文本框，用来显示线程的状态，另外绘制 4 个命令按钮，【Start】用于启动线程，【Abort】用于终止线程，【Status】用于显示线程的状态，【Test】不使用线程直接执行子程序。在窗体类中定义线程 td 及需要在线程中执行的子程序 ThreadSub，该程序包含一个 While 死循环，在即时窗口中输出 TickCount 后 Sleep 500ms。

```
Dim td As Thread
```

```
Public Sub ThreadSub()
    While True
        Debug.Print(Environment.TickCount.ToString)
        Thread.Sleep(500)
    End While
End Sub
```

在窗体的 Load 事件处理程序中创建 Thread 对象，并定义其在线程中所需要完成的工作。

```
td = New Thread(AddressOf ThreadSub)
```

在【Start】按钮的 Click 事件处理程序中输入如下代码，调用 Start 方法启动线程 td，如果出现异常，则重新生成 Thead 对象，然后再启动。

```
Try
    td.Start()
Catch ex As Exception
    td = New Thread(AddressOf ThreadSub)
    td.Start()
End Try
```

在【Abort】按钮的 Click 事件处理程序中输入如下代码，调用 Abort 方法终止线程。

```
Try
    td.Abort()
Catch ex As Exception
End Try
```

在【Status】按钮的 Click 事件处理程序中输入如下代码，读取线程 td 的状态，并转换为字符串后放入文本框中显示。

```
txtStatus.Text = td.ThreadState.ToString()
```

在【Test】按钮的 Click 事件处理程序中使用 Call 语句直接调用 ThreadSub 子程序，用于比较与多线程的使用效果。

程序运行后，点击【Test】按钮，即时窗口中将连续输出 TickCount 值，但是，点击其他控件或关闭窗口，都没有响应，如图 7.7 所示。此时，只有点击工具栏上的【停止调试】快捷按钮才能关闭程序。同理，在通信程序中，如果采用同步等待接收数据的方式，显然用户不能接受。

图 7.7 点击【Test】按钮直接调用子程序的运行效果

重新运行程序，点击【Start】按钮启动线程 td，即时窗口中开始连续输出 TickCount 值。此时，点击【Status】按钮，将显示线程状态，如图 7.8 所示。同理，在通信程序中，使用多线程来接收数据，数据接收完毕通过事件来通知用户，将不会影响用户对程序界面的控制。

图 7.8　使用多线程调用子程序的运行效果

7.11　调试信息输出

程序可以理解为对客观事物的有时序的逻辑描述与处理，在通信中比较常用的就是"什么时候收到何种数据，什么时候发送何种数据？"为了调试此类程序，需要在即时窗口中输出数据，还应打上时间戳和标注数据种类。时间戳包括两部分内容，即当前时间与计算机的工作时长，GetComputerTick 函数获取计算机开机以来的毫秒数，如果计算机发生故障，就可以发现经历了多长时间。

```
Public Function GetComputerTick() As Long
    Return My.Computer.Clock.TickCount  'Environment.TickCount
End Function
```

GetDebugTimeStamp 函数输出带标题提示(默认为空字符串)的时间戳，包括通过 **GetComputerTick** 函数获得的开机以来的毫秒数，还包括当前时间点。

```
Public Function GetDebugTimeStamp(Optional ByVal strHead As String = "")
As String
    'GetDebugTimeStamp("Received")
    '返回 "【Received】TickCount:18754221 // Time:14:46:11"
    Dim strTick As String
    Dim strTime As String

    strTick = "TickCount:" & GetComputerTick.ToString
    strTime = "Time:" & Now.ToString("H:mm:ss")

    If strHead.Length > 0 Then strHead = "【" & strHead & "】"
    Return strHead & strTick & " // " & strTime
End Function
```

DisplayDebugInfo 函数输出调试信息，第二个参数是实体数据，第三个参数表示是否在调试状态(默认为 True)。在调试状态，则调用 GetDebugTimeStamp 函数输出时间戳，然后输出实体数据；如果不在调试状态，就直接返回，不输出任何信息。

```
Public Sub DisplayDebugInfo(ByVal strHead As String, ByVal strData As
String, _
                        Optional ByVal bDebug As Boolean = True)
    If bDebug = False Then Return

    Debug.Print(GetDebugTimeStamp(strHead))
    Debug.Print(strData)
End Sub
```

新建一个窗体应用程序 WinApp_General，添加模块 General.vb，在窗体上添加两个命令按钮，分别表示发送(Send)和接收(Receive)，并各自输入如下代码：

```
DisplayDebugInfo("Send:", "How are you?", True)        '【Send】按钮的代码
DisplayDebugInfo("Receive:", "Fine, thanks.", True)     '【Receive】按钮
的代码
```

先后点击【Send】和【Receive】按钮，运行效果如图 7.9 所示，很好地回答了"计算机开机以来的时长和当前时间点收发的何种类别的信息"的问题，这样就便于进行逻辑分析和调试。

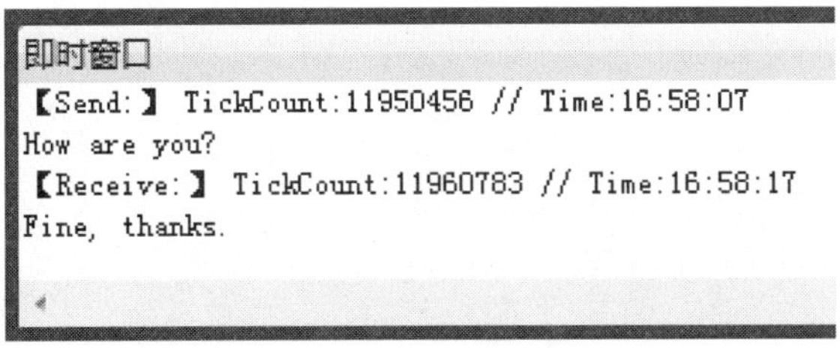

图 7.9　调试信息输出测试

7.12　本章小结

应用程序的编程技巧很多，本章参考了同行的成果，并结合作者的实战经验，介绍了一些常用的编程技巧。各种形式的对话框主要用于跟用户的交互，应力求界面简洁美观；String 类的使用及数据的格式化处理是最常用的编程技巧之一，用于数据的显示和字符串的各种处理，GetNumString 函数可提取字符串中的特征数据，应用广泛；日期与时间的计算及格式化处理比较适合银行业务使用，如计算利息；可变数组可以根据需要定义数组的大小，在数据通信中有比较广泛的应用，控件数组的实现便于逻辑处理；BASE64 编码主要用于 SMTP 协议及邮件发送和接收相关的工作；使合适的控件获取焦点可以方便用户操作，也使得界面更加友好；多线程的应用可以避免用户同步等待，可以增加程序的灵活性，在通信程序中使用非常广泛；调试信息输出的方法可以对数据进行分类显示并打上时间戳，便于数据分析处理和代码优化。有了前面各章的铺垫，并掌握本章的编程技巧，就具备了.NET 应用程序设计的基本能力和素养。后面各章节将以此

为基础，介绍作者在工程项目中积累的应用程序模块和实用程序。

教 学 提 示

熟练使用 Messagebox.Show 函数的各种重载方法和枚举变量，观察效果；修改窗体属性实现规范化的模式窗口的显示；熟练使用 String 类的 Length 属性、IndexOf 与 Split 等方法，尝试使用 StartWith 和 EndWith 方法，用 GetNumString 函数提取字符串中的特征数据；计算日期或时间之间的跨度，根据需要进行格式化处理；在串行通信程序中使用可变数组和调试信息输出方法；对每一个应用程序都要设置好第一个用户焦点并养成习惯；理解 BASE64 编码与解码及多线程的基本原理。

思 考 与 练 习

1. 如何根据各种情况使用相应的消息框？
2. 如何对 String 类的对象初始化，如何灵活使用 ToString 函数？
3. 利用 GetNumString 函数提取特征数据。
4. 掌握日期与时间的计算及格式化处理，并编写一个计算利息的窗体应用程序。
5. 编写程序体会多线程应用程序。
6. 编写一个串行通信程序，利用调试信息输出中介绍的方法将发送和接收的数据在即时窗口显示。

第二部分 计算机监控系统的仿真开发

数据库操作技术

第 8 章 数据库基础

无论是 Web 应用程序还是 Windows 窗体应用程序，几乎都要用到数据库，因而，数据库编程是开发应用程序的重要基础。利用 Visual Basic 本身来设计数据库是很不方便的，而且，对数据库进行底层操作的时候，需要数据库后台管理程序。Microsoft 公司提供了针对不同用户需求的 Access 和 SQL Server 数据库后台管理程序，甲骨文公司则提供了功能强大的 Oracle 软件。

一般说来，小型应用程序可以使用 Office 自带的 Access 数据库，中型应用程序可以使用 Microsoft SQL Server 系列的数据库，大型应用程序可以使用 Oracle 数据库。本章主要以 Microsoft Access 2010 数据库作为参考，介绍数据库操作与显示的相关内容。

8.1 Access 数据库的创建

Access 也是一种桌面数据库管理系统，但是，与传统的数据库管理系统不一样。Access 是 Visual Basic 的内部数据库，即默认的数据库类型，用 Access 建立的数据库可以在 Visual Basic 中使用，反之，用 Visual Basic 也可以直接创建 Access 数据库。在安装 Microsoft Office 2010 的时候，选择安装 Microsoft Access 2010，然后才可以使用该工具创建数据库。

运行 Microsoft Access 2010，选择【文件】→【新建】→【空数据库】，即可出现如图 8.1 所示的界面。鼠标右击左侧的"表 1"，在弹出菜单中选择"设计视图"，将提示修

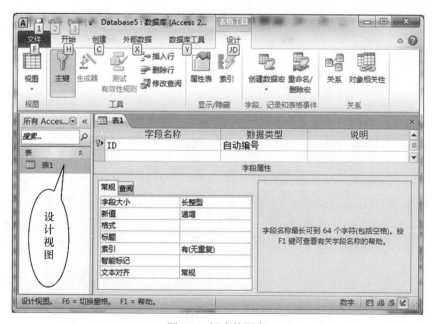

图 8.1 创建数据库

改"表 1"的名称(这里修改为 PhoneBook)，然后进入图中右侧所示的界面。这时即可设计字段名称、数据类型等，"说明"不要省略，以避免将来修订时遗忘字段的性质和含义。在字段属性中，标题字段用于窗体时的标签，如果未输入标题，则将字段名用作标签；如果某字段为主键，其索引一般为"有(无重复)"。为了便于应用程序对数据库中的记录进行更新，必须设置主键。

设计完毕，将文件保存为 PhoneBook.accdb。对于 2010 以前的数据库，扩展名为 mdb，打开后无法保存为 2010 的扩展名，这时，可以将扩展名为 mdb 的数据表导出到 accdb 文件中，然后删除后者中原来的数据表即可，这样就完成了 mdb 到 accdb 的转换。

最终的 PhoneBook 表的字段设置见表 8.1，其中的 ID 仅仅起一个序号的作用，姓名 Name1 和电话号码 Phone 都是非空的文本类型，区号 Area 和备注 Remark 为允许空字符串的文本类型，其中，Phone 字段设置为主键。

表 8.1 PhoneBook 的字段设置

字段名称	数据类型	允许空字符串
ID	数字	—
Name1	文本	否
Area	文本	是
Phone	文本	否
Remark	文本	是

双击图 8.1 中的数据表即可输入数据。PhoneBook 表包含三条测试记录，见表 8.2 所示。

表 8.2 PhoneBook 中的示例记录

ID	Name1	Area	Phone	Remark
1	马玉春	025	12345678	长途电话
2	张 三		4321	内线电话
3	李 四		8765432	本地市话

8.2 关系数据库标准语言 SQL

SQL(Structured Query Language)是介于关系数据库与关系演算之间的一种结构化查询语言。虽然说 SQL 是一种查询语言，但是，其功能远非查询信息这么简单，主要功能包括数据查询(Data Query)、数据操纵(Data Manipulation)、数据定义(Data Definition)和数据控制(Data Control)，是一种通用的、功能强大的，同时又是简单易学的关系数据库语言。这里介绍的 SQL 语句的用法，主要涉及应用程序中常用的"数据查询"和"数据操纵"功能。

8.2.1 SQL 的数据查询功能

数据库查询是数据库的核心操作。SQL 语言提供了 SELECT 语句进行数据库的查询，

该语句具有灵活的使用方式和丰富的功能，其一般格式为

```
SELECT    [ALL|DISTINCT] <目标列表达式> [,<目标列表达式>]… /*需要哪些列*/
FROM <表名或视图名> [,<表名或视图名>]…           /*来自哪些表*/
[WHERE <条件表达式>]                              /*根据什么条件*/
[GROUP BY <列名 1> [HAVING <条件表达式>]]
[ORDER BY <列名 2> [ASC|DESC]];
```

整个 SELECT 语句的含义是，根据 WHERE 子句给出的条件表达式，从 FROM 子句指定的基本表或视图中找出满足条件的元组，再按 SELECT 子句中的目标列表达式，选出元组中的属性值形成结果表。如果有 GROUP 子句，则将结果按照<列名 1>的值进行分组，该属性列值相等的元组为一个组。如果 GROUP 子句带 HAVING 短语，则只有满足指定条件的组才被输出。如果有 ORDER 子句，则结果表还要按<列名 2> 的值进行升序(ASC，默认值)或降序(DESC)排序。

图 8.2　Access 简单查询示例

SELECT 语句既可以完成简单的单表查询，也可以完成复杂的连接查询和嵌套查询。SELECT 语句能表达所有的关系代数表达式。

下面在 Microsoft Access 2010 环境下测试查询效果。单击"创建"功能选项卡，然后，选择"查询设计"功能，在弹出的对话框中选择添加 PhoneBook 表，并关闭对话框。右击生成的"查询1"，选择"SQL 视图"，修改查询语句为

```
SELECT Name1,Phone
FROM PhoneBook;
```

再次右击"查询 1"，选择"数据表视图"，将得到只有姓名 Name1 和电话号码 Phone 的数据表，见图8.3。

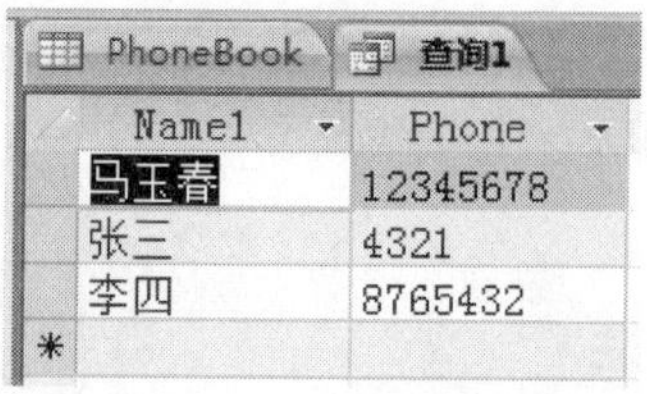

图 8.3　Access 简单查询示例

查询满足条件的元组是通过 WHERE 子句实现的，WHERE 子句常用的查询条件见表 8.3。

表 8.3　常用的查询条件

查询条件	谓　　　词
比较	=, >, <, >=, <=, !=, <>, !>, !<, NOT+以上比较运算符
确定范围	BETWEEN AND, NOT BETWEEN AND
确定集合	IN, NOT IN
字符匹配	LIKE, NOT LIKE
空值	IS NULL, IS NOT NULL
多重条件	AND, OR

如果添加 WHERE 子句，输入如下的语句，将显示表 8.2 所示的第一条记录，"*"表示所有列。在 SQL 语句中，单引号和双引号的作用相同。

```
SELECT *
FROM PhoneBook
WHERE Name1="马玉春";
```

确定范围的 BETWEEN 语句需要指定一个下限值和一个上限值；确定集合的 IN 语句指出列值是否在指定的集合内，集合本身用"("和")"表示；空值条件用于判断列值是否为空；多重条件将多个"比较"组合起来。

LIKE 用于查找指定列名与匹配串常量匹配的元组。匹配串是一种特殊的字符串，其特殊之处在于它不仅可以包含普通字符，而且，还可以包含通配符。通配符用于表示任意的字符或字符串。在实际应用中，如果需要从数据库中检索一批记录，但又不能给出精确的字符查询条件，这时，就可以使用 LIKE 运算符和通配符来实现模糊查询。在 LIKE 运算符前面也可以使用 NOT 运算符，表示对结果取反。LIKE 的一般格式如下所示。

```
[NOT] LIKE '<匹配符>'
```

其含义是查找指定的属性列值与匹配串相匹配的元组。匹配串可以是一个完整的字符串，也可以含有通配符"%"与"_"。其中：

(1) "%"代表任意长度(可以为 0)的字符串。例如，"%果%"表示含有"果"的字符串，既可以是"苹果"，也可以是"果树"。

(2) "_"代表任意单个字符。例如，"_果"与"苹果"和"水果"都匹配。

由此可见，LIKE 对于查找含有"只言片语"的信息非常有用，例如，如果知道某犯罪嫌疑人姓名中的两个字，就可以从数据库中调出可能的姓名，从而，大大减少排查对象。

8.2.2　SQL 的数据操纵功能

使用 SELECT 语句可以返回由行和列组成的结果，但是，查询操作不会使数据库中的数据发生任何变化。数据操纵是对数据进行各种更新操作，包括插入数据(INSERT)、修改数据(UPDATE)和删除数据(DELETE)三条语句，这些语句也是编程中常用的语句。

1．INSERT 语句

INSERT 语句用于向数据表中插入记录，其语句的格式为

```
INSERT
INTO <表名> [<属性列 1>[,<属性列 2>…]]
VALUES(<常量 1>[,<常量 2>]…);            /* 取值也可以来自子查询*/
```

其功能是将新元组插入指定表中，其中新记录 <属性列 1> 的值为 <常量 1>，<属性列 2> 的值为 <常量 2>…… INTO 子句中没有出现的属性列，新记录在这些列上将取空值。但是，在表定义时规定 NOT NULL 的属性列将不能取空值，否则，会引发错误。如果 INTO 子句没有指明任何列名，则新插入的记录必须在每个属性列上均有值。

2．UPDATE 语句

UPDATE 语句用于更新数据表中的记录，其语句的格式为

```
UPDATE <表名>
SET <列名 1>=<表达式 1>[,<列名 2>=<表达式 2>…]
[WHERE <条件>];
```

其功能是修改指定表中满足 WHERE 子句条件的元组。其中，SET 子句中 <列名 *i*> 的值将由 <表达式 *i*> 的值替代。如果省略 WHERE 子句，则表示要修改表中的所有元组。

```
<列名 i>    <表达式 i>
```

3．DELETE 语句

DELETE 语句用于删除数据表中的记录，其语句的格式为

```
DELETE
FROM <表名>
[WHERE <条件>];
```

如果省略 WHERE 子句，表示删除数据表中的所有元组，即，使表成为空表，但表的模式定义仍在数据字典中。如果有 WHERE 子句，则仅删除满足条件的元组。

8.3　在应用程序中访问数据库

一个数据库文件中可以有多个数据表，但是，对于 Access 数据库，一次只能查询其中的一个数据表。Visual Basic 2010 提供了方便的应用程序访问数据库的方法，本节主要介绍应用程序与数据库的连接方法，以及应用程序界面中的控件与数据库的绑定方法。

8.3.1　连接到数据库

新建一个窗体应用程序 WinApp_Access，在解决方案资源管理器中点击【数据源】页标签，在其中点击【添加新数据源】，如图 8.4 所示。也可以通过主菜单的【数据】→【添加新数据源】来实现。

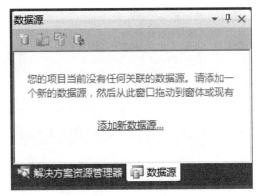

图 8.4　添加新数据源的方法

出现数据源配置向导后,在对话框中出现三个图标,即数据库、服务和对象。选择数据库,点击【下一步】,选择数据集,出现如图 8.5 所示的界面。点击【新建连接】,在弹出的"添加连接"对话框中,点击【更改】,将数据源更改为"Microsoft Access 数据库文件",然后,点击【浏览】选择创建的 PhoneBook 数据库文件。最后点击【测试连接】,测试成功后点击【确定】,在图 8.5 中出现连接字符串。

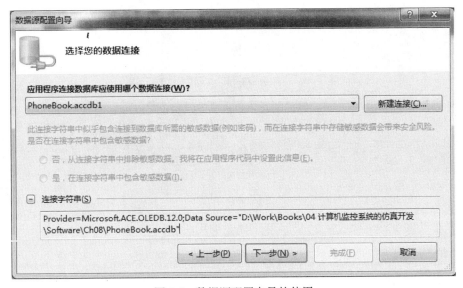

图 8.5　数据源配置向导的使用

在图 8.5 中点击【下一步】,在下一个对话框中点击【是】选择"将文件复制到项目中,并修改连接"。这样,就可以在项目属性的"设置"中查看此连接字符串。Access 数据库的连接字符串由两部分组成,Provider 表示驱动程序的类型,DataSource 表示数据库文件的绝对路径,两者之间用";"分隔。继续点击【下一步】,在新出现的对话框中展开"表",并选择 PhoneBook,最后点击【完成】,数据源添加完毕。

数据源配置完成后,解决方案资源管理器中出现如图 8.6 所示的界面,其中列出了数据表 PhoneBook 及其所有的字段。

图 8.6 完成的数据源

8.3.2 数据库的绑定

图 8.6 列出了 PhoneBook 表中的所有字段，选中"Phone"节点，在该节点右侧会出现下拉按钮，单击该按钮会弹出一个下拉框，其中列出了一些控件，如 TextBox、ComboBox、Label 等，可以根据需要选择合适的控件，这里全部选择其中的 TextBox。将所有字段都拖入窗体，窗体上会出现标签和文本框对，并同时生成一个导航工具条。点击窗体上的文本框，可以发现，文本框的 Text 属性右侧有一个数据库图标，表示已经与数据库中的某字段绑定了。

运行程序，其效果如图 8.7 所示。导航工具条显示了记录数和当前记录，可以点击工具条上的按钮指向"上/下一条"记录，或"最后/前一条"记录，也可以"增加/删除/保存"记录。

图 8.7 数据控件窗体运行效果

从以上操作可见，在 Visual Basic 2010 中从创建数据库连接到数据绑定，没有编写任何代码，只需要从数据源上拖放数据字段到窗体，即可完成控件的绘制与数据的绑定。对于不同的数据对象，在下拉框中会提供不同的数据控件。对于整个数据表 PhoneBook，则可以使用 DataGridView 控件来显示。

将 WinApp_Access 项目复制到 Ch08 目录下的 WinApp_Access1 目录中，重新打开项目，删除窗体中的除导航工具条以外的所有控件。然后，将图 8.6 中的 PhoneBook 表拖放到窗体中，点击 DataGridView 控件的智能标签，在弹出的【DataGridView 任务】对话框中选择【编辑列】，出现如图 8.8 所示的对话框，在其中可以修改各列(字段)的相关属性，这里仅修改 Width 属性。属性修改完毕后，整体调整 DataGridView 控件的 Size 属性。

136

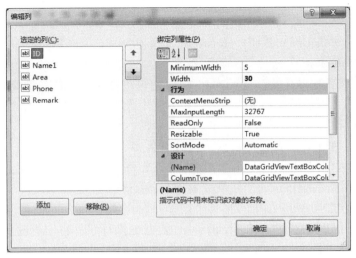

图 8.8　编辑列的属性

经过拖放和对 DataGridView 控件的宽度和大小的属性调整后，一个比较美观的数据库与 DataGridView 控件的绑定界面就完成了。程序的运行效果如图 8.9 所示。点击导航工具条中的相应按钮，就可以跟图 8.7 一样，执行相应的操作。如果需要删除数据，可以点击 DataGridView 左侧的三角，选中某行，然后，点击导航工具栏中的【删除】按钮即可。数据更新后，点击【保存数据】即可。

图 8.9　DataGridView 控件与数据库绑定的显示效果

这里介绍的两种数据库绑定方法，即数据列(字段)绑定和数据表的绑定，都不需要编程，可谓简单方便。但是，在窗体下面导入了 5 个组件(运行时不可见)，并在后台导入了大量的代码，使应用程序显得臃肿且缺乏灵活性，对下一步的处理也不方便。如果使用 ADO.NET 进行数据库编程，则可以方便灵活地处理各种问题。

8.4　ADO.NET 的基本原理

.NET 数据访问的基础是 ADO.NET，上一节介绍的那些拖放式无编码的数据绑定和数据更新，实际上在后台使用的也是 ADO.NET 实现的对数据的访问，只不过是 Visual Basic 2010 IDE 在后台产生了大量的代码来完成数据访问的工作。

ADO.NET 是一组向.NET Framework 程序员公开数据访问服务的类。ADO.NET 为创建分布式数据共享应用程序提供了一组丰富的组件。它提供了对关系数据、XML 和应用程序数据的访问，因此是.NET Framework 中不可缺少的一部分。ADO.NET 支持多种开发需求，包括创建由应用程序、工具、语言或 Internet 浏览器使用的前端数据库客户端和中间层业务对象。

ADO.NET 提供对诸如 SQL Server 和 XML 这样的数据源以及通过 OLE DB 和 ODBC 公开的数据源的一致访问。共享数据的使用方应用程序可以使用 ADO.NET 连接到这些数据源，并可以检索、处理和更新其中包含的数据。

ADO.NET 通过数据处理将数据访问分解为多个可以单独使用或一前一后使用的不连续组件。ADO.NET 包含用于连接到数据库、执行命令和检索结果的.NET Framework 数据提供程序。这些结果或者被直接处理，放在 ADO.NET DataSet 对象中以便以特别的方式向用户公开，并与来自多个源的数据组合；或者在层之间传递。DataSet 对象也可以独立于.NET Framework 数据提供程序，用于管理应用程序本地的数据或源自 XML 的数据。

ADO.NET 类在 System.Data.dll 中，并且与 System.Xml.dll 中的 XML 类集成。因此，当使用 ADO.NET 时，需要引入 System.Data 命名空间。在 ADO.NET 中，可以通过.NET Framework 数据提供程序和 DataSet 两种方式访问数据，ADO.NET 的结构如图 8.10 所示。

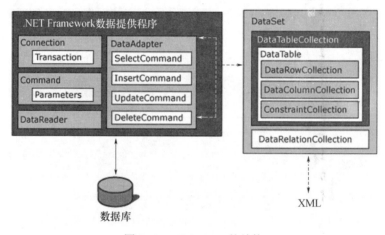

图 8.10　ADO.NET 的结构

.NET Framework 数据提供程序是专门为数据处理以及快速地只进、只读访问数据而设计的组件。Connection 对象提供与数据源的连接。Command 对象使用于执行返回数据、修改数据、运行存储过程以及发送或检索参数信息的数据库命令。DataReader 从数据源中获取数据流。DataAdapter 提供连接 DataSet 对象和数据源的桥梁。DataAdapter 使用 Command 对象在数据源中执行 SQL 命令，以便将数据加载到 DataSe 中，并使对 DataSet 中数据的更改与数据源保持一致。

ADO.NET 中的 DataSet 专门为独立于任何数据源的数据访问而设计。因此，它可以用于多种不同的数据源，例如，数据库与 XML 等。DataSet 包含一个或多个 DataTable 对象的集合，这些对象由数据行 DataRow、数据列 DataColumn 以及 DataTable 对象中的数据的主键、外键、约束和关系信息等组成。DataSet 与 XML 数据之间有很好的互操作性，可以通过 DataSet 直接读入 XML 到 DataTable 并按照数据行和数据列进行操作，

DataSet 中的数据也可以直接保存成 XML。

8.5　通过 ADO.NET 连接到数据源

8.3.1 节通过数据源配置向导连接到数据源，并在图 8.5 中生成了 Access 数据库的连接字符串。如何通过 ADO.NET 代码连接到数据源呢？在 ADO.NET 中，可以通过在连接字符串中提供必要的身份验证信息，使用 Connection 对象连接到特定的数据源，至于使用何种 Connection 对象取决于数据源的类型。

随.NETFramework 提供的每个.NETFramework 数据提供程序都具有一个 DbConnection 对象：OLE DB .NET Framework 数据提供程序包括一个 OleDbConnection 对象、SQL Server .NET Framework 数据提供程序包括一个 SqlConnection 对象、ODBC .NET Framework 数据提供程序包括一个 OdbcConnection 对象、Oracle .NET Framework 数据提供程序包括一个 OracleConnection 对象。

要连接到 Microsoft SQL Server 7.0 或更高版本，使用 SQL Server .NET Framework 数据提供程序的 SqlConnection 对象。要连接到 OLE DB 数据源，或连接到 Microsoft SQL Server 6.x 或更低版本，使用 OLE DB .NET Framework 数据提供程序的 OleDbConnection 对象。要连接到 ODBC 数据源，使用 ODBC.NET Framework 数据提供程序的 OdbcConnection 对象。要连接到 Oracle 数据源，使用 Oracle .NET Framework 数据提供程序的 OracleConnection 对象。

.NET Framework 2.0 引入了用于处理连接字符串的新功能(包括将新的关键字引入到连接字符串生成器类)，这将有助于在运行时创建有效的连接字符串。连接字符串包含作为参数从数据提供程序传递到数据源的初始化信息，其语法取决于数据提供程序，并且会在试图打开连接的过程中对连接字符串进行分析。语法错误会生成运行时异常，但其他错误只有在数据源收到连接信息后才会发生。经过验证后，数据源将应用连接字符串中指定的选项并打开连接。

连接字符串的格式是使用分号分隔的"键/值"参数对列表，关键字不区分大小写，并将忽略"键/值"对之间的空格。不过，根据数据源的不同，值可能是区分大小写的。任何包含分号、单引号或双引号的值必须用双引号引起来。"键/值"参数对示例如下所示。

```
keyword1=value; keyword2=value;
```

可以在资源管理器中新建一个文本文件(如 xyz.txt)，将扩展名修改为 udl(Microsoft 数据链接类型)，然后打开该文件，在对话框中选择"提供程序"，填写"连接"信息后点击【确定】。最后，将扩展名改回 txt，重新打开文本文件，即可得到连接字符串。

有效的连接字符串语法因提供程序而异，从早期的 API(如 ODBC)开始，已经过了多年的发展演变。适用于 SQL Server 的.NET Framework 数据提供程序 (SqlClient) 并入了早期语法中的许多元素，并且在使用通常的连接字符串语法时更具灵活性。连接字符串语法元素经常会出现一些同等有效的同义词，但有些语法和拼写错误可能会导致出现问题。例如，"Integrated Security=True"是有效的，而"IntegratedSecurity=True"则会导致出错。另外，在运行时从未验证的用户输入构造的连接字符串可能导致字符串注入式攻击，从而危害数据源的安全。

在 ADO.NET 的早期版本中，不会对具有串联字符串值的连接字符串进行编译时检查，因此在运行时，不正确的关键字会产生 ArgumentException 异常。每个 .NET Framework 数据提供程序支持的连接字符串关键字的语法不同，这使得手动构造有效连接字符串变得很困难。为了解决这个问题，ADO.NET 2.0 为每个 .NET Framework 数据提供程序引入了新的连接字符串生成器。每个数据提供程序包括一个从 DbConnectionStringBuilder 继承的强类型连接字符串生成器类。表 8.4 列出了 .NET Framework 数据提供程序及其关联的连接字符串生成器类。使用连接字符串生成器，可以非常方便地生成连接字符串，从而连接到数据源。

表 8.4　提供程序与对应的连接字符串生成器

提供程序	ConnectionStringBuilder 类
System.Data.SqlClient	SqlConnectionStringBuilder
System.Data.OleDb	OleDbConnectionStringBuilder
System.Data.Odbc	OdbcConnectionStringBuilder
System.Data.OracleClient	OracleConnectionStringBuilder

下面的代码连接到 Access 数据源。首先引入 Access 提供程序的命名空间，然后，生成一个 OleDbConnectionStringBuilder 对象 csb，给其 Provider 属性指定驱动程序名称，DataSource 属性指定 Access 数据库的绝对路径(包括路径和文件名)，这样，就可以通过 ConnectionString 属性获取类似图 8.5 所示的连接字符串。通过该连接字符串，即可初始化 OleDbConnection 对象，并调用其 Open 方法打开数据源的连接。

```
Imports System.Data.OleDb    '引入提供程序的命名空间

Dim csb As OleDbConnectionStringBuilder = New OleDbConnectionStringBuilder()
csb.Provider = "Microsoft.ACE.OLEDB.12.0"
csb.DataSource = strDB                       'strDB 为 Access 数据库的绝对路径

Dim conn As String = csb.ConnectionString  '获取连接字符串

Dim thisConnection As OleDbConnection = New OleDbConnection(conn)
thisConnection.Open()                        '连接到数据源
```

8.6　通过 DataReader 访问数据库

建立与数据源的连接后，可以使用 DbCommand 对象来执行命令并从数据源中返回结果。可以使用构造函数为 .NET Framework 数据提供程序创建命令。构造函数可以采用可选参数，如要在数据源中执行的 SQL 语句、DbConnection 对象或 DbTransaction 对象。可以将这些对象配置为命令的属性，也可以使用 DbConnection 对象的 CreateCommand 方法创建用于特定连接的命令。由命令执行的 SQL 语句可以使用 CommandText 属性进行配置。

包含在.NET Framework 中的每个.NET Framework 数据提供程序都拥有自己的继承自 DbCommand 的命令对象。用于 OLE DB 的.NET Framework 数据提供程序包括 OleDbCommand 对象，用于 SQL Server 的.NET Framework 数据提供程序包括 SqlCommand 对象，用于 ODBC 的.NET Framework 数据提供程序包括 OdbcCommand 对象，用于 Oracle 的.NET Framework 数据提供程序包括 OracleCommand 对象。其中每个对象都根据命令的类型和所需的返回值公开用于执行命令的方法，见表 8.5。

表 8.5　Command 对象的命令和返回值

命令	返回值
ExecuteReader	返回一个 DataReader 对象
ExecuteScalar	返回一个标量值
ExecuteNonQuery	执行不返回任何行的命令
ExecuteXMLReader	返回 XmlReader。只用于 SqlCommand 对象

随.NET Framework 提供的每个.NET Framework 数据提供程序包括 DbDataReader 和 DbDataAdapter 对象：适用于 OLE DB 的.NET Framework 数据提供程序包括一个 OleDbDataReader 和一个 OleDbDataAdapter 对象、适用于 SQL Server 的.NET Framework 数据提供程序包括一个 SqlDataReader 和一个 SqlDataAdapter 对象、适用于 ODBC 的.NET Framework 数据提供程序包括一个 OdbcDataReader 和一个 OdbcDataAdapter 对象、适用于 Oracle 的.NET Framework 数据提供程序包括一个 OracleDataReader 和一个 OracleDataAdapter 对象。

可以使用 ADO.NET DataReader 从数据库中检索只读、只进的数据流。查询结果在查询执行时返回，并存储在客户端的网络缓冲区中，直到使用 DataReader 的 Read 方法对它们发出请求。使用 DataReader 可以提高应用程序的性能，原因是它只要数据可用就立即检索数据，并且(默认情况下)一次只在内存中存储一行，减少了系统开销。

使用 DataReader 检索数据包括创建 Command 对象的实例，然后通过调用 Command.ExecuteReader 创建一个 DataReader，以便从数据源检索行。使用 DataReader 对象的 Read 方法可从查询结果中获取行。通过向 DataReader 传递列的名称或序号引用，可以访问返回行的每一列。

新建一个窗体应用程序 WinApp_DataReader，绘制一个命令按钮 Test，在其中输入如下关键代码(其他代码见上一节)，将 PhoneBook.accdb 复制到项目的 Debug 目录下，并添加 General 模块。

strQuery 是一个 SQL 查询命令，检索 PhoneBook 中的所有记录。OleDbCommand 命令 thisCommand 以 strQuery 和当前连接 thisConnection 为参数生成，ExecuteReader 方法返回一个 OleDbDataReader 对象 dr，保存在缓冲区中。dr 的 Read 方法读取数据，如果有数据，就返回 True，否则，返回 False。所以，While 循环能够在即时窗口输出 PhoneBook 中的所有姓名(字段列号为 1，从 0 开始计数)。

```
Dim strQuery As String = "Select * From PhoneBook"
Dim thisCommand As OleDbCommand = New OleDbCommand(strQuery, thisConnection)
```

```
Dim dr As OleDbDataReader = thisCommand.ExecuteReader()

Do While dr.Read
    Debug.Print(dr.Item(1))
Loop
```

如果需要返回只是单个值的数据库信息，而不需要返回表或数据流形式的数据库信息，例如，可能需要返回 COUNT(*)、SUM(Price)或 AVG(Quantity) 等聚合函数的结果。Command 对象使用 ExecuteScalar 方法提供了返回单个值的功能，ExecuteScalar 方法以标量值的形式返回结果集第一行的第一列的值。

修改数据的 SQL 语句(如 INSERT、UPDATE 或 DELETE)不返回行。同样，许多存储过程执行操作但不返回行。要执行不返回行的命令，使用相应 SQL 命令创建一个 Command 对象，并创建一个 Connection，包括所有必需的 Parameters。使用 Command 对象的 ExecuteNonQuery 方法来执行该命令。

ExecuteNonQuery 方法返回一个整数，表示受已执行的语句或存储过程影响的行数。如果执行了多个语句，则返回的值为受所有已执行语句影响的记录的总数。以下代码示例执行一个 INSERT 语句，以使用 ExecuteNonQuery 将一个记录插入数据库中。如果出现关键字重复，以下代码将会抛出异常。

```
' 假设 thisConnection 是一个已经打开的有效的 OleDbConnection 连接
Dim queryString As String = "Insert Into PhoneBook " & _
                "(ID, Name1,Phone) Values(4, '张三','999277')"

Dim command As OleDbCommand = New OleDbCommand(queryString, thisConnection)
Dim recordsAffected As Int32 = command.ExecuteNonQuery()
```

使用.NET Framework 数据提供程序，可以执行存储过程或数据定义语言语句(如 CREATE TABLE 和 ALTER COLUMN)来对数据库或编录执行架构处理。这些命令不会像查询一样返回行，因此 Command 对象提供了 ExecuteNonQuery 来处理这些命令。

除了使用 ExecuteNonQuery 来修改架构之外，还可以使用此方法处理那些修改数据但不返回行的 SQL 语句，如 INSERT、UPDATE 和 DELETE。虽然行不是由 ExecuteNonQuery 方法返回的，但可以通过 Command 对象的 Parameters 集合来传递和返回输入和输出参数以及返回值。

8.7 通过 DataAdapter 访问数据库

ADO.NET DataSet 是数据的内存驻留表示形式，它提供了独立于数据源的一致关系编程模型。DataSet 表示整个数据集，其中包含表、约束和表之间的关系。由于 DataSet 独立于数据源，因此 DataSet 可以包含应用程序本地的数据，也可以包含来自多个数据源的数据。与现有数据源的交互通过 DataAdapter 来控制。DataSet、DataAdapter 与数据源之间的关系如图 8.11 所示。

图 8.11　DataSet、DataAdapter 和数据源之间的关系

8.7.1　DataSet 的基本原理

DataSet 是 ADO.NET 结构的主要组件，它是从数据源中检索到的数据在内存中的缓存，其层次结构如图 8.12 所示。DataSet 由一组 DataTable 对象组成，可使这些对象与 DataRelation 对象互相关联，还可通过使用 UniqueConstraint 和 ForeignKeyConstraint 对象在 DataSet 中实施数据完整性。

图 8.12　DataSet 类的层次结构

DataRow 和 DataColumn 对象是 DataTable 的主要组件。使用 DataRow 对象及其属性和方法检索、评估、插入、删除和更新 DataTable 中的值。DataRowCollection 表示 DataTable 中的实际 DataRow 对象，DataColumnCollection 中包含用于描述 DataTable 架构的 DataColumn 对象。使用重载的 Item 属性可返回或设置 DataColumn 的值。

使用 HasVersion 和 IsNull 属性确定特定行值的状态，使用 RowState 属性确定行相对于它的父级 DataTable 的状态。

若要创建新的 DataRow，可使用 DataTable 对象的 NewRow 方法。创建新的 DataRow 之后，使用 Add 方法将新的 DataRow 添加到 DataRowCollection 中。最后，调用 DataTable 对象的 AcceptChanges 方法以确认是否已添加。

可通过调用 DataRowCollection 的 Remove 方法或调用 DataRow 对象的 Delete 方法，从 DataRowCollection 中删除 DataRow。Remove 方法将行从集合中移除。与此相反，Delete 标记要移除的 DataRow，在调用 AcceptChanges 方法时发生实际移除。通过调用 Delete，可在实际删除行之前以编程方式检查哪些行被标记为移除。

143

每个 DataRow 对象都具有 RowState 属性，可以通过该属性来确定某行的当前状态。RowState 属性返回一个 DataRowState 枚举值，关于 DataRowState 枚举值及其说明见表 8.6。

表 8.6　DataRowState 枚举值

值	说　　明
Added	该行已添加到表中
Deleted	该行已标记为从表中删除
Detached	该行已创建但尚未添加到表中，或已从表行的集合中删除
Modified	在该行中的某些值已经被更改
Unchanged	在创建后或上次调用 AcceptChanges 方法后未对该行进行更改

假设 dt 是一个 DataTable 对象，在程序中查看第 0 行的状态的代码一般为

```
dt.Rows(0).RowState.ToString
```

当某行被修改时，行版本会维护存储于行中的值，包括当前值(Current)、原始值(Original)、默认值(Default)和建议值(Proposed)。对于状态是 Deleted 的行，不存在 Current 行版本。Added、Modified 或 Unchanged 行的默认版本是 Current。Deleted 行的默认版本是 Original。Detached 行的默认行版本是 Proposed；对于状态为 Added 的行，不存在 Original 版本。在对行进行编辑期间，存在 Proposed 版本。

假设 dt 是一个 DataTable 对象，在程序中查看第 0 行第 0 列的 Current 版本的值，并在即时窗口中输出的代码一般为：

```
Debug.Print(dt.Rows(0).Item(0, DataRowVersion.Current))
```

尽管 DataTable 对象中包含数据，但是 DataRelationCollection 允许遍览表的层次结构。这些表包含在通过 Tables 属性访问的 DataTableCollection 中。当访问 DataTable 对象时，应注意它们是按条件区分大小写的。例如，如果一个 DataTable 被命名为"mydatatable"，另一个被命名为"Mydatatable"，则用于搜索其中一个表的字符串被认为是区分大小写的。但是，如果"mydatatable"存在而"Mydatatable"不存在，则认为该搜索字符串不区分大小写。

DataSet 可将数据和架构作为 XML 文档进行读写。数据和架构可通过 HTTP 传输，并在支持 XML 的任何平台上被任何应用程序使用。可使用 WriteXmlSchema 方法将架构保存为 XML 架构，并且可以使用 WriteXml 方法保存架构和数据。若要读取既包含架构也包含数据的 XML 文档，应使用 ReadXml 方法。

在典型的多层实现中，用于创建和刷新 DataSet 并依次更新原始数据的步骤包括：

(1) 通过 DataAdapter 使用数据源中的数据生成和填充 DataSet 中的每个 DataTable。

(2) 通过添加、更新或删除 DataRow 对象更改单个 DataTable 对象中的数据。

(3) 调用 GetChanges 方法以创建只反映对数据进行更改的第二个 DataSet。

(4) 调用 DataAdapter 的 Update 方法，并将第二个 DataSet 作为参数传递。

(5) 调用 Merge 方法将第二个 DataSet 中的更改合并到第一个中。

(6) 针对 DataSet 调用 AcceptChanges，或者调用 RejectChanges 以取消更改。

8.7.2 用 DataAdapter 填充数据集

DataAdapter 用于从数据源检索数据并填充 DataSet 中的表。DataAdapter 还可将对 DataSet 所做的更改解析回数据源。DataAdapter 使用.NET Framework 数据提供程序的 Connection 对象连接到数据源，并使用 Command 对象从数据源检索数据以及将更改解析回数据源。

DataAdapter 的 SelectCommand 属性是一个 Command 对象，用于从数据源中检索数据。DataAdapter 的 InsertCommand、UpdateCommand 和 DeleteCommand 属性是 Command 对象，用于按照对 DataSet 中数据的修改来管理对数据源中数据的更新。

使用 DataAdapter 检索表的全部内容会花费些时间，尤其是在表中有很多行时。这是因为访问数据库、定位和处理数据，然后将数据传输到客户端需要很长时间。将表中全部内容提取到客户端还会在服务器上锁定所有行。若要提高性能，可以使用 WHERE 子句减少返回到客户端的行数。还可以通过只显式列出 SELECT 语句要求的列减少返回到客户端的数据量。另一种好的变通方法是以批次检索行(例如一次检索几百行)，并且在客户端完成当前批次后只检索下一批次。

DataAdapter 的 Fill 方法用于使用 DataAdapter 的 SelectCommand 结果填充 DataSet。Fill 将要填充的 DataSet 和 DataTable 对象(或要使用从 SelectCommand 中返回的行来填充的 DataTable 的名称)作为它的参数。

Fill 方法使用 DataReader 对象来隐式地返回用于在 DataSet 中创建表的列名称和类型，以及用于填充 DataSet 中的表行的数据。表和列仅在不存在时才创建；否则，Fill 将使用现有的 DataSet 架构。按照 ADO.NET 中的数据类型映射的表，以.NET Framework 类型创建列类型。除非数据源中存在主键且 DataAdapter.MissingSchemaAction 设置为 MissingSchemaAction.AddWithKey，否则不会创建主键。如果 Fill 发现某个表存在主键，对于主键列的值与从数据源返回的行的主键列的值匹配的行，将使用数据源中的数据重写 DataSet 中的数据。如果未找到任何主键，则将数据追加到 DataSet 中的表。Fill 使用在填充 DataSet 时可能存在的任何映射。

新建一个窗体应用程序 WinApp_DataAdapter，绘制一个命令按钮 Test，在其中输入如下关键代码(其他参见源代码)，其中，conn 为连接字符串。将 PhoneBook.accdb 复制到项目的 Debug 目录下，并添加 General 模块。

OleDbDataAdapter 对象 adapter 通过连接字符串和查询字符串进行初始化。Access 数据库一次只能查询一个表。SQL Server 数据库允许一次查询多个表，多条 Select 语句之间用 ";" 分隔。adapter 初始化后，即可调用 Fill 方法填充数据集。一个 ds 对象中可以有多个表，因为这里是 Access 数据库，只有第一个表有效，所以，取第一个表给 dt 对象。随后，在即时窗口中输出表名和电话簿中的姓名列。**引用列可以使用序号，也可以使用列名。**

```
Dim strQuery As String = "Select * From PhoneBook"
Dim adapter As OleDbDataAdapter = New OleDbDataAdapter(strQuery, conn)

Dim ds As DataSet = New DataSet
```

```
adapter.Fill(ds)
Dim dt As DataTable = ds.Tables(0)

Debug.Print(dt.TableName)        '结果为 "Table"

For I As Integer = 0 To dt.Rows.Count - 1
    Debug.Print(dt.Rows(I).Item("Name1"))
Next I
```

DataAdapter 在其 TableMappings 属性中包含零个或更多个 DataTableMapping 对象的集合。DataTableMapping 提供对数据源的查询所返回的数据与 DataTable 之间的主映射。 DataTableMapping 名称可以代替 DataTable 名称传递到 DataAdapter 的 Fill 方法。

以上代码在即时窗口中输出的表名为 "Table"，并不是 "PhoneBook"。可以紧接在 adapter 对象初始化语句之后插入如下映射，即可得到需要的结果。

```
adapter.TableMappings.Add("Table", "PhoneBook")
```

8.7.3　使用 DataAdapter 更新数据源

调用 DataAdapter 的 Update 方法可以将 DataSet 中的更改解析回数据源。与 Fill 方法类似，Update 方法将 DataSet 的实例和可选的 DataTable 对象或 DataTable 名称用作参数。DataSet 实例是包含已作更改的 DataSet，DataTable 标识从其中检索这些更改的表。如果未指定 DataTable，则使用 DataSet 中的第一个 DataTable。

当调用 Update 方法时，DataAdapter 会分析已做的更改并执行相应的命令(INSERT、UPDATE 或 DELETE)。当 DataAdapter 遇到对 DataRow 所做的更改时，它将使用 InsertCommand、UpdateCommand 或 DeleteCommand 来处理该更改。这样，程序员就可以通过在设计时指定命令语法并在可能时通过使用存储过程来尽量提高 ADO.NET 应用程序的性能。在调用 Update 之前，必须显式设置这些命令。如果调用了 Update 但不存在用于特定更新的相应命令(例如，不存在用于已删除行的 DeleteCommand)，则会引发异常。

InsertCommand 用于在数据源处为表中所有 RowState 为 Added 的行插入一行。插入所有可更新列的值(但是不包括标识、表达式或时间戳等列)。UpdateCommand 用于在数据源处更新表中所有 RowState 为 Modified 的行。更新所有列的值，不可更新的列除外，例如标识列或表达式列。更新符合以下条件的所有行：数据源中的列值匹配行的主键列值，并且数据源中的剩余列匹配行的原始值。DeleteCommand 用于在数据源处删除表中所有 RowState 为 Deleted 的行。删除符合以下条件的所有行：列值匹配行的主键列值，并且数据源中的剩余列匹配行的原始值。

在上一节介绍的 WinApp_DataAdapter 的程序中添加如下代码(见光盘中的源代码去掉注释)。将 dt 对象的第 0 行的姓名更改为 "李四"，这样只是在内存中更改了数据，并没有保存到数据源中。将修改保存到数据源中，需要按照如下步骤设置 UpdateCommand，然后再调用 adapter 的 Update 方法完成更新(这里以数据集对象 ds 为参数)。更新完成后，可以通过 Microsoft Access 2010 工具打开 Debug 目录下的 PhoneBook.accdb 文件，查看结果。

```
dt.Rows(0).Item("Name1") = "李四"

Dim cn As OleDbConnection = adapter.SelectCommand.Connection
adapter.UpdateCommand = New OleDbCommand
adapter.UpdateCommand.Connection = cn
adapter.UpdateCommand.CommandText = _
                "Update PhoneBook Set Name1 = ? Where ID = ?"
adapter.UpdateCommand.Parameters.Add("?",    OleDbType.VarChar,    15,
"Name1")
    adapter.UpdateCommand.Parameters.Add("?", OleDbType.BigInt, 8, "ID")


adapter.Update(ds)
```

必须了解在 DataTable 中删除行和移除行之间的差异。当调用 Remove 或 RemoveAt 方法时，会立即移除该行。如果之后将 DataTable 或 DataSet 传递给 DataAdapter 并调用 Update，则不会影响后端数据源中的任何相应行。当使用 Delete 方法时，该行仍将保留在 DataTable 中并会标记为删除。如果之后将 DataTable 或 DataSet 传递给 DataAdapter 并调用 Update，则会删除后端数据源中的相应行。

8.7.4 使用 CommandBuilder 生成命令

如果在运行时动态指定 SelectCommand 属性(例如，通过接受用户提供的文本命令的查询工具)，那么可能无法在设计时指定适当的 InsertCommand、UpdateCommand 或 DeleteCommand。如果 DataTable 映射到单个数据库表或者是从单个数据库表中生成的，那么，可以利用 DbCommandBuilde 对象来自动生成 DbDataAdapter 的 DeleteCommand、InsertCommand 和 UpdateCommand 对象，这样可以省去不少的麻烦。

为了能够自动生成命令，必须设置 SelectCommand 属性，这是最低要求。由 SelectCommand 属性检索的表架构确定自动生成的 INSERT、UPDATE 和 DELETE 语句的语法。

为了返回构造 INSERT、UPDATE 和 DELETE SQL 命令所需的元数据，DbCommandBuilder 必须执行 SelectCommand。因此，必须额外经历一次到数据源的过程，这可能会降低性能。若要实现最佳性能，应显式指定命令而不是使用 DbCommandBuilder。

SelectCommand 还必须至少返回一个主键或唯一列。如果不存在任何主键和唯一列，则会生成 InvalidOperation 异常，并且不会生成命令。

当与 DataAdapter 关联时，DbCommandBuilder 会自动生成 DataAdapter 的 InsertCommand、UpdateCommand 和 DeleteCommand 属性(如果它们为空引用)。如果某个属性已存在 Command，则使用现有 Command。

通过连接两个或更多个表来创建的数据库视图不会被视为单个数据库表。在这种情况下，将无法使用 DbCommandBuilder 来自动生成命令；必须显式指定命令。

为 UPDATE 和 DELETE 语句自动生成命令的逻辑基于"开放式并发"，即未锁定记录的编辑功能，其他用户或进程可以随时修改。由于在从 SELECT 语句中返回某记录之后但在发出 UPDATE 或 DELETE 语句之前，该记录可能已被修改，所以自动生成的 UPDATE 或 DELETE 语句包含一个 WHERE 子句，指定只有在行包含所有原始值并且尚未从数据源中删除时，才会更新该行。这样做的目的是为了避免覆盖新数据。当自动生成的 UPDATE 命令试图更新已删除或不包含 DataSet 中原始值的行时，该命令不会影响任何记录，但会引发 DBConcurrencyException。

如果要使 UPDATE 或 DELETE 在不考虑原始值的情况下完成，必须为 DataAdapter 显式设置 UpdateCommand，而不依赖自动命令生成。

自动命令生成逻辑为独立表生成 INSERT、UPDATE 或 DELETE 语句，而不考虑与数据源中其他表的任何关系。因此，在调用 Update 以提交对参与数据库中外键约束的列的更改时，可能会失败。若要避免这一异常，请不要使用 DbCommandBuilder 来更新参与外键约束的列，而应显式地指定用于执行该操作的语句。

如果列名称或表名称包含任何特殊字符(如空格、句点、问号或其他非字母数字字符)，即使这些字符用中括号分隔，自动命令生成逻辑仍会失败。

若要为 DataAdapter 自动生成 SQL 语句，应先设置 DataAdapter 的 SelectCommand 属性，然后创建 CommandBuilder 对象，并将 DataAdapter 对象指定为 CommandBuilder 对象的参数，这样，即可通过 CommandBuilder 对象自动生成 SQL 语句的 DataAdapter 的参数。

将上一节中的斜体代码用以下代码来替代，将得到同样的效果。同理，可以使用 cmdBuilder 对象自动生成 InsertCommand 和 DeleteCommand。

```
Dim cmdBuilder As OleDbCommandBuilder = New OleDbCommandBuilder(adapter)
adapter.UpdateCommand = cmdBuilder.GetUpdateCommand
```

Update 方法会将更改解析回数据源；但在上次填充 DataSet 后，其他客户端可能已修改了数据源中的数据。若要使用当前数据刷新 DataSet，可使用 DataAdapter 和 Fill 方法。新行将添加到该表中，更新的信息将并入现有行。Fill 方法通过检查 DataSet 中行的主键值以及 SelectCommand 返回的行来确定是要添加新行还是更新现有行。如果 Fill 方法遇到 DataSet 中某行的主键值与 SelectCommand 返回结果中某行的主键值相匹配，则它将用 SelectCommand 返回的行中的信息更新现有行，并将现有行的 RowState 设置为 Unchanged。如果 SelectCommand 返回的行所具有的主键值与 DataSet 中行的任何主键值都不匹配，则 Fill 方法将添加 RowState 为 Unchanged 的新行。

对 DataSet、DataTable 或 DataRow 调用 AcceptChanges 将导致 DataRow 的所有 Original 值被 DataRow 的 Current 值覆盖。如果修改了唯一标识该行的字段值，则在调用 AcceptChanges 后，Original 值将不再匹配数据源中的值。在调用 DataAdapter 的 Update 方法期间会对每一行自动调用 AcceptChanges。在调用 Update 方法期间，通过先将 DataAdapter 的 AcceptChangesDuringUpdate 属性设置为 False，或为 RowUpdated 事件创建一个事件处理程序并将 Status 设置为 SkipCurrentRow，可以保留原始值。

8.8　本　章　小　结

本章首先介绍了 Microsoft Access 2010 数据库的创建，然后用 SQL 对数据库执行查询和操纵。SQL 查询和操纵语句是数据库编程中最常用的基本元素之一。随后，介绍了在应用程序中利用"数据源配置向导"添加数据源的方法，并通过拖放实现了数据字段与数据表和相关控件的绑定，从而实现数据字段或表的显示。但是，这种简单的拖放缺乏编程的灵活性。

ADO.NET 可以通过 ConnectionStringBuilder 对象获取数据源的连接字符串，然后利用 DbConnection 对象打开与数据源的连接，最后使用 Command 对象返回的 DataReader 对象实现数据的检索。也可以直接通过 DataAdapter 对象填充数据集，从而实现数据的操作。在使用 DataAdapter 对象时，通过 CommandBuilder 对象自动生成 UpdateCommand、InsertCommand 和 DeleteCommand，可以非常方便地更新数据源。

本章介绍的内容仅仅是数据库编程的基础，随后将介绍数据库类，实现数据库的查询和操纵，并将此技术应用到数据库的显示上去，提供一个 DataGridView 模板，从而实现数据库的完全功能。

教 学 提 示

利用 Microsoft Access 2010 工具创建数据表，学习 SQL 语句的 SELECT 查询的应用，特别是 LIKE 选项(实现模糊查询)的应用以及 WHERE(条件)、ORDER(排序)、GROUP(分组)、SUM(汇总)等，观察 SQL 视图对数据表视图的影响；数据绑定到字段和表格的两个实例只是一个目标性示例，需要亲自动手尝试，看看是否达到预期目标。DataReader 和 DataAdapter 通过编程方式访问数据库，也需要比照创建项目，输入代码，思考各行代码的含义与应用效果。

思 考 与 练 习

1. 实践 Microsoft Access 2010 数据库的创建与 SQL 查询与操纵语句的使用。

2. 通过在线 MSDN 阅读 ADO.NET 文档，主要包括 OleDbConnectionStringBuilder、OleDbConnection、OleDbCommand、OleDbDataReader 和 OleDbDataAdapter。

3. 通过在线 MSDN 阅读 DataSet、DataTable、DataRow 和 DataColumn 类，并用代码完成操作。

4. 如何在应用程序中添加数据源？

5. 如何使用 OleDbDataReader 检索数据库？编程验证。

6. 如何使用 OleDbDataAdapter 检索数据库？编程验证。

7. 如何使用 OleDbCommandBuilder 自动生成 OleDbDataAdapter 中的命令，从而实现数据源的更新？编程验证。

第9章 Access 数据库类

本章综合了上一章的 ADO.NET 内容，设计了 Access 数据库类 ADO_NET_ACCESS，提供了数据库操作的常用方法和属性，适用于 Access2003 至 2010 的各个版本。ADO_NET_ACCESS 类需要引用 System.Data.OleDb 命名空间，并基于 OleDbDataAdapter 类。

9.1 变量与辅助函数相关的定义

在对 OleDbDataAdapter 对象进行初始化的时候，需要提供连接字符串和查询字符串。_strConnection 是连接字符串，_strQuery 是查询字符串，_adapter 则是 OleDbDataAdapter 对象，这三个私有变量是本类的核心变量，不对外公开。其定义如下所示。

```
Private _strConnection As String
Private _strQuery As String
Private _adapter As OleDbDataAdapter
```

为了方便操作各个版本的 Access 数据库，设置 AccessVersion 枚举类型，其定义如下所示。

```
Public Enum AccessVersion
    Version_2003 = 0
    Version_2007 = 1
    Version_2010 = 2
End Enum
```

私有方法 GetAccessConnection 获取 Access 数据库的连接字符串，以 Access 数据库的绝对路径 strDB 和版本号 nVersion 为参数，基本说明参考 8.5 节。这里采用了开放代码，根据 Access 版本的不同，形成不同的连接字符串。Access 2003 及以下的数据库以 mdb 为扩展名，具有相同的 Provider；Access 2007 与 2010 数据库的扩展名为 accdb，两者也有相同的 Provider.

```
Private Function GetAccessConnection(ByVal strDB As String, ByVal nVersion As _
                        AccessVersion) As String
    Dim csb As OleDbConnectionStringBuilder = New OleDbConnectionStringBuilder()
    If strDB = "" Then Return ""

    Select Case nVersion
        Case AccessVersion.Version_2003
            '*.mdb
            csb.Provider = "Microsoft.Jet.OLEDB.4.0"    'Access 97-2003
```

```
    Case AccessVersion.Version_2007, AccessVersion.Version_2010
        '*.accdb
        csb.Provider = "Microsoft.ACE.OLEDB.12.0"    'Access 2007-2010
    Case Else
    End Select


    csb.DataSource = strDB
    Return csb.ConnectionString
End Function
```

私有方法 GetTableName 获取查询字符串_strQuery 中的表名。从 8.2.1 节的 SQL 的数据查询功能中可见，SQL 语句中以空格分隔关键字，表名在"From"关键字之后。GetTableName 方法调用 String 对象的 Split 方法分割查询字符串，分割标志采用字符数组 segArray，将查询字符串中凡是用空格和分号分隔的字符串分割到字符串数组 strTable 中，同时，删除 strTable 中的空字符串(StringSplitOptions.RemoveEmptyEntries 的功能)。最后，利用循环查找标志"From"，将其后的表名返回；如果出现异常，则返回空字符串。

```
Private Function GetTableName() As String
    Dim segArray() As Char = {" ", ";"}
    Dim strTable() As String

    strTable = _strQuery.Split(segArray, StringSplitOptions.RemoveEmpty
Entries)


    For I As Integer = 0 To strTable.Length - 1
        If strTable(I).ToUpper = "FROM" Then
            Try
                Return strTable(I + 1)
            Catch ex As Exception
                Return ""
            End Try
        End If
    Next I


    Return ""
End Function
```

9.2 属　性

ADO_NET_ACCESS 类提供的外部可见的只读属性见表 9.1，这些属性可以方便地用于数据库操作以及在 DataGridView 控件中使用。

表 9.1 ADO_NET_ACCESS 类的可见属性

属性	说 明	属性	说 明
ds	DataSet 对象，可用于 DataGridView	nColumns	每个记录的列数（字段数）
dt	DataTable 对象	ColumnName	列的名称（以 index 为参数）
TableName	表的名称	ErrorAdapter	数据适配器相关错误提示信息
nTables	表的数目	ErrorWrite	写数据库的相关错误提示信息
nRecords	表中的记录数		

ds 是一个只读属性，表示当前的 DataSet 对象，其内部定义为 DataSet 对象_ds。

```
Private _ds As DataSet
Public ReadOnly Property ds() As DataSet
    Get
        Return _ds
    End Get
End Property
```

dt 是一个只读属性，表示当前的 DataTable 对象，其内部定义为 DataTable 对象_dt。

```
Private _dt As DataTable
Public ReadOnly Property dt() As DataTable
    Get
        Return _dt
    End Get
End Property
```

nTables 是一个只读属性，表示表的数目。对于 Access 数据库来说，一次只能查询一个表，因而，正常情况下，该属性为 1；否则，该属性为 0。该属性对应的内部变量为 Integer 类型的_nTables 变量。

```
Private _nTables As Integer
Public ReadOnly Property nTables() As Integer
    Get
        Return _nTables '0 for error, 1 for success.
    End Get
End Property
```

一个 DataSet 对象中可能有多个表，检索表可以通过表的序号和表名。在利用 DataGridView 控件显示数据表时，也需要用到表名。TableName 是一个只读属性，如果表的数目为 0，则直接返回空字符串。TableName 属性对应的内部变量为 String 类型的_strTableName 变量。

```
Private _strTableName As String = ""
Public ReadOnly Property TableName() As String
    Get
        If _nTables = 0 Then Return ""
```

```
        Return _strTableName
    End Get
End Property
```

有时需要了解数据表中的列数，以便穷举列名。只读属性 nColumns 返回数据表的列数，调用了 DataTable 对象的 Columns 集合的 Count 属性。nColumns 属性对应的内部变量为 Integer 类型的_nColumns 变量。如果数据表的数目为 0，数据列就没有意义，所以，直接返回 0 即可。

```
Private _nColumns As Integer
Public ReadOnly Property nColumns() As Integer
    Get
        If _nTables = 0 Then Return 0
        _nColumns = _dt.Columns.Count
        Return _nColumns
    End Get
End Property
```

ColumnName 是一个只读属性，表示列的名字，以列的索引为参数，该参数必须小于列数，否则，返回空字符串。本属性调用了 Columns 集合的 ColumnName 属性。

```
Public ReadOnly Property ColumnName(ByVal nIndex As Integer) As String
    Get
        If _nTables = 0 Then Return ""

        If nIndex >= 0 And nIndex < _nColumns Then
            Return _dt.Columns(nIndex).ColumnName
        Else
            Return ""
        End If
    End Get
End Property
```

对数据库进行编程操作，如果不知道数据表的记录数，往往比较困难。nRecords 是一个只读属性，返回数据表的记录数。其实，所谓的记录数只是数据表的行数，因而，调用了 Rows 集合的 Count 属性。如果数据表的数目为 0，则直接返回 0 即可。nRecords 属性对应的内部变量为 Integer 类型的_nRecords 变量。

```
Private _nRecords As Integer
Public ReadOnly Property nRecords() As Integer
    Get
        If _nTables = 0 Then Return 0
        _nRecords = _dt.Rows.Count
        Return _nRecords
    End Get
```

```
End Property
```

ADO_NET_ACCESS 类是基于 OleDbDataAdapter 类的,如果新建 OleDbDataAdapter 对象时发生错误,则错误信息保存在只读属性 ErrorAdapter 中,其对应的内部变量为 String 类型的_strErrorAdapter 变量。

```
Private _strErrorAdapter As String = ""
Public ReadOnly Property ErrorAdapter() As String
    Get
        Return _strErrorAdapter
    End Get
End Property
```

更新数据库发生的错误保存在只读属性 ErrorWrite 中,其对应的内部变量为 String 类型的_strErrorWrite 变量。

```
Private _strErrorWrite As String = ""
Public ReadOnly Property ErrorWrite() As String
    Get
        Return _strErrorWrite
    End Get
End Property
```

9.3　构 造 函 数

属性 ds 来自私有变量_ds,属性 dt 来自私有变量_dt,其他属性大致来自这两个私有变量。如何设置这两个变量呢?构造函数解决这个问题,并求得大部分内部变量的值。构造函数接受三个参数,strDB 为 Access 数据库的绝对路径,strQuery 是查询字符串,版本号 nVersion 的默认值为 Version_2003.以 strDB 和 nVersion 为参数,调用辅助函数 GetAccessConnection 获取连接字符串。根据查询字符串 strQuery(赋给内部变量_strQuery),调用 GetTableName 函数获取表名。

以查询字符串和连接字符串为参数,对_adapter 对象进行初始化,并调用其 TableMappings.Add 方法完成数据表的映射。_adapter 对象的 Fill 方法完成对空的 DataSet 对象进行填充,并将仅有的一个表赋给_dt 对象,数据表_nTables 的数值设置为 1,初始化_adapter 对象的错误信息设置为空字符串。如果有异常抛出,则将数据表的数目设置为 0,同时,将异常信息赋给_strErrorAdapter 变量。

```
Public Sub New(ByVal strDB As String, ByVal strQuery As String, _
            Optional nVersion As AccessVersion = AccessVersion.Version_2003)
    'permit only one select with primary key
    _strConnection = GetAccessConnection(strDB, nVersion)

    _strQuery = strQuery
    _strTableName = GetTableName()
```

```
    _adapter = New OleDbDataAdapter(_strQuery, _strConnection)
    _adapter.TableMappings.Add("Table", _strTableName)

    _ds = New DataSet

    Try
        _adapter.Fill(_ds)
        _dt = _ds.Tables(0)
        _nTables = 1
        _strErrorAdapter = ""
    Catch ex As Exception
        _nTables = 0
        _strErrorAdapter = ex.Message
    End Try
End Sub
```

构造函数是 ADO_NET_ACCESS 类的核心代码，以 strDB、strQuery 和 nVersion 为参数，完成整个类的初始化工作，随后的所有代码都建立在此基础之上。

9.4　数据源的更新

_adapter 对象从数据源获取数据并填充 DataSet 对象_ds，对_ds 操作后，应该能够将数据写回数据源进行保存，因为_ds 只是一个内存对象，这一点从图 8.11 也可看出。对数据集的操作包括 Update、Delete 和 Insert。

8.7.3 节在更改了数据集信息后，构造了_adapter 对象的复杂的 UpdateCommand 信息，然后，调用其 Update 方法完成数据源的更新。8.7.4 节利用 OleDbCommandBuilder 类完成 UpdateCommand 命令的构建，也取得了同样的效果。为了更可靠地工作，需要在更新程序 WriteData 中首先对_adapter 对象的 SelectCommand 进行初始化。

同理，也可以如此构造 DeleteCommand 和 InsertCommand 命令。构造完毕，统一调用 Update 命令(以数据集和表名作为参数)，并将错误提示信息变量_strErrorWrite 清空，返回 0 表示更新成功；否则，设置错误提示信息，返回-1 表示失败。

```
Public Function WriteData() As Integer
    '初始化 OleDbDataAdapter 对象的 SelectCommand
    Dim conn As OleDbConnection = New OleDbConnection(_strConnection)
    Dim cmdSelect As OleDbCommand = New OleDbCommand(_strQuery, conn)
    _adapter.SelectCommand = cmdSelect

    Dim cmdBuilder As OleDbCommandBuilder = _
                New OleDbCommandBuilder(_adapter)
```

```
    _adapter.UpdateCommand = cmdBuilder.GetUpdateCommand
    _adapter.DeleteCommand = cmdBuilder.GetDeleteCommand
    _adapter.InsertCommand = cmdBuilder.GetInsertCommand

    Try
        _adapter.Update(_ds , _dt.TableName)
        _strErrorWrite = ""
        Return 0  'Success
    Catch ex As Exception
        _strErrorWrite = ex.Message
        Return -1  'Error
    End Try
End Function
```

9.5 序号自动操作方法

Excel 表格有行号标志，数据表也经常出现行号。8.2.1 节中的 SQL 数据查询语句有"ORDER BY"关键字，可以使用此关键字对数据记录进行排序，如果数据表中有序号字段，一般根据序号字段进行排序。

EnlargeID 方法放大序号字段(假设序号字段是第 0 个字段，且已经从 1 开始依次排好顺序)，其具体算法是将原来的序号乘以 2 再加上记录数，确保数据集中的序号和数据源中的序号不产生重叠，以免在更新数据源的时候产生异常。这种算法放大序号后，序号之间的整数不连续，可以根据需要对序号进行调整。

如果数据表的记录数小于 1，则直接返回。然后，检查第 0 行第 0 列的数据类型，如果能转换为 Integer 类型，则继续下一步的放大序号操作；否则，直接返回，因为该数据类型可能不是一个整型序号。放大序号通过一个循环进行。

```
Public Sub EnlargeID(Optional ByVal nColumn As Integer = 0)
    Dim I As Integer
    Dim nIndex As Integer

    _nRecords = _dt.Rows.Count
    If _nRecords < 1 Then Return
    If IsNumeric(_dt.Rows(0).Item(nColumn)) = False Then Return

    For I = 0 To _nRecords - 1
        nIndex = _dt.Rows(I).Item(nColumn)
        _dt.Rows(I).Item(nColumn) = nIndex * 2 + _nRecords
    Next
```

```
End Sub
```

用户总是习惯序号从 1 开始，依次顺序排列。调用 EnlargeID 方法放大序号后，可以调用 NormalID 方法标准化序号。该方法通过循环将第一条记录的序号修改为 1，然后，逐条加 1。

```
Public Sub NormalID(Optional ByVal nColumn As Integer = 0)
    Dim I As Integer

    _nRecords = _dt.Rows.Count
    If _nRecords < 1 Then Return
    If IsNumeric(_dt.Rows(0).Item(nColumn)) = False Then Return

    For I = 0 To _nRecords - 1
        _dt.Rows(I).Item(nColumn) = I + 1
    Next
End Sub
```

调用 EnlargeID 和 NormalID 方法时，务必确保序号已经从小到大排序，否则，容易引起混乱。

9.6 其他方法

DeleteAll 方法清空数据库中的记录，主要通过调用_dt(DataTable 对象)的子对象 Rows 的 Delete 方法，逐条删除记录。

```
Public Sub DeleteAll()
    For I As Integer = _dt.Rows.Count - 1 To 0 Step -1
        _dt.Rows(I).Delete()
    Next I
End Sub
```

ClearData 主要用于为销毁 ADO_NET_ACCESS 对象做准备，先销毁在其中新建的 DataSet 对象和 OleDbDataAdapter 对象。

```
Private Sub ClearData()
    _ds.Dispose()
    _adapter.Dispose()
End Sub
```

Finalize 是重写的方法，指向 ClearData 法。

```
Protected Overrides Sub Finalize()
    Try
        ClearData()
    Catch ex As Exception
    End Try
```

```
End Sub
```

Dispose 是一个统一的对象销毁方法，这里调用 Finalize 方法。

```
Public Sub Dispose()
    Me.Finalize()
End Sub
```

9.7　应 用 测 试

新建一个窗体应用程序 WinApp_OleDb_Test，将 PhoneBook.accdb 数据库复制到项目的 Debug 目录下，并添加 ADO_NET_ACCESS 类和 General 模块。在窗体上绘制一个命令按钮。

在窗体类中做如下定义，其中 strDb 表示数据库的绝对路径，strQuery 是查询字符串，以 ID 为标准进行增量排序，myData 是一个 ADO_NET_ACCESS 对象。

```
Dim strDb As String
Dim strQuery As String = "Select * From PhoneBook Order By ID"
Dim myData As ADO_NET_ACCESS
```

在窗体的 Load 事件中进行如下初始化，调用 General 中的 GetAppPath 方法取得应用程序的路径，附上数据库名赋给 strDb 变量。然后，通过 strDb 和 strQuery 参数对 myData 对象进行初始化。

```
strDb = GetAppPath()& "\PhoneBook.accdb"
myData = New ADO_NET_ACCESS(strDb, strQuery, Access_Version.Version_2010)
```

在命令按钮的 Click 事件处理程序中输入如下代码。通过 myData 的 nColumns 属性获得列数，利用 For 循环在即时窗口中输出列名。通过 nRecords 属性得到记录数，利用 For 循环在即时窗口中输出每条记录的序号和姓名。PhoneBook 数据库中的 PhoneBook 表中原有三条记录，依次修改各行的姓名。通过 myData.dt.Rows.Add 方法新增一条记录，并补充必要的数据。最后，调用 myData 对象的 WriteData 方法对数据源进行统一更新，根据返回的数据进行合适的信息显示。

```
Dim n, I As Integer


n = myData.nColumns
'输出列名
For I = 0 To n - 1
    Debug.Print(myData.ColumnName(I))
Next I


n = myData.nRecords


'输出序号和姓名
For I = 0 To n - 1
```

```
    Debug.Print("{0}; {1}", myData.dt.Rows(I).Item(0), myData.dt.Rows(I).
Item(1))
  Next I


  '修改姓名
  myData.dt.Rows(0).Item("Name1") = "张三"
  myData.dt.Rows(1).Item("Name1") = "李四"
  myData.dt.Rows(2).Item("Name1") = "王二"


  '增加新行
  myData.dt.Rows.Add()
  n = myData.nRecords
  myData.dt.Rows(n - 1).Item(0) = n
  myData.dt.Rows(n - 1).Item(1) = "新人"
  myData.dt.Rows(n - 1).Item(3) = "34781256"


  '统一更新数据源
  Dim nRet As Integer = myData.WriteData


  If nRet = 0 Then
     MessageBox.Show("Sucess!")
  Else
     MessageBox.Show(myData.ErrorWrite)
  End If


  myData.Dispose()   '销毁 ADO_NET_ACCESS 对象
```
运行程序，点击命令按钮，即时窗口中将输出指定的信息，消息框中将显示"Success!"。关闭程序，在资源管理器中利用 Microsoft Access 2010 工具打开数据库，查看效果。再次运行程序，点击【命令】按钮，消息框将如图 9.1 所示。这是因为 Item(3) 是 Phone 字段，该字段是数据库的主键，不允许重复。可以将以上代码中的姓名和电话重新修改一下，并使电话号码不重复，重新运行程序，一切正常。

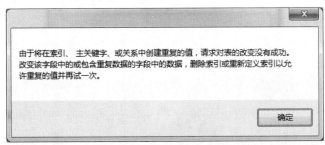

图 9.1　更新数据源异常

9.8 本 章 小 结

本章创建了一个自定义 Access 数据库类 ADO_NET_ACCESS，其属性囊括了编程实战中常用的元素，而且创建方便，更新数据源简单可靠。最后，给出了测试例程，对 ADO_NET_ACCESS 类中的大部分内容进行了测试。但是，这个应用测试比较简单，只是在即时窗口中输出一些简单的数据，或者通过 Microsoft Access 2010 工具查看数据库的更新效果，并没有涉及到数据库的可视化修改与维护——这些关键技术将在后续章节逐步展开。

教 学 提 示

自己创建一个 Access 2010 数据库，对数据库进行检索、修改和更新。在程序调试修改过程中，可能会出现程序框架问题。这时，可以创建一个新的项目，通过解决方案资源管理器中的"添加现有项"来复制原来程序中的有用"组件"，无论是软件模块还是窗体都可以被复制利用。

思考与练习

1. 如何获得 Access 数据库的连接字符串并使其可扩展？
2. ADO_NET_ACCESS 对象是如何初始化的？
3. 如何获取 ADO_NET_ACCESS 对象的各种属性？
4. 通过 ADO_NET_ACCESS 对象更新数据源需要注意什么问题？
5. 编写程序，尝试使用 ADO_NET_ACCESS 对象。

第 10 章　DataGridView 模板

DataGridView 控件可以很方便地以非绑定方式显示数据，也可以绑定到数据表用来显示和修改数据，并可以将数据直接复制粘贴到 Excel 表格中。本章主要介绍 DataGridView 控件的使用方法，以及 ADO_NET_ACCESS 数据库类在 DataGridView 控件中的应用，最后设计了一个 DataGridView 模板，可以用来方便地显示和处理数据表。DataGridView 模板窗体具有通用性，可以被其他应用程序复用。

10.1　DataGridView 的主要特点

DataGridView 控件提供用来显示数据的可自定义表。使用 DataGridView 类，可以通过使用 DefaultCellStyle、ColumnHeadersDefaultCellStyle、CellBorderStyle 和 GridColor 等属性对单元格、行、列和边框进行自定义。

DataGridView 控件提供了许多属性和事件，可以使用它们指定数据的格式设置方式和显示方式。例如，可以根据单元格、行和列中包含的数据更改其外观，或者将一种数据类型的数据替换为另一种类型的等效数据。

DataGridView 控件还能够以多种方式使用各个网格组件。例如，可以冻结行和列以阻止其滚动；隐藏行、列和标头；更改行、列和标头的大小；更改用户进行选择的方式；以及为各个单元格、行和列提供工具提示和快捷菜单。

可以使用 DataGridView 控件来显示有基础数据源或没有基础数据源的数据。如果没有指定数据源，则可以创建包含数据的列和行，并使用 Rows 和 Columns 属性将它们直接添加到 DataGridView。还可以使用 Rows 集合访问 DataGridViewRow 对象和 DataGridViewRow 的 Cells 属性以直接读取或写入单元格值。Item 索引器还提供对单元格的直接访问。

除了手动填充控件之外，还可以设置 DataSource 和 DataMember 属性，以便将 DataGridView 绑定到数据源，并自动用数据填充该控件。在处理大量数据时，可以将 VirtualMode(虚拟模式)属性设置为 True，以便显示可用数据的子集。虚拟模式要求实现用来填充 DataGridView 控件的数据缓存。

10.2　DataGridView 的常用属性

通过属性定制友好的外观是使用 DataGridView 控件的一项重要内容。例如，给 DataGridView 控件的不同部分应用不同颜色，有助于更轻松地读取和解释其中的信息；还可以自行决定隐藏还是显示特定的行与列等。DataGridView 控件只有与数据源绑定后，才能方便地编辑各种设计时属性，所以，本节以 Ch08 目录下的 WinApp_Access1 项目为例，分类介绍 DataGridView 控件的各种常用属性。

10.2.1　布局属性

常用且需要修改的布局属性主要包括 Location 属性和 Size 属性，前者规定了 DataGridView 控件的左上角的位置，后者规定了控件的大小(宽度 Width 和高度 Height)。确定 Location 比较简单，只要拖拽控件，放到一个合适的起始位置即可，这样即可确定 Location 了。但是，Size 属性的确定没有这么简单，需要考虑多种因素。

从图 8.9 可以看出，填充数据后的 DataGridView 控件包括列标头所在的行(包含 ID、Name1 和 Area 等)和数据记录所在的行。列标头所在行的高度(ColumnHeadersHeight 属性)与所要显示的数据行的高度(DataGridView 控件的 Rows 集合的 Height 值)累加，就是 DataGridView 控件的 Size 属性的 Height 值(这里不考虑水平滚动条占据的行高)。如果 Height 值设置不合理，有可能在 DataGridView 控件的底部出现半行记录，这样就显得不美观了。

图 8.9 中 DataGridView 控件左侧的黑三角所在的列为行标头所在的列，其宽度通过 RowHeadersWidth 属性来表示，点击行标头，可以选择该行进行操作。DataGridView 控件的宽度 Width 为 RowHeadersWidth 与各数据列宽度(DataGridView 控件的 Columns 集合的 Width 值)之和，还要加上垂直滚动条的宽度，因为一般数据库的记录数较多，需要通过垂直滚动条来选择记录。

ScrollBars 属性指明滚动条的需求情况，默认为 Both，表示需要水平(Horizontal)和垂直(Vertical)滚动条，一般不更改此默认值。但是，只要 DataGridView 控件的宽度足够容纳所有列(行标头列和数据列)和垂直滚动条，水平滚动条就不可见；同理，只要 DataGridView 控件的高度足够显示所有记录行，垂直滚动条就不可见。

10.2.2　数据属性

数据属性主要包括 DataSource 和 DataMember，前者指明需要在 DataGridView 中显示的数据集，后者指明数据集中具体的数据表的名称。在绑定到包含多个列表或表的数据源时，DataMember 属性非常有用。在绑定到包含单个列表或表的数据源时，无需设置此属性。例如，无需设置此属性，即可将 DataGridView 控件绑定到包含单个表的 DataSet。但是，如果 DataSet 包含多个表，则必须将此属性设置为其中某个表的名称。

假设 DataGridView 控件的对象名为 dgv，ADO_NET_ACCESS 对象名为 myData(下文都如此使用 dgv 和 myData)，并经过了初始化，则利用 DataGridView 控件显示数据表的代码一般为

```
dgv.DataSource = myData.ds          '设置数据集
dgv.DataMember = "TimeTable"        '设置数据表的表名
```

因为 Access 数据库一次只能查询一个表，因而，可以直接将 myData.dt 赋给 DataSource，而不需要设置 DataMember 属性。

10.2.3　外观属性

GridColor 属性用于设置网格线的颜色。CellBorderStyle 属性用于设置普通单元格的边框样式，通过该属性可以确定只显示水平网格线(SingleHorizontal)或垂直网格线(SingleVertical)。

ColumnHeadersBorderStyle 属性用于设置列标题的边框样式，RowHeadersBorderStyle 属性用于设置行标题的边框样式。这些属性一般使用默认值。

RowHeadersVisible 属性表示行标题是否可见，ColumnHeadersVisible 属性表示列标题是否可见，一般使用默认值 True.ColumnHeadersHeight 属性表示列标题所在行的高度，一般用像素表示。

RowTemplate 属性是行模板属性，其中的 Height 子属性是整个数据行的行高属性，即默认情况下，Height 值是每一行的高度。

AlternatingRowsDefaultCellStyle 属性用于定义交替行样式。在设计器中选择 DataGridView 控件，在"属性"窗口中，单击 AlternatingRowsDefaultCellStyle 属性旁的省略号按钮，在【CellStyle 生成器】对话框中，通过设置属性定义样式，再使用"预览"窗格确认选择。这样，用户所指定的样式将用于控件中显示的每一个交替行(从第二行开始)。若要定义其余各行的样式，只要使用 RowsDefaultCellStyle 属性重复以上两个步骤即可。如图 10.1 所示，利用 CellStyle 生成器设置交替行，交替行的背景色 BackColor 为 Red，前景色 ForeColor 为 LawnGreen；选中行的背景色和前景色分别通过 SelectionBackColor 和 SelectionForeColor 进行设置。

图 10.1 利用 CellStyle 生成器设置交替行

WinApp_Access1 项目如图 10.1 设置交替行后，其运行效果如图 10.2 所示。

图 10.2 交替行的效果

163

默认情况下，工具提示用于显示因为单元格太小而无法显示其完整内容的 DataGridView 单元格的值。但可以重写此行为，以便为各单元格设置工具提示文本值。这在向用户显示有关单元格的附加信息或为用户提供有关单元格内容的替代说明时很有用。如果将 ShowCellToolTips 属性设置为 False，则禁止显示单元格级的工具提示。

通过 DataGridView 控件可指定整个控件、某些特定列、行和列标头以及交替行的默认单元格样式和单元格数据格式，从而产生账目型效果。为列和交替行设置的默认样式会取代为整个控件设置的默认样式。此外，在代码中为个别行和单元格设置的样式会取代默认样式。

在"属性"窗口中，单击 DefaultCellStyle、ColumnHeadersDefaultCellStyle 或 RowHeadersDefaultCellStyle 属性旁的省略号按钮，都会出现 CellStyle 生成器对话框，通过设置这些属性定义样式，并使用"预览"窗格确认所做选择。可使用设计器为多个选定的 DataGridView 控件设置单元格样式，但仅在这些控件中要修改的单元格样式属性值完全相同时才可这样做。

在 CellStyle 生成器对话框中，单击 Format 属性旁的省略号按钮，格式字符串对话框出现。选择数字、货币或日期时间等中的一个格式类型，然后修改该类型的细节(如要显示的小数位数)，并使用示例框确认所做选择，最后，在 CellStyle 生成器的 Format 属性中就会出现一个格式字符串。

如果要将 DataGridView 绑定到可能含 Null 值的数据源，可填写【Null】文本框。当单元格值等于 Null 引用(Visual Basic 中为 Nothing)或 DBNull.Value 时，将显示所填写的值。

可以通过设置 DataGridViewCellStyle 类的属性指定 DataGridView 控件内单元格的可视外观。可以从 DataGridView 类及其伴随类的各属性中检索此类的实例，或者可以实例化 DataGridViewCellStyle 对象以用于对这些属性赋值。

下面的代码演示使用 DefaultCellStyle 属性进行的单元格外观的基本自定义，包括字体 Font、前景色 ForeColor 和背景色 BackColor。控件中的每个单元格都继承通过此属性指定的样式，除非在列、行或单元格级重写样式。

```
dgv.DefaultCellStyle.Font = New Font("Tahoma", 15)
dgv.DefaultCellStyle.ForeColor = Color.Blue
dgv.DefaultCellStyle.BackColor = Color.Beige
```

也可以直接用代码设置数据列的显示格式。下面的代码将 dgv 的"UnitPrice"列的显示格式设置为保留两位小数的货币型格式，将"ShipDate"列的显示格式设置为日期型格式，使"CustomerName"列居中对齐显示，空值显示为"no entry"，文本自动换行。

```
Private Sub SetFormatting()
    With dgv
        .Columns("UnitPrice").DefaultCellStyle.Format = "C2"
        .Columns("ShipDate").DefaultCellStyle.Format = "d"
        .Columns("CustomerName").DefaultCellStyle.Alignment = _
            DataGridViewContentAlignment.MiddleCenter
        .DefaultCellStyle.NullValue = "no entry"
```

```
        .DefaultCellStyle.WrapMode = DataGridViewTriState.True
    End With
End Sub
```

10.2.4　行为属性

　　行为属性主要控制用户的行为，即是否允许或禁止某些操作，这些属性一般是布尔类型。AllowUserToAddRows 获取或设置一个值，该值指示是否向用户显示添加行的选项，默认值为 True；如果只是让用户查看，不允许用户修改，则设置为 False。AllowUserToDeleteRows 获取或设置一个值，该值指示是否允许用户从 DataGridView 中删除行。AllowUserToOrderColumns 获取或设置一个值，该值指示是否允许通过手动对列重新排序。

　　AllowUserToResizeColumns 获取或设置一个值，该值指示用户是否可以调整列的大小；AllowUserToResizeRows 获取或设置一个值，该值指示用户是否可以调整行的大小。在程序设计与调试期间，这两个值可以设置为 True，以调整大小，确定美观的具体数值。程序通过调试后，一般设置为 False，以免用户将程序界面弄乱。

　　ColumnHeadersHeightSizeMode 获取或设置一个值，该值指示是否可以调整列标题的高度，以及它是由用户调整还是根据标题的内容自动调整。AutoSize 表示自动调整(默认值)，EnableResizing 表示允许用户调整，DisableResizing 表示禁止用户调整。一般情况下，采用默认值即可。如果需要精确控制界面的美观，可以在程序设计与调试阶段将该属性设置为 EnableResizing，待确定好列标题的合适高度后，再将该属性设置为 DisableResizing 即可。

　　MultiSelect 属性获取或设置一个值，该值指示是否允许用户一次选择 DataGridView 的多个单元格、行或列。Enabled 属性、Visible 属性和 TabStop 属性等都是通用属性，不再赘述。

10.2.5　杂项属性

　　杂项属性只有一个 Columns 集合属性，点击该属性旁的省略号按钮或者在设计器中右击 DataGridView 控件并选择"编辑列"，将出现图 8.8 所示的对话框，从"选定的列"列表中选择一列，可以修改网格中的属性来改变该列的外观。非设计时属性可以通过代码进行设置，例如，下面的代码将 0 列的冻结属性设置为 True，这样，通过水平滚动条移动表格时，该列被冻结，不会被移动。

```
dgv.Columns(0).Frozen = True
```

　　DataGridView 控件具有多种类型的列，用户可以通过图 8.8 中的 ColumnType 属性来设置列的类型。所有类型的列都是直接或间接继承自 DataGridViewColumn 类。DataGridViewTextBoxColumn 类型与基于文本的值一起使用，在绑定到数字或字符串类型的值时自动生成；DataGridViewCheckBoxColumn 类型与 Boolean 和 CheckState 值一起使用，在绑定到这些类型的值时自动生成；DataGridViewImageColumn 类型用于显示图像，在绑定到字节数组、Image 对象或 Icon 对象时自动生成；DataGridViewButtonColumn 类型用于在单元格中显示按钮，不会在绑定时自动生成，通常用作未绑定列；DataGridViewComboBoxColumn 类型用于在单元格中显示下拉列表，不会在绑定时自动生成，通常手动进行数据绑定；DataGridViewLinkColumn 类型用于在单元格中显示超链接，不会在绑定时自动生成，通常手动进行数据绑定。

ColumnType 属性是一个"仅用于设计时"的属性，它指示的类表示列类型。它不是列类中定义的实际属性。

10.3　DataGridView 的常用方法

无论 DataGridView 控件的 TabIndex 属性是否为 0，Select 方法(没有参数)都可以让 DataGridView 控件获取焦点，从而，在应用程序启动后，通过鼠标的滚轮即可在 DataGridView 控件上浏览记录。SelectAll 方法选择 DataGridView 中的所有单元格，这时，可以使用"Ctrl+C"组合键复制数据，然后，粘贴到 Excel 表格中。

Hide 方法对用户隐藏控件，Show 方法向用户显示控件；SendToBack 方法将控件发送到 Z 顺序的后面，BringToFront 方法将控件带到 Z 顺序的前面。这几个方法的综合应用，可以在同一界面显示多个表格。

10.4　DataGridView 的常用事件

DataGridView 控件的事件非常多，但是，只要掌握其中常用的几个事件及其编程方法，即可完成用户的常用需求。

10.4.1　CellClick 事件

CellClick 事件在单元格的任何部分(包括边框和空白)被单击时发生。当按钮单元格或复选框单元格具有焦点时，此事件还在用户按下并松开空格键时发生；如果在按下空格键的同时，该单元格被单击，此事件将针对这些类型的单元格发生两次。

单击 DataGridViewCheckBoxCell 时，此事件在复选框更改值之前发生，因此，如果不希望基于当前值来计算期望值，则处理 CellValueChanged 事件更合适。如果要确定单击单元格的内容，则处理 CellContentClick 事件更合适。

下面的代码演示一个 CellClick 事件，通过事件参数 e 确定行和列，然后在即时窗口中输出该单元格的值(假设该单元格已经是字符串文本)。

```
Private Sub dgv_CellClick(ByVal sender As Object, _
    ByVal e As System.Windows.Forms.DataGridViewCellEventArgs) _
    Handles dgv.CellClick
  Dim nRow As Integer = e.RowIndex
  Dim nColumn As Integer = e.ColumnIndex
  Debug.Print(dgv.Rows(nRow).Cells(nColumn).Value)
End Sub
```

10.4.2　CellFormating 事件

默认情况下，DataGridView 控件会尝试将单元格的值转换为适于显示的格式。例如，它会将数值转换为字符串，以便在文本框单元格中显示。可以通过设置 DataGridView CellStyle(由诸如 DefaultCellStyle 之类的属性返回)的 Format 属性来指示将使用的格式约定。

如果标准格式不够用，可以通过处理 CellFormatting 事件来自定义格式。通过此事件，可以指示要用于显示单元格的确切显示值和单元格样式，如背景色和前景色。这意味着无论单元格值本身是否需要设置格式，都可以针对任何类型的单元格格式处理此事件。

每绘制一个单元格，就会发生 CellFormatting 事件，因此，处理此事件时应避免时间过长。在检索单元格 FormattedValue 或调用其 GetFormattedValue 方法时，此事件也会发生。

下面的代码利用 CellFormatting 事件检查"Rating"列，根据该列的值设置其提示信息。

```
Sub dgv_CellFormatting(ByVal sender As Object, _
    ByVal e As DataGridViewCellFormattingEventArgs) _
    Handles dataGridView1.CellFormatting
    Dim nRow As Integer = e.RowIndex
    Dim nColumn As Integer = e.ColumnIndex

    If nColumn = dgv.Columns("Rating").Index AndAlso (e.Value IsNot Nothing) Then
      With dgv.Rows(nRow).Cells(nColumn)
          If e.Value.Equals("*") Then
            .ToolTipText = "very bad"
          ElseIf e.Value.Equals("**") Then
            .ToolTipText = "bad"
          ElseIf e.Value.Equals("***") Then
            .ToolTipText = "good"
          ElseIf e.Value.Equals("****") Then
            .ToolTipText = "very good"
          End If
      End With
    End If
End Sub
```

10.4.3 RowHeaderMouseClick 事件

RowHeaderMouseClick 事件当用户在行标题边界内单击时发生，此时 e.RowIndex 的值是 DataGridView 控件中行的索引，e.ColumnIndex 中的值为-1，因为鼠标不在任何数据列上。同理，如果鼠标不在任何数据行上，e.RowIndex 的值也为-1。该事件主要用于对行定位，从而获取或设置行中某列的值。如下代码检测行是否为-1，"是"则返回，"否"则提取单元格中的内容放入文本框中，这是 RowHeaderMouseClick 事件的典型应用。

```
Private Sub dgv_RowHeaderMouseClick(ByVal sender As Object, _
```

```
        ByVal e As System.Windows.Forms.DataGridViewCellMouseEventArgs) _
            Handles dgv.RowHeaderMouseClick
    Dim nLocation As Integer = e.RowIndex
    if nLocation = -1 then return      '行检测
    txtPhone.Text = dgv.Rows(nLocation).Cells("Phone").Value
End Sub
```

10.4.4　RowPrePaint 事件

RowPrePaint 事件在绘制 DataGridViewRow 之前发生。可以单独处理此事件，也可以将它与 RowPostPaint 事件一起处理，以便自定义控件中行的外观。可以说，每预处理一行，就会发生一次 RowPrePaint 事件，因而，可以在该事件中临时改变数据行的高度，其代码如下所示。

```
    dgv.Rows(e.RowIndex).Height = 23
```

10.4.5　RowValidated 事件

RowValidated 事件在行完成验证后发生，使用此事件可以对一行值执行后期处理。在 DataGridView 模板中，一般在该事件处理代码中将修改后的数据保存到数据库中。如下代码是一种典型应用，关于 SaveChanges 的定义将在 10.7.4 节介绍。

```
Private Sub dgv_RowValidated(ByVal sender As Object, _
        ByVal e As System.Windows.Forms.DataGridViewCellEventArgs) _
            Handles dgv.RowValidated
    SaveChanges()      '保存数据
End Sub
```

10.4.6　UserDeletingRow 事件

UserDeletingRow 事件在用户从 DataGridView 控件中删除行时发生。用户可能由于不小心误删数据行，可以用消息框对用户进行提醒，如果用户取消删除行，就阻止删除操作的完成。典型的 UserDeletingRow 事件的主体代码如下所示，其中，消息框的标题通过 Me.Text 参数来采用窗体标题。

```
    Dim nRet As Integer

    nRet = MessageBox.Show("Are you sure?", Me.Text, MessageBoxButtons.OKCancel, _
                    MessageBoxIcon.Question)

    If nRet = DialogResult.Cancel Then
        e.Cancel = True
    End If
```

如果 DataGridView 控件的 AllowUserToDeleteRow 属性设置为 False，则不会触发该事件。

10.5 非绑定模式的数据显示

所谓的非绑定模式，是指 DataGridView 控件显示的数据不是来自于绑定的数据源，而是通过代码手动将数据填充到 DataGridView 的控件中，即通过代码手动创建 DataGridView 控件的行与列，这就为 DataGridView 控件增加了很大的灵活性。

创建一个窗体应用程序 WinApp_Unbound，在窗体上绘制一个 DataGridView 控件，命名为 dgv，绘制两个按钮，分别命名为 btAdd 和 btDelete，用于在 dgv 上增加或删除行。dgv 控件一行有三列，第一列为 DataGridViewCheckBoxColumn 控件，第二列为 DataGridViewTextBoxColumn 控件，第三列为 DataGridViewComboBoxColumn 控件，都是通过手动添加。

在窗体的 Load 事件处理程序中输入如下代码。首先，生成 col1、col2 和 col3 三个列对象，由于 col3 是个组合框对象，还需要添加几个选项(这里添加了三个选项)。然后设置各列的名字 Name 和标题文本 HeaderText。最后，调用 dgv.Columns.Add 方法将这些列添加到 dgv 控件中。程序末尾的代码用来设置行标题和各列的宽度。

```
Dim col1 As DataGridViewCheckBoxColumn = New DataGridViewCheckBoxColumn
Dim col2 As DataGridViewTextBoxColumn = New DataGridViewTextBoxColumn
Dim col3 As DataGridViewComboBoxColumn = New DataGridViewComboBoxColumn

col3.Items.Add("AAA")
col3.Items.Add("BBB")
col3.Items.Add("CCC")

col1.Name = "CheckBox"
col1.HeaderText = "CheckBox"
col2.Name = "TextBox"
col2.HeaderText = "TextBox"
col3.Name = "ComboBox"
col3.HeaderText = "ComboBox"

dgv.Columns.Add(col1)
dgv.Columns.Add(col2)
dgv.Columns.Add(col3)

dgv.RowHeadersWidth = 30
dgv.Columns("CheckBox").Width = 80
dgv.Columns("TextBox").Width = 100
dgv.Columns("ComboBox").Width = 100
```

【Add】按钮用于增加一行，在其 Click 事件处理程序中输入如下代码。n 是行的索引，从 0 开始，增加一行后，dgv. NewRowIndex 的值变为 1，所以，为了在第一行(索引为 0)写入数据，必须进行减 1 调整。"n Mod 2"的值为 0 或 1，这使得 CheckBox 列的数据 0 与 1 交替出现(1 用打勾来表示)，而 TextBox 列用"Test"与序号字符串来填充，ComboBox 列用第一选项的值来填充。

用户通常对最新数据最感兴趣，给 dgv 控件的 FirstDisplayedScrollingRowIndex 属性设置值，使该行显示在 dgv 上的最后一行，以确保用户能看到最新的数据。该属性并不能在设计属性表中找到，因为这是一个运行时属性。

```
Dim n As Integer

dgv.Rows.Add()
n = dgv.NewRowIndex - 1

With dgv.Rows(n)
    .Cells("CheckBox").Value = n Mod 2
    .Cells("TextBox").Value = "Test" & (n + 1).ToString
    .Cells("ComboBox").Value = "AAA"
End With

dgv.FirstDisplayedScrollingRowIndex = n
```

【Delete】按钮用于删除当前行，在其 Click 事件处理程序中输入如下代码。首先获取当前行的索引，如果该索引为-1，表示没有指定数据行，则直接返回。否则，调用 dgv.Rows.RemoveAt 方法删除该行，该方法以当前行的索引为参数。当然，要删除某行，也可以在 dgv 中选中某行，然后，直接使用键盘中的"Delete"/(删除)键。

```
Dim n As Integer = dgv.CurrentRow.Index

If n = -1 Then Return
dgv.Rows.RemoveAt(n)
```

运行程序，不断点击【Add】按钮，由于设置了 FirstDisplayedScrollingRowIndex 属性，用户可以查看最新添加的数据(可以注释掉该语句，重新查看运行效果)，在组合框中也可以使用下拉按钮来选择数据项。点击【Delete】按钮将删除当前行。程序的运行效果如图 10.3 所示。

图 10.3　DataGridView 控件的非绑定模式测试效果

10.6　BindingSource 类用于数据绑定

BindingSource 组件有两种用途。首先，它通过提供一个间接寻址层、当前项管理、更改通知和其他服务简化了窗体中控件到数据的绑定。这是通过将 BindingSource 组件附加到数据源，然后将窗体中的控件绑定到 BindingSource 组件来实现的。与数据的所有进一步交互，包括定位、排序、筛选和更新，都通过调用 BindingSource 组件实现。

第二，BindingSource 组件可以作为一个强类型的数据源。通常，基础数据源的类型通过使用 Add 方法可将某项添加到 BindingSource 组件中，或者将 DataSource 属性设置为一个列表、单个对象或类型，这两种机制都创建一个强类型列表。BindingSource 支持由其 DataSource 和 DataMember 属性指示的简单数据绑定和复杂数据绑定。

绑定到 BindingSource 组件的数据源也可以使用 BindingNavigator 类定位和管理。尽管 BindingNavigator 可以绑定到任何数据源，但它被设计为通过其 BindingNavigator.BindingSource 属性与 BindingSource 组件集成。

通常将 DataTable 对象绑定到 BindingSource 组件，并将 BindingSource 组件绑定到其他数据源或使用业务对象填充该组件。BindingSource 组件为首选数据源，因为该组件可以绑定到各种数据源，并可以自动解决许多数据绑定问题。

在 DataGridView 模板中，将 ADO_NET_ACCESS 对象 myData 的数据表 dt 绑定到 BindingSource 对象 bs，然后再将 bs 绑定到 DataGridView 对象 dgv。在 bs 中绑定包含多个列表或表的数据源时，必须将 DataMember 属性设置为指定要绑定的列表或表的字符串。因而，如果使用数据集 ds(此时不使用 dt)，则还需要指定表名 TableName。其典型代码如下所示。

```
Dim bs As BindingSource = New BindingSource
bs.DataSource = myData.dt
        '或者: bs.DataSource = myData.ds
        'bs.DataMember = myData.TableName
dgv.DataSource = bs
```

在 dgv 控件中修改数据，例如，当添加、移除或移动项，DataSource 或 DataMember 属性发生更改时，将引发 bs 对象的 ListChanged 事件。在 DataGridView 模板中，利用该事件更新数据源。

10.7　DataGridView 模板的实现

通过 DataGridView 控件可以非常方便地显示和修改数据库中的内容，但是，每个字段列占用多少宽度，如何调整才能使界面美观，如何高效地提取数据并更新数据源？DataGridView 模板利用上文介绍的知识实现了这一功能，并提供了一个通用的标准，可以广泛应用于数据库应用程序。

10.7.1 变量定义和数据表信息的获取

新建一个窗体应用程序 WinApp_dgv，参考源代码绘制相关控件并命名，如图 10.4 所示。将 Access 数据库复制到项目的 Debug 目录下，并添加现有项 ADO_NET_ACCESS 类。在窗体类中作如下定义，strDataPath 与 strQuery 根据实际情况进行设置。作者习惯将数据库文件与应用程序文件存放在一个目录中，在窗体的 Load 事件处理程序中设置 strDataPath 的值。如果数据库存放于某固定位置，可以在初始化 strDataPath 的时候设置其值。随后，对数据库相关的变量进行定义。

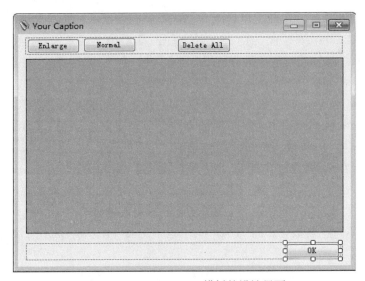

图 10.4　DataGridView 模板的设计界面

bs 是一个 BindingSource 对象，是联系 myData 与 dgv 的桥梁，声明该对象的同时，允许产生事件(WithEvents)。bDataChanged 用来表示数据是否有变化。debugEnable 用来表示是否处于调试状态，如果在调试状态，dgv 界面可以进行调整，否则，禁止调整。

```
Dim strDataPath As String
Dim strQuery As String = "SELECT * FROM TimeTable ORDER BY ID"   'debug
Dim nDisplayRows As Integer = 10   'debug, 允许一次显示 10 行数据

Dim myData As ADO_NET_ACCESS
Dim dt As DataTable
Dim nRecords As Integer
Dim nColumns As Integer

Dim WithEvents bs As BindingSource = New BindingSource
Dim bDataChanged As Boolean = False
Dim debugEnable As Boolean
```

私有方法 RefreshData 用来读取和刷新数据库。如果数据表的数量为 0，表示初始化

数据库出现错误，用消息框提示用户，并结束程序。否则，获取 myData 的属性填充以上定义的变量，并将数据表 dt 绑定到 bs，再将 bs 绑定到 dgv，从而，将数据表用 dgv 显示出来。最后一行代码用于显示最新添加的数据(也可显示第一条记录的数据)，SelectCurrentRow 的定义将在第 10.7.5 节介绍。

```
Private Sub RefreshData()
    If myData IsNot Nothing Then myData.Dispose()

    myData = New ADO_NET_ACCESS(strDataPath, _
                          strQuery, AccessVersion.Version_2010)

    If myData.nTables = 0 Then
        MessageBox.Show(myData.ErrorAdapter, Me.Text, _
                    MessageBoxButtons.OK, MessageBoxIcon.Error)
        End
    End If

    dt = myData.dt
    nRecords = myData.nRecords    '获取数据表中的记录数
    nColumns = myData.nColumns    '获取数据表的字段(列)数

    bs.DataSource = dt
    dgv.DataSource = bs

    SelectCurrentRow(nRecords - 1, 1)    '显示最后一行(编辑模式)
    'SelectCurrentRow(0, 1)              '显示第一行
End Sub
```

在窗体的 Load 事件处理程序中设置 strDataPath 的值，随后调用 RefreshData 方法完成数据的初始化工作。

```
strDataPath = My.Application.Info.DirectoryPath & "\AlarmTable.accdb"
RefreshData()
```

10.7.2 布局自动完成的准备工作

布局自动完成的原理就是在程序运行时，手动调整列宽和行高以及列与行标头的宽度和高度，并自动生成程序代码和相关数据的过程。如此调整，避免了这样的反复过程，即在设计时调整属性数据，在运行时查看界面；如果界面不美观，又重新在设计时调整属性数据，在运行时查看界面……

为了能够在运行时调整 dgv 的属性参数，应将允许用户调整行的 AllowUserToResizeRows 属性和列的 AllowUserToResizeColumns 属性设置为 True；同理，还需要允许用户调整列和行的标头。debugEnable 变量设置为 True，表示允许调试，其应用将在下一节的代码中介绍。

```
Private Sub Debug_Enable()
    With dgv
        .AllowUserToResizeRows = True
        .AllowUserToResizeColumns = True
        .ColumnHeadersHeightSizeMode = _
                DataGridViewColumnHeadersHeightSizeMode.EnableResizing
        .RowHeadersWidthSizeMode = _
                DataGridViewRowHeadersWidthSizeMode.EnableResizing
    End With

    debugEnable = True
End Sub
```

一旦生成自动布局代码和属性数据并完成布局，应禁止用户调整 dgv 界面，私有方法 Debug_Disable 完成这一功能。

```
Private Sub Debug_Disable()
    With dgv
        .AllowUserToResizeRows = False
        .AllowUserToResizeColumns = False
        .ColumnHeadersHeightSizeMode = _
                DataGridViewColumnHeadersHeightSizeMode.DisableResizing
        .RowHeadersWidthSizeMode = _
                DataGridViewRowHeadersWidthSizeMode.DisableResizing
    End With

    debugEnable = False
End Sub
```

私有方法 Format_DGV 完成 dgv 的除列宽与行高以外的初始化工作，主要包括对齐方式 Alignment、前景色 ForeColor、背景色 BackColor、字体字号、列标题的名称等内容。下列代码中的第一个 With 语句块设置列标题的对齐方式与字体字号，第二个 With 语句块作用于所有数据行，第三个 With 语句块作用于数据列 1。按照第二个定义，所有单元格中的数据都是居中显示，但是位于数据列 1 的单元格居右显示，因为后者定义的优先权高于前者。有哪些属性需要进行设置，应根据具体情况。一般来说，列属性的 Format 格式应该根据用户需要进行合适的设置，例如，对于时间日期以及货币列，应采用对应的 Format 格式。

```
Private Sub Format_DGV()
    With dgv.ColumnHeadersDefaultCellStyle
        .Alignment = DataGridViewContentAlignment.MiddleCenter
        .Font = New Font("宋体", 15)
    End With
```

```
With dgv.DefaultCellStyle
    .Alignment = DataGridViewContentAlignment.MiddleCenter
End With

With dgv.Columns(1)
    .HeaderText = "Time"
    With .DefaultCellStyle
        .Alignment = DataGridViewContentAlignment.MiddleRight
        .Format = "HH:mm:ss"
    End With
End With
End Sub
```

以上代码选取了部分代表性属性进行设置，至于系统中的字体，可以通过以下代码在即时窗口输出，用户可以根据需要选择使用。

```
For I As Integer = 0 To System.Drawing.FontFamily.Families.Length - 1
    Debug.Print(System.Drawing.FontFamily.Families(I).Name)
Next I
```

在调整属性阶段，需要在窗体的 Load 事件处理程序中输入如下代码，做好代码自动生成与属性自动获取的准备工作。

```
Format_DGV()
Debug_Enable()
```

10.7.3 代码自动生成与属性的自动获取

做完准备工作后，即可运行程序，将窗体尽量拉大，然后，象使用 Microsoft OfficeExcel 工具那样去调整列宽与行高。数据库中至少有一条记录，因为 DataGridView 模板以第一条记录的行高作为每条记录的行高。调整完毕，对界面满意，就可以点击有效记录的有效单元格。此时，产生一个 CellClick 事件，可以在该事件中输出代码和属性值。

在 dgv 的 CellClick 事件处理程序中，输入如下代码。如果不处于调试状态，即 debugEnable 的值为 False，则直接返回。dgvWidth 是 dgv 的宽度，dgvHeight 是 dgv 的高度，nDisplayRows 是需要在 dgv 中显示的行数，在 10.7.1 节中定义，并设置初始值为 10(用户可以根据需要进行调整)。假如用户点击的不是有效记录(例如，最后的空记录)的单元格，则 e.RowIndex 的值为-1，此时，也不做任何处理。

在 10.2.1 节中已经说明了 DataGridView 控件的 Width 和 Height 的计算方法。DataGridView 控件的 BorderStyle 属性默认为 FixedSingle，在这种情况下，其宽度需要加 2 个像素进行调整；如果 BorderStyle 属性的值设置为 Fixed3D，该值为 4；如果 BorderStyle 属性的值设置为 None，DataGridView 控件的宽度也不需要调整了。边框的宽度用 nAdjustForBorderStyle 变量表示。

程序先输出行标头与列标头的高度与宽度。dgv.ColumnCount 返回 dgv 中的数据列数，在一个 For 循环中输出各数据列的宽度，并完成数据列宽度的累加。SystemInformation. VerticalScrollBarWidth 为垂直滚动条的宽度。最后输出需要在设计时更改的属性(前面加上注释符号)。

```vb
    If debugEnable = False Then Return

    Dim I As Integer
    Dim dgvWidth As Integer = 0
    Dim dgvHeight As Integer = 0
    Dim nAdjustForBorderStyle As Integer

    If e.RowIndex = -1 Then Return

    Debug.Print("'======================================")
    Debug.Print("'Generate automatically at {0}, {1} by Ma Yu Chun.", _
            Now.ToString("H:mm:ss"), Today.ToString("yyyy-M-d"))
    Debug.Print(System.Environment.NewLine)

    Debug.Print("dgv.RowHeadersWidth = {0}", dgv.RowHeadersWidth)  '输出标头
宽与高
    Debug.Print("dgv.ColumnHeadersHeight = {0}", dgv.ColumnHeadersHeight)

    Debug.Print(System.Environment.NewLine)
    For I = 0 To dgv.ColumnCount - 1        '输出各列的宽度
        dgvWidth += dgv.Columns(I).Width
        Debug.Print("dgv.Columns({0}).Width = {1}", I, dgv.Columns(I).Width)
    Next I

    Debug.Print(System.Environment.NewLine)            '输出行高

    Debug.Print("'dgv.RowTemplate.Height =  {0}", dgv.Rows(0).Height)

    Select Case dgv.BorderStyle      '根据边框类型求其宽度
        Case BorderStyle.None
            nAdjustForBorderStyle = 0
        Case BorderStyle.FixedSingle
            nAdjustForBorderStyle = 2
        Case BorderStyle.Fixed3D
            nAdjustForBorderStyle = 4
    End Select
```

176

```
dgvWidth += dgv.RowHeadersWidth + SystemInformation.VerticalScrollBarWidth + _
        nAdjustForBorderStyle
Debug.Print("'dgv.Size .Width = {0}", dgvWidth)   '根据计算结果输出总宽度

dgvHeight = dgv.ColumnHeadersHeight + dgv.Rows(0).Height * nDisplayRows
Debug.Print("'dgv.Size.Height = {0}", dgvHeight)   '根据计算结果输出总高度
Debug.Print("'dgv.Size = {0},{1}", dgvWidth, dgvHeight)      '合并总宽度和
```
高度

CellClick 事件的输出结果如下所示。将输出结果从即时窗口中复制到私有方法 SetDGV_Parameters 中即可。最后三行带注释的属性在设计时进行更改即可。

```
Private Sub SetDGV_Parameters()
    If debugEnable Then Return
    '================================================================
    'Generate automatically at 16:16:54, 2014-8-21 by Ma Yu Chun.

    dgv.RowHeadersWidth = 41
    dgv.ColumnHeadersHeight = 23

    dgv.Columns(0).Width = 43
    dgv.Columns(1).Width = 87
    dgv.Columns(2).Width = 107
    dgv.Columns(3).Width = 87
    dgv.Columns(4).Width = 89

    'dgv.RowTemplate.Height =  23
    'dgv.Size .Width = 473
    'dgv.Size.Height = 253
    'dgv.Size = 473,253
End Sub
```

最后，在窗体的 Load 事件处理程序中保留如下三条语句，第二条语句禁止用户调整 DataGridView 界面，第三条语句设置 DataGridView 的相关属性参数。

```
Format_DGV()
Debug_Disable()
SetDGV_Parameters()
```

10.7.4 数据自动更新技术

图 8.9 中，如果在 DataGridView 控件中修改了数据，需要点击导航条中的"存盘"才能保存数据。这里提供一种方法，可以自动保存用户修改的数据。保存数据采用私有

方法 SaveChanges。假如 bDataChanged 指示数据已经发生变化(其值为 True)，则调用 myData 对象的 WriteData 方法保存数据，并将 bDataChanged 值设置为 False 即可。SaveChanges 方法的源代码如下所示。

```
Private Sub SaveChanges()
    If bDataChanged Then
        Dim nRet As Integer = myData.WriteData()
        If nRet = -1 Then
            MessageBox.Show(myData.ErrorWrite, Me.Text, _
                        MessageBoxButtons.OK, MessageBoxIcon.Error)
            Return
        End If

        bDataChanged = False
    End If
End Sub
```

但是，当数据变化时，如何自动地设置 bDataChanged 的值，又如何自动地调用 SaveChanges 方法呢？10.6 节介绍了 BindingSource 类的 ListChanged 事件，当绑定的数据发生变化时，都会触发该事件，因而，可以在该事件处理程序中将 bDataChanged 值设置为 True，表示数据已经发生了变化。bs 对象的 ListChanged 事件处理的源代码如下所示。

```
If myData.ds.HasChanges Then
    bDataChanged = True
End If
```

bDataChanged 值的设置可以在 bs 的 ListChanged 事件中自动完成，但是，何时自动调用 SaveChanges 方法呢？用户在某单元格修改完数据后，离开该行时，将会引发 RowValidated 事件，可以在该事件中直接调用 SaveChanges 方法，以完成数据的自动更新。另外，当关闭窗体时，也可以调用 SaveChanges 方法。

10.7.5　其他相关操作

窗体启动时，如果是一个电话拨号程序，则用户希望选中第一条最常用的记录；如果是一个股票交易记录程序，则显示最后一条新记录比较合适。这可以在窗体的 VisibleChanged 事件中调用 SelectCurrentRow 函数。这个函数需要两个参数，第一个是所在的行号(nRow)，第二个是所在的列号(nColumn)，都是从 0 开始计数。第一条语句使得 dgv 滚动到该行，第二条语句以该行的某单元格作为当前单元格(相当于点中该行)，第三条语句实现选中该行。在调用该函数时，应确保行与列都不能出界。

```
Public Sub SelectCurrentRow(ByVal nRow As Integer, ByVal nColumn As Integer)
    dgv.FirstDisplayedScrollingRowIndex = nRow
    dgv.CurrentCell = dgv.Rows(nRow).Cells(nColumn)
    dgv.Rows(nRow).Selected = True
```

```
End Sub
```

在窗体的 VisibleChanged 事件中的调用代码如下所示。当 dgv 的 AllowUserToAddRows 属性为 False 时，dgv 中的数据行数与数据表中的记录数相等；但是，该属性为 True 时，数据行数比记录数多出一行(用于添加数据的空白行)。dgv 的行索引 nRowIndex 从 0 开始计数，所以，需要进行调整。调整完毕，如果 nRowIndex 小于 0，则表示 dgv 中没有数据，则直接返回；否则，根据需要显示选中行即可。

```
Dim nRowIndex As Integer

If dgv.AllowUserToAddRows Then
    nRowIndex = dgv.RowCount - 2
Else
    nRowIndex = dgv.RowCount - 1
End If

If nRowIndex < 0 Then Return

SelectCurrentRow(nRowIndex, 1)          '显示最后一行
'SelectCurrentRow(0, 1)                 '显示第一行
```

【Enlarge】按钮用于放大序号，点击此按钮后，序号之间留下间隔，修改后的数据立即得到保存。此时，可以调整序号的位置。该按钮的 Click 事件处理代码如下所示。

```
myData.EnlargeID()
Dim nRet As Integer = myData.WriteData
bDataChanged = False
```

【Normal】按钮用于标准化序号，点击此按钮后，将对序号按照从小到大的顺序重新排序，然后，对序号进行标准化处理，最后保存数据。该按钮的 Click 事件处理代码如下所示。

```
RefreshData()

myData.NormalID()
Dim nRet As Integer = myData.WriteData
bDataChanged = False
```

此外，【Delete All】按钮用于删除所有数据，这里不再赘述。

10.8 DataGridView 模板的发布与应用

程序设计完毕，选择【文件】→【导出模板】，在【导出模板向导】对话框中选择模板类型【项模板】，点击【下一步】，选择刚刚生成的窗体 frmDataGridView_ACCESS.vb，一直点击【下一步】，在最后一个对话框中确保勾选"自动将模板导入 Visual Studio(A)"，点击【完成】，将自动生成模板"WinApp_dgv.zip"。

现在，要使用此模板。只要新建一个窗体应用程序，在解决方案资源管理器中添加"新建项"，出现如图 10.5 所示的对话框，选择刚导出的模板 WinApp_dgv，然后修改名称为合适的名称，点击【添加】即可。这时，出现一个安全警告，提示是否信任该模板，点击【信任】即可。

图 10.5 DataGridView 模板的使用

在解决方案资源管理器中，双击 frmMain 窗体，该窗体与图 10.4 中的窗体一样，也有相同的代码。由于该窗体是用来处理 Access 数据库的，因而，需要另外添加现有项"ADO_NET_ACCESS.vb"。

以上准备工作完成后，只要修改 strDataPath 与 strQuery 的值，即可确定新的数据库和数据表，修改 nDisplayRows 的值即可确定所需要显示的行数，在 Format_DGV 方法中修改列与行标头以及单元格的相关属性。最后，在窗体的 Load 事件处理程序中设置调试状态，取得自动生成的代码和属性数据后，复制到 SetDGV_Parameters 方法中，并修改设计时属性。最后，将窗体的 Load 事件处理程序调整为非调试状态，即可完成工作。

另一个使用 DataGridView 模板的方式是直接在解决方案资源管理器中添加"现有项"，然后选择"frmDataGridView_ACCESS.vb"即可。

10.9 本 章 小 结

本章首先介绍了 DataGridView 控件的用途与主要属性、方法与事件，在此基础之上，设计了一个非绑定模式的数据显示程序，非绑定模式可以用于规范化地显示少量数据，图 2.17 中的统计数据就是采用非绑定模式进行显示的。然后，介绍了 BindingSource 类用于数据绑定的方法及相关的事件。最后介绍了 DataGridView 模板的详细实现与使用方法。

DataGridView 模板可以非常方便地处理 Access 数据库，只要调整几个参数，即可自动生成格式化代码和相关属性，而且，通过 DataGridView 模板修改的数据还可以自动更新，大大减轻了编程人员的负担。下一章利用 DataGridView 模板，创建了一个 Windows

事务提醒程序，该程序是作者每天必用的，也是办公一族的必备程序。

教 学 提 示

DataGridView 模板是建立在 DataGridView 控件之上的，对于介绍的属性，请逐项修改观察效果；对于事件，利用断点观察在什么情况下发生，先后顺序是什么，从而更好地理解本章的基本原理。最后应熟练使用本模板。模板中的 SelectCurrentRow 函数也可根据需要独立使用，例如，对于一个电话客户管理软件，可以根据来电号码，自行选中数据表的相应行。

思考与练习

1. DataGridView 控件的宽度是由哪些属性决定的，如何计算？
2. DataGridView 控件的高度是由哪些属性决定的，如何计算？
3. 如何通过 Format_DGV 方法修改 DataGridView 列、行及单元格的相关属性？
4. 如何将 DataGridView 模板设置为调试状态和非调试状态？
5. 如何使用 DataGridView 模板自动生成的代码和属性？
6. 自行设计一个 Access 2010 数据库，使用 DataGridView 模板处理其中的数据表。

第 11 章　Windows 事务提醒程序

随着计算机的普及，人们过多地依赖和沉迷于计算机，以至时常耽误正常的工作和影响正常的生活。本章设计的 Windows 事务提醒程序(WinAlarm)可以设置任意条提醒记录，除了时间外，还可以设置日期。当满足规定的条件时，将在屏幕中间的最顶层显示一个对话框，其中包含提醒的事件和时间信息，同时，还播放声音。Windows 事务提醒程序的主界面非常小，但是，包含时间、日期与星期，也是最顶层显示，因而，教师使用 PPT 授课，不便把握进度时，也可使用该程序。

11.1　数据库的设计

采用 Microsoft Access 2010 数据库，文件名为 AlarmTable.accdb，其中只有一个数据表 TimeTable，字段定义见表 11.1。Valid1 为布尔型，表示该记录是否有效，如果为 False，则即使时间到，也不提醒。Time1 为精确到秒的时间信息，Text1 为提醒文本的具体内容，对于日常提醒，只要 Time1 和 Text1 的内容即可。Date1 字段中包含日期信息，表示在 Date1 日期的 Time1 时间进行提醒，并可以提前若干天，直到 Date1 当天结束。Remark 字段中是备注信息。Date1 和 Remark 字段允许空值，其他字段非空。

表 11.1　时间表的设计

字段	Valid1	Time1	Text1	Date1	Remark
类型	布尔	文本	文本	文本	文本
含义	有效标志	时间	提醒内容	日期	备注

在 Access 数据库的早期版本中，允许字段名字为 Time 和 Date 等，但是，现在的数据库版本和.NET 工具已经将 Time 和 Date 当作保留字，如果再用作字段名，将会出现错误。如果数据表中没有关键字，将不能使用 DataAdapter 类对数据源进行更新。这里设置 Time1 作为关键字，在以后显示数据表的时候，也以 Time1 字段进行排序。

11.2　框　架　设　计

完成一个 Windows 数据库应用程序，除了设计窗体和操作数据库的程序外，还需要其他软件模块和资源，比如图标文件和图片文件等。本节先介绍软件模块，然后，具体介绍窗体设计，包括窗体中所需要绘制的控件以及所需要添加的资源。

11.2.1　需要的软件模块

操作 Access 数据库，需要 ADO_NET_ACCESS 类，该类提供操作 Access 数据库的方法。为了减少资源占用，没有添加 General 模块和 FileProcess 模块，而是直接通过代码获取应用程序的当前绝对路径或读写文本。

一般在 Main 模块中定义项目相关的变量、常量与方法，当发现其中的方法有较大的通用性时，就将该方法提取出来，分类存放，如此不断积累编程素材。本应用程序中主要定义了如下变量，strDataPath 和 strQuery 变量的含义与上一章节的一致，但 strQuery 当作局部变量在各窗体中进行定义。nDataDirty 表示数据源是否已经更新，如果其值大于 0，就应该重新从数据源中读取数据，充实到数据集中。

nAheadDays 表示提前的天数，如果在表 11.1 中，某条记录的 Date1 字段为 2014-08-28，nAheadDays 的值为 3，则在 2014-08-25 即开始提醒，一直提醒到 2014-08-29 自动终止。因为有些事情需要提前数天准备，所以，事务提醒程序需要考虑这一情况。

nRemindTimes 表示事务提醒程序运行以来，已经提醒的次数，strStartTime 是程序开始运行的时间，strAlarmTime 是当前提醒时间，采用"HH:mm:ss"格式。

```
Public strDataPath As String
Public nDataDirty As Integer = 0

Public nAheadDays As Short
Public nRemindTimes As Short
Public strStartTime As String
Public strAlarmTime As String     '当前提醒时间
```

11.2.2　窗体设计

Windows 事务提醒程序包括三个窗体，主窗体用来在最顶层显示时间、日期和星期，因而，其 Name 属性设为 frmMain，Topmost 属性为 True，这样可以避免被普通应用程序覆盖，ShowInTask 属性设置为 False，使其不出现在任务栏上。窗体上只有一个标签（"STRIVE"）作为可见控件，如图 11.1 所示，程序运行时，标签显示的时间为"H:mm:ss"格式，如"16:33:55"，窗体标题所在的位置为日期与星期，如"3-28:1"表示 3 月 28 日星期一，界面简捷，但是包含了用户常用的内容。

图 11.1　主窗体的设计

timerSteps 是一个时钟控件，其 Enable 属性设置为 True，Interval 设置为 400(ms)，每过这一时间间隔，都要将当前时间与数据表中的时间逐条对比，如果满足条件(时间相等，日期在规定的范围之内)，则执行相应的动作。ContextMenuStrip1 控件是一个上下文菜单控件(参见 4.3.2 节)，设计两个菜单项，Setup 与 Exit，前者进入时间设置窗体，后者退出应用程序。NotifyIcon1 是一个任务栏状态通知区域的图标控件(参见 4.1.8 节)，其

ContextMenuStrip 属性设置为 ContextMenuStrip1 即可。在任务栏状态通知区域左击该图标，显示或隐藏主窗体；右击该图标，则显示上下文菜单。主窗体处于隐藏状态，不影响其事务提醒的正常功能。

在 NotifyIcon1 的上下文菜单中点击【Setup】选项，将显示如图 11.2 所示的窗体 frmTimeTable，该窗体通过上一节的 DataGridView 模板改造而成。DateTimePicker 控件用来选择一个日期，右旁的文本框【txtDiff】用来输入一个整数，【Caculate】按钮将计算该日期整数天后的具体日期，该功能可以用来计算信用卡的还款日期。【Format】按钮用来将时间格式化成"HH:mm:ss"模式，将日期格式化成"yyyy-MM-dd"模式。当记录中存在有效日期时，Ahead days 文本框中的内容表示针对该日期进行提醒所要提前的天数。【OK】按钮保存设置，退出窗体。

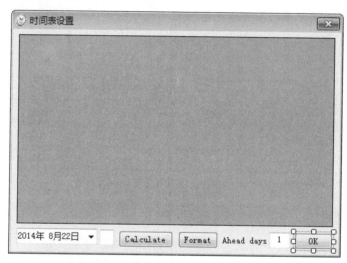

图 11.2　时间表设置窗体的设计

提醒窗体 frmRemindMe 的设计界面如图 11.3 所示，FormBorderStyle 属性设置为 FixedDialog，ControlBox、MinimizeBox 和 MaximizeBox 属性都设置为 False，Topmost 属性设置为 True，StartPosition 属性设置为 CenterScreen，确保窗体在最顶层屏幕中间显示。提醒窗体上需要绘制三个标签和两个按钮。Remind 标签所在的位置显示提醒内容，即数据表中 Text1 字段的内容；"Are you ready?"标签显示日期"is UP!(快到了)"、"is ON!(到了)"或"has passed away!(已经过去了)"，如果 Date1 字段为空，则不显示该标签的内容；窗体下面的文本显示提醒设置的时间、星期与日期。有些提醒是重复性的，有些提醒只是一次性的，这时，可以通过【Reset】按钮复位提醒，即将 Valid1 标志设置为 False，这样，这条提醒记录以后就无效了。【OK】按钮用来关闭窗体。

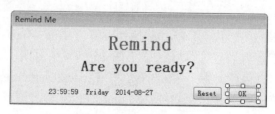

图 11.3　提醒窗体的设计

11.2.3 项目属性设计

进入项目属性，点击【资源】→【图像】，在【添加资源】中选择"添加现有文件"，从而浏览选择 Settings.png 和 Shutdown.png 两个文件，其效果如图 11.4 所示；再添加图标的现有文件 wi0122-64.ico，音频的现有文件"Windows Ding.wav"。添加完毕，在解决方案资源管理器中的 Resources 目录下，将出现这些文件的名称。上下文菜单项配上图像，将显得更专业和美观，依次修改其 Image 属性，使其指向"项目资源文件"中的对应项。同时，将"应用程序"的图标指向刚刚添加的图标文件，这样，在资源管理器中，该程序的图标就不再是默认图标了。至于 NotifyIcon1 的图标，将在程序中进行设置。

在项目属性中点击【设置】，设置变量，其中 X 与 Y 表示主窗体的位置，AheadDays 是提前提醒的天数，如图 11.5 所示。

图 11.4　添加图像资源　　　　图 11.5　My.Settings 变量的设置

11.3　主窗体的代码实现

主窗体 frmMain 中的代码负责应用程序的初始化工作和整个应用程序的工作调度，主要包括变量与方法的定义，主窗体本身的事件处理以及其他事件的处理，包括调用"时间设置窗体"和"事务提醒窗体"。

11.3.1 变量与方法定义

在主窗体类中定义如下变量，其中，bFormHide 表示窗体是否隐藏，True 隐藏，False 显示。虽然主窗体比较小，但是，有时也不希望遮挡其他应用程序界面，所以，应该能够隐藏和显示，以更好地满足用户需求。数据库中的时间采用统一的"HH:mm:ss"格式，以便排序查看，strMyTime 与 strTableTime 也采用这一格式。用户视觉上习惯"H:mm:ss"时间格式，因而，主窗体中的标签时间采用这一格式，strTimeTmp 字符串也采用这一格式。myData、dt 和 nRecords 是数据库相关变量。

```
Dim bFormHide As Boolean = False
Dim strMyTime As String            '当前时间,用来与数据库时间比较
Dim strTimeTmp As String           '临时时间,用来与标签时间进行比较
Dim strTableTime As String         '数据库时间, 主键

Dim strQuery As String
```

```
Dim myData As ADO_NET_ACCESS
Dim dt As DataTable
Dim nRecords As Integer
```

私有方法 RefreshData 初始化数据库，并填充相关变量。有了 DataTable 对象 dt，就可以很方便地在内存中对数据表进行操作了。

```
Private Sub RefreshData()
    If myData IsNot Nothing Then myData.Dispose()

    myData = New ADO_NET_ACCESS(strDataPath, strQuery, _
                            AccessVersion.Version_2010)
    If myData.nTables = 0 Then
        MessageBox.Show(myData.ErrorAdapter, Me.Text, MessageBoxButtons.OK, _
                MessageBoxIcon.Stop)
        Return
    End If

    dt = myData.dt
    nRecords = myData.nRecords
End Sub
```

11.3.2　主窗体的主要事件

在主窗体的 Load 事件处理程序中输入如下代码。strTmp 是一个临时字符串变量。首先给 strQuery 和 strDataPath 赋值，在调试阶段，应将数据库文件复制到 Debug 目录下。程序完成后，将数据库文件复制到 Release 目录下，使用该目录下的 WinAlarm.exe 和 AlarmTable.accdb 即可。如果不存在数据库文件，则 strDataPath 清空，上下文菜单项 Setup 也设置为无效，因为没有数据库，就谈不上设置时间表，此时的 WinAlarm 可以运行，但是，没有提醒功能。

```
Dim strTmp As String

strQuery = "SELECT * FROM TimeTable WHERE Valid1 = TRUE ORDER BY Time1"
strTmp = GetAppPath()
If My.Computer.FileSystem.FileExists(strTmp & "\AlarmTable.accdb") Then
    strDataPath = strTmp & "\AlarmTable.accdb"
    RefreshData()
Else
    strDataPath = ""
    SetupToolStripMenuItem.Enabled = False
End If

Me.Left = My.Settings.X
```

```
Me.Top = My.Settings.Y
nAheadDays = My.Settings.AheadDays
If nAheadDays < 1 Then nAheadDays = 1


strStartTime = Now.ToString("H:mm:ss")


Me.Icon = My.Resources.wi0122_64
NotifyIcon1.Icon = My.Resources.wi0122_64
```

随后，获取图 11.3 中设置的 **My.Settings** 数据，nAheadDays 的最小值设置为 1，即对于提供了日期的时间记录，都提前一天提醒。最后，设置 strStartTime 的值，表示 WinAlarm 从此时启动，并设置主窗体和 NotifyIcon1 控件的图标。

在 Load 事件处理程序中要获取 **My.Settings** 数据，在窗体关闭的 FormClosed 事件中则需要保存当前的窗体位置数据 X 与 Y 以及 nAheadDays 数据。随后，依次做一些数据清理工作，FormClosed 事件处理的源代码如下所示。

```
My.Settings.X = Me.Left
My.Settings.Y = Me.Top
My.Settings.AheadDays = nAheadDays


timerSteps.Dispose()
NotifyIcon1.Dispose()
If myData IsNot Nothing Then myData.Dispose()
frmRemindMe.Close()
frmTimeTable.Close()
```

11.3.3　其他事件的处理

鼠标左键点击 NotifyIcon1 控件的图标(位于任务栏状态通知区域)，可以改变主窗体的显示状态，使其在"隐藏"与"显示"之间进行切换。因而，在 NotifyIcon1 的 MouseDowns 事件处理代码中，需要识别鼠标的键。该事件有一个参数 e，利用该参数进行比较，如果不是鼠标左键，即退出程序。

如果窗体处于隐藏状态，则调用 Show 方法显示窗体，并使用 AppActivate 方法激活该窗体，使其获得焦点。否则，调用 Hide 方法隐藏窗体，并设置 bFormHide 值为 True。NotifyIcon1 的 MouseDowns 事件处理源代码如下所示。

```
If e.Button <> Windows.Forms.MouseButtons.Left Then Exit Sub


If bFormHide = True Then
    Me.Show()
    AppActivate(Process.GetCurrentProcess.Id)
    bFormHide = False
Else
```

```
        Me.Hide()
        bFormHide = True
    End If
```

右键点击 NotifyIcon1 图标，则弹出上下文菜单，【Setup】菜单项通过代码 frmTimeTable.Show 用来显示时间设置窗体。在主窗体的 Load 事件处理程序中，如果找不到数据库，则【Setup】菜单项不可用。【Exit】菜单项调用主窗体的 Close 方法关闭主窗体，触发主窗体的 FormClosed 事件，可以在该事件处理程序中执行一些清理工作。

11.4　时钟代码的主要工作

WinAlarm 应用程序的所有控制逻辑都在时钟控件对象 timerSteps 的 Tick 事件处理程序中完成。该程序主要完成两种工作，第一，更新主窗体的时间、日期与星期信息；第二，查找满足提醒条件的记录，并根据满足的条件进行提醒。在查询语句 strQuery 中，已经通过条件"WHERE Valid1 = TRUE"做了初步筛选，即有效提醒记录才予以考虑。

11.4.1　主窗体信息更新和准备工作

strTimes 是保存第几次提醒的英文字符串，nDiff 保存当日与目标日期之间的天数。主界面中的客户区只有一个标签 lblTime，根据人们的习惯，采用"H:mm:ss"格式更新其时间，同时，将"HH:mm:ss"格式的时间保存到 strMyTime 中，该时间用于与数据库中的时间字段进行比较。frmMain 的标题采用"月-日:星期"的格式进行显示，星期数从周一开始计算，周日为 0。如果没有数据库，即 strDataPath 为空值，则直接返回。由于 timerSteps 的 Interval 设置为 400ms，因而，有可能在 1s 内产生两次 Tick 事件，所以，如果 lblTime 标签的时间与 strTimeTmp 的时间相等，就直接返回，因为已经处理过该时间点了。如果 nDataDirty 大于 0，表示在其他地方更改了数据库的内容，因而，需要调用 RefreshData 方法刷新数据库。关于 Interlocked 类的作用及基本原理与用法，将在 11.7 节介绍。

```
    Dim strTimes As String
    Dim I As Integer
    Dim nDiff As Integer
    Dim nRet As Integer

    'If the second don't change, then exit.
    lblTime.Text = Format(Now, "H:mm:ss")
    strMyTime = Format(Now, "HH:mm:ss")  'for frmTimeTable

    If Weekday(Today, FirstDayOfWeek.Monday) <> 7 Then
        Me.Text = Format(Today, "M-d:") & Weekday(Today, _
            FirstDayOfWeek.Monday).ToString
    Else
```

```
        Me.Text = Format(Today, "M-d:") & "0"
    End If


    If strDataPath = "" Then Return


    If lblTime.Text = strTimeTmp Then
        Return
    Else
        strTimeTmp = lblTime.Text
    End If


    If nDataDirty > 0 Then
        RefreshData()
        System.Threading.Interlocked.Decrement(nDataDirty)
    End If
```

11.4.2 记录的检索与处理

以下代码都在 For 循环中进行，以 I 作为循环变量，从 0 开始到"nRecords -1"结束。用当前"HH:mm:ss"格式的时间 strMyTime 与数据表中的相同格式的时间 strTableTime 进行比较。数据表中的时间按照时间的增量排序，如果 strTableTime 的值大于 strMyTime 的值，则退出循环，以提高效率。

如果当前记录的 Date1 字段不为空，则调用 DateDiff 方法计算当日与目标日期之间的天数，保存在 nDiff 变量中。如果 Date1 中的日期格式有错误，则用消息框进行提示，同时，调整为一个固定的日期。

```
strTableTime = dt.Rows(I).Item("Time1")
If strTableTime > strMyTime Then Exit For


'检查目标日期与当前日期之距离
If Not IsDBNull(dt.Rows(I).Item("Date1")) Then
    Try
        nDiff  =  DateDiff(DateInterval.Day,  Today,  CDate(dt.Rows(I)
.Item("Date1")))
    Catch ex As Exception
        MessageBox.Show(ex.Message, "WinAlarm", MessageBoxButtons.OK, _
                   MessageBoxIcon.Warning)
        dt.Rows(I).Item("Date1") = "2009-01-01"
        nRet = myData.WriteData()
        System.Threading.Interlocked.Increment(nDataDirty)
    End Try
```

```
    Else
        nDiff = 0
    End If
```

如果数据表时间 strTableTime 与当前时间 strMyTime 不相等，或者 nDiff 未到提前提醒的天数 nAheadDays，则进行循环短路。否则，将 strTableTime 的时间保存到 strAlarmTime 中，此时，strAlarmTime 既是提醒时间，又是当前时间。

```
    If strTableTime <> strMyTime OrElse nDiff >= nAheadDays Then Continue For
    strAlarmTime = strTableTime
```

WinAlarm 运行后提醒了多少次？这个值保存在 nRemindTimes 中，即每提醒一次，该值加 1，然后，将 nRemindTimes 转换为英文的"第 n 次"，保存到字符串变量 strTimes 中。基本上每一款有任务栏状态通知区域图标的软件，鼠标移动到该图标上，都会有提示。对于 WinAlarm 程序也一样，也会提示相应信息，而提醒了多少次，仅是其中之一的内容。

```
    nRemindTimes += 1
    Select Case nRemindTimes
        Case 1
            strTimes = "first"
        Case 2
            strTimes = "second"
        Case 3
            strTimes = "third"
        Case Else
            strTimes = nRemindTimes.ToString & "th"
    End Select
```

下面，更新提醒对话框中的信息。对话框的标题设置为"从何时开始提醒了多少次"。提醒内容标签 lblRemindMe 的内容设置为当前记录的 Text1 字段的内容，并在后面添加一个惊叹号。如果日期字段 Date1 为空，则 lblDate 也清空。否则，根据 nDiff 的值，显示提醒的日期"已经过去/已到/快到"。lblTimeDate 标签显示一个时间戳，如果没有及时看到对话框，可以通过该时间戳发现是什么时候提醒的。设置完毕，调用 Show 方法显示提醒对话框窗体 frmRemindMe 即可。

```
    With frmRemindMe
        .Text = "Remind Me ==> The " & strTimes & " time (from " & strStartTime
& ")!"
        .lblRemindMe.Text = dt.Rows(I).Item("Text1") & "!"

        If IsDBNull(dt.Rows(I).Item("Date1")) Then  '列用标签 "Date1" 表示
            .lblDate.Text = ""
        Else
            If nDiff < 0 Then
```

190

```
        .lblDate.Text = dt.Rows(I).Item("Date1") & " has passed away!"
        dt.Rows(I).Item(0) = 0     '列也可以用索引(这里为 0)来表示
        nRet = myData.WriteData()
    ElseIf nDiff = 0 Then
        .lblDate.Text = dt.Rows(I).Item("Date1") & " is ON!"
    Else
        .lblDate.Text = dt.Rows(I).Item("Date1") & " is UP!"
    End If
End If


.lblTimeDate.Text = strAlarmTime & "  " & _
            Now.DayOfWeek.ToString & "  " & _
            Format(Now, "yyyy-M-d")


.Show()
End With
```

最后，修改 NotifyIcon1 的 Text 属性，该属性在鼠标移动到图标时显示其内容，并播放资源管理器中的音频。由于数据表以时间为关键字，因而，时间具有唯一性，处理完毕，即退出 For 循环。

```
NotifyIcon1.Text = "Start from " & strStartTime & vbCrLf & _
            "Remind " & strTimes & " time" & vbCrLf & _
            "WinAlarm"
My.Computer.Audio.Play(My.Resources.Windows_Ding,
AudioPlayMode.Background)
Exit For
```

本来可以在 strQuery 变量中再添加时间相等条件，直接查找期望的记录，如果 nRecords 为 1，则处理；如果为 0 则调用 Return 方法从 timerSteps 的 Tick 事件处理程序中返回。但是，这样每个 Tick 事件都会读取硬盘数据刷新数据源，所以选择通过 For 循环在内存中查找期望的记录，只有在数据表中的数据发生变化的时候，才更新数据源。

11.5 时间表设置窗体的代码实现

时间表设置窗体 frmTimeTable 只需要对 DataGridView 模板进行适当修改即可。在 Format_DGV 方法中做如下修改，设置列标题与对齐方式。

```
With dgv.Columns(0)
    .HeaderText = "Valid"
    With .DefaultCellStyle
        .Alignment = DataGridViewContentAlignment.MiddleCenter
    End With
```

```
End With


With dgv.Columns(1)
    .HeaderText = "Time"
End With


With dgv.Columns(2)
    .HeaderText = "Text"
End With


With dgv.Columns(3)
    .HeaderText = "Date"
End With
```

某银行的信用卡上个月 17 日的账单必须在 50 天内还款。【Calculate】按钮实现日期的计算。经过的天数从文本框 txtDiff 中提取，dSpecial 是指定的一个日期值，来自 DateTimePicker 对象 dtp 的 Value 属性。调用 dSpecial 对象的 AddDays 方法，即可得到目标日期 dTarget，该目标日期通过消息框告知用户。

```
Dim nDays As Integer
Dim dSpecial As Date
Dim dTarget As Date


nDays = Val(txtDiff.Text)
If nDays = 0 Then Return


dSpecial = dtp.Value
dTarget = dSpecial.AddDays(nDays)
MessageBox.Show("The target date is " & dTarget.ToString("yyyy年M月d日"), _
            Me.Text, MessageBoxButtons.OK, MessageBoxIcon.Information)
```

【Format】按钮用于逐条扫描记录，格式化时间与日期。首先，通过 CDate 函数将时间和日期文本串转换为 Date 类型，然后调用 Format 函数进行格式化。在利用 CDate 函数转换的过程中，有可能出错，因而，必须使用 Try 语句。

```
Dim I As Integer
Dim strTmp As String


Try
    For I = 0 To myData.nRecords - 1
        strTmp = dt.Rows(I).Item("Time1")
        dt.Rows(I).Item("Time1") = Format(CDate(strTmp), "HH:mm:ss")


        If Not (IsDBNull(dt.Rows(I).Item("Date1"))) Then
```

```
            strTmp = dt.Rows(I).Item("Date1")
            dt.Rows(I).Item("Date1") = Format(CDate(strTmp), "yyyy-MM-dd")
      End If
   Next I
Catch ex As Exception
   MessageBox.Show(ex.Message, "TimeTable", MessageBoxButtons.OK, _
            MessageBoxIcon.Warning)
End Try
```

【OK】按钮获取 nAheadDays 的值，然后，调用 btFormat 对象的 PerformClick 方法，完成数据表的格式化，最后关闭窗体。修改时间与日期后，可以直接点击【Format】按钮对其进行格式化，也可在关闭窗体时自动对其进行格式化。

```
Dim n As Integer = Integer.Parse(txtDays.Text)
If n > 0 Then nAheadDays = n
btFormat.PerformClick()
Me.Close()
```

11.6 事务提醒窗体的代码实现

frmMain 窗体只对有效记录感兴趣，frmTimeTable 必须处理所有记录。事务提醒窗体 frmRemindMe 只对当前提醒事务的记录感兴趣，如果这是一次性提醒，下次不希望再出现，可以点击【Reset】按钮，使该条记录的 Valid1 字段设置为 False 即可。首先，在窗体的 Load 事件处理程序中设置 strQuery 的值，加上 Time1 与 strAlarmTime 相等的条件。刷新数据源后，如果记录数 nRecords 的值为 0，则直接返回，不做任何处理。否则，修改仅有的一条记录的 Valide1 字段的值，并保存结果。

```
RefreshData()
If nRecords = 0 Then Return

dt.Rows(0).Item(0) = 0
Dim nRet As Integer = myData.WriteData()
btReset.Text = "Done"

System.Threading.Interlocked.Increment(nDataDirty)
```

11.7 Interlocked 类的使用

Interlocked 类属于 System.Threading 命名空间，为多个线程共享的变量提供原子操作。此类的方法可以防止可能在下列情况发生的错误：计划程序在某个线程正在更新可由其他线程访问的变量时切换上下文；或者当两个线程在不同的处理器上并发执行时。此类的成员不引发异常。

Interlocked 类的 Increment 和 Decrement 方法递增或递减变量并将结果值存储在单个操作中。在大多数计算机上，增加变量操作不是一个原子操作，需要执行下列步骤：

(1) 将实例变量中的值加载到寄存器中。

(2) 增加或减少该值。

(3) 在实例变量中存储该值。

如果不使用 Increment 和 Decrement，线程会在执行完前两个步骤后被抢先，然后由另一个线程执行所有三个步骤。当第一个线程重新开始执行时，它改写实例变量中的值，造成第二个线程执行增减操作的结果丢失。

WinAlarm 应用程序中使用 nDataDirty 变量表示数据表是否更新，如果该变量的值大于0，表示已经更新，否则，表示没有更新。各个窗体都独立刷新数据源，主窗体 frmMain 只关心有效记录。在 frmTimeTable 和 frmRemindMe 中都可能修改数据表，这时，使用 Increment 原子操作使得 nDataDirty 加1。在 frmMain 的 timerSteps 控件的 Tick 事件处理程序中，使用以下代码判断数据有没有更新，如果已经更新，则刷新数据源，调用 Decrement 原子操作使得 nDataDirty 减1。如果不使用 Interlocked 类的原子操作方法，有可能三个窗体中的两个同时操作 nDataDirty 变量，从而导致异常。

```
If nDataDirty > 0 Then
    RefreshData()
    System.Threading.Interlocked.Decrement(nDataDirty)
End If
```

11.8 程序测试

生成程序，将 Release 目录下的 WinAlarm.exe 和 AlarmTable.accdb 复制到另外目录中，运行程序，其效果如图 11.6 所示，其中，图 11.6(a)是主界面，图 11.6(b)是 NotifyIcon1 图标上的提示信息，图 11.6(c)是控制菜单信息。移动主界面，关闭 WinAlarm 后重新启动，主界面将位于新的位置。另外，播放幻灯片，将不能遮挡 WinAlarm 的主界面。

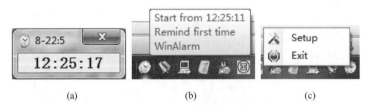

(a)   (b)   (c)

图 11.6 WinAlarm 的运行效果

如果点击图 11.6 中的【Exit】菜单项，将退出程序；如果点击【Setup】菜单项，将显示时间表设置窗体，如图 11.7 所示。从图 11.7 中可以看出，提醒记录正好是设计的 10 行，在 DataGridView 控件上滚动鼠标滚轮，将可以查看数据，修改其中任一单元格的数据，将自动保存，与 Excel 表格的效果一样。点击【Format】按钮，可以将"9:12:59"形式的时间格式化成"09:12:59"，对于日期也有类似的效果。可以选择其中的一行，用键盘的【Delete】键删除。

在图 11.7 中选择日期 2014 年 8 月 17 日，文本框中输入 50，点击【Calculate】按钮，将出现图 11.8 所示的消息框，表示指定的日期加上 50 天后，应该是 2014 年 10 月 6 日。

图 11.7　时间表设置窗体的效果

图 11.8　日期计算消息框

如果当前日期是 2014 年 8 月 22 日，则时间到 12:47:55，即图 11.7 中倒数第三条记录的条件得到满足，将弹出图 11.9 所示的对话框(具体信息的说明上文已有阐述)。如果点击【Reset】按钮，则该条提醒记录将无效，随后，按钮文本将变成"Done"，表示修改完成。可以使用图 11.6 中的 Setup 菜单项查看修改后的效果。无论主界面处于显示或隐藏状态，都不影响弹出提醒对话框。

图 11.9　提醒对话框的效果

11.9　本章小结

本章主要以 ADO_NET_ACCESS 数据库类和 DataGridView 模板为基础，结合 My 功能中的用户设置与播放音频部分实现了一个 Windows 事务提醒程序，可以进行日常事务的提醒以及对目标日期事务的提前提醒，使用简捷方便，对从事计算机工作的各类用户都有很好的应用价值。

教 学 提 示

在熟练使用并理解基本原理的基础之上对 WinAlarm 程序进行优化：装载时间设置界面(图 11.7)时，利用 SelectCurrentRow 方法选中即将提示的记录；添加事件检索功能及"有效"、"无效"与"所有"选项功能对事件进行分类，以方便用户处理；添加"起始"日期，从该日开始计算第几周，以"月-日-星期::周数"的形式在主界面显示。

思考与练习

1. WinAlarm 三个窗体中的 strQuery 有什么不同，为什么？
2. 如何通过项目属性添加资源，如何在设计时和运行时访问资源？
3. Interlocked 类有何用途，如何使用？通过在线 MSDN 技术资源库详细了解。

第三部分 计算机监控系统的仿真开发

.NET 串行通信解决方案

第 12 章 数据编码与处理技术

在编程实践中，对于信息的显示、传输、加密与解密等方面的问题，经常需要对相同含义的数据采用不同的表示方法，即编码。例如，对于人们日常使用的中文短信，一般采用 PDU 模式对信息进行编码(结果为十六进制字符串)，其中，需要求出中文汉字的 Unicode 编码。表 12.1 是字节 0x41、0x39、0x6d、0x0d 与 0 的不同表示方法，后两个字节是不可见字符，所以用"—"表示。

表 12.1 字节的不同表示方法

序号	十六进制字节	普通字符	十六进制字符串
1	0x41	"A"	"41"
2	0x39	"9"	"39"
3	0x6d	"m"	"6D"
4	0x0d	—	"0D"
5	0x00	—	"00"

第 4.5.2 节介绍的串行通信聊天程序，如果接收到字节 0x6d，将显示为字符"m"；如果接收到字节 0x0d，将不能显示。通过将"十六进制字节"转换为"十六进制字符串"，可以将不可见的字符(串)变成可见的十六进制字符串。特别地，在 Visual Basic 和 C 系列的编程语言中，用 NULL(即字节 0)表示字符串的结尾，如果收到的数据中间部分有字节 0，那么，后面的数据就会被截断。如果将收到的数据转换为十六进制字符串，所有数据都可以显示，同时，也可以充分利用 Visual Basic 丰富的字符串处理函数来分析处理数据。本章用 ByteProcess 模块实现数据编码与处理功能，需要引入 System.Text 和 System.Text.RegularExpressions 命名空间。

12.1 枚举类型和常量的定义

ByteProcess 模块中的函数具有很强的通用性，可以用于计算机监控工程、短信的收发及加密与解密等应用程序。ByteProcess 模块使用 CommonParity 模块中定义的枚举类型 DisplayMode。

```
Public Enum DisplayMode
    CharMode = 0
    HexMode = 1
End Enum
```

普通的 Modem 使用 AT 命令进行工作，传输的数据都是可见字符和回车换行符号，一般使用字符形式进行显示。但是，如果用一个字节表示 8 个开关的状态，肯定会出现不可见字符，因而，在这种情况下必须采用十六进制字符串来显示数据。DisplayMode 枚举型的 CharMode 表示以普通字符串的形式显示数据，HexMode 表示以十六进制字符串形式显示数据。

一个英文字母对应一个 ASCII 码，一个汉字则对应一个 Unicode 编码，前者是一个字节，后者是两个字节。既然 Unicode 是两个字节，就涉及到高字节和低字节的顺序问题。这就需要引入 System.Text 命名空间，利用其 ASCIIEncoding 类的 GetString 方法将字节数组转换为英文字符串，利用 GetBytes 方法将英文字符串转换为字节数组。另外，UnicodeEncoding 类用来处理中文信息,如果初始化时 bigEndian 为 True 时表示顺序存放，即高字节在前，低字节在后；bigEndian 为 False 时表示逆序存放，即低字节在前，高字节在后。

12.2 十六进制字符串的预处理

对于十六进制字符串"3D2A"，为了便于阅读，中间加一个空格写成"3D2A"将更好；如果写成"3D2a"就显得不整齐了，空格写错地方变成"3D2a"就乱了。对十六进制字符串进行预处理，就是将各种形式的十六进制字符串规范化成大写且中间没有空格的十六制字符串，这样，便于将每两个十六进制字符转换为一个字节。

String 对象的 TrimEnd 方法只能删除字符串尾部的指定字符，TrimStart 方法只能删除首部的指定字符，Trim 方法只能删除首尾的指定字符，这些方法都不能删除中间的指定字符。TrimAllChar 方法可以删除字符串 strVal 中的所有指定字符 chVar。如果 strVal 中没有指定字符 chVar，则直接返回 strVal。否则，调用 String 类的 Split 方法，以 chVar 为分隔符，结果中删除空项，将 strVal 分割为子字符串组成的数组，并存放到临时字符串数组 strArray 中，最后调用 String 类的静态方法 Join 将其中的元素连接成一个字符串并返回该值。在 ByteProcess 模块中，调用 TrimAllChar 方法删除十六进制字符串中的空格，因而，第二个参数应该为一个空格字符。

```
Public Function TrimAllChar(ByVal strVal As String, ByVal chVar As String) As String
    If strVal.Contains(chVar) = False Then Return strVal
    Dim strArray() As String = strVal.Split(chVar.ToCharArray, _
                        System.StringSplitOptions.RemoveEmptyEntries)
    Return String.Join("", strArray)
End Function
```

十六进制字符串与十六进制字节(数组)相对应，两个十六进制字符对应一个字节,因而，对于字节 3，对应的十六进制字符串应该是"03"，同理，十六进制字符串应该包含偶数个十六进制字符。GetEvenHexChars 方法删除十六进制字符串中最后一个不成对的字符(如果存在的话)。首先计算字符串 strVal 的长度，如果模 2 余 1，表示字符串长度为单数，则减去 1 变成偶数。如果减 1 后，长度变为 0，则返回空字符串，否则，取源字符串 strVal 中的子字符串，并返回该子字符串。

```
Public Function GetEvenHexChars(ByVal strVal As String) As String
    Dim n As Integer

    n = strVal.Length
    If n Mod 2 = 1 Then n -= 1

    If n = 0 Then
        Return ""
    Else
        Return strVal.Substring(0, n)
    End If
End Function
```

NormalizeHexChars 方法完成十六进制字符串的综合标准化，首先调用 TrimAllChar 方法删除其中的所有空格，然后，调用 GetEvenHexChars 方法将字符串个数变成偶数，最后，调用 String 对象的 ToUpper 方法转换为大写。

```
Public Function NormalizeHexChars(ByVal strHexChars As String) As String
    Return GetEvenHexChars(TrimAllChar(strHexChars, " ")).ToUpper
End Function
```

本节的 16 进制字符串的预处理方法在即时窗口中的测试效果如图 12.1 所示。

图 12.1　十六进制字符串预处理方法的测试

12.3　十六进制字符串中插入或删除空格

为了将十六进制字符串转换为十六进制字节(数组)，希望能提供标准化的十六进制字符串。但是，为了便于阅读，应该每两个十六进制字符之间插入一个空格(Debug 工具显示内存字节的时候，就是这么做的)。InsertSpaceToHexChars 方法完成这一功能，首先，规范化十六进制字符串，然后，在一个 For 循环中，依次读取源字符串中的两个字符，插入一个空格，最后调用 Trim 方法删除尾部空格并返回结果。

```
Public Function InsertSpaceToHexChars(ByVal strHexChars As String) As String
    Dim nLen As Integer
```

```
Dim strTmp As String = ""
Dim I As Integer

strHexChars = NormalizeHexChars(strHexChars)

nLen = strHexChars.Length
For I = 0 To nLen / 2 - 1
    strTmp &= strHexChars.Substring(I * 2, 2) + " "
Next I

Return strTmp.Trim
End Function
```

InsertSpaceToHexChars 方法的相反功能就是删除十六进制字符串中的空格，这可以直接通过 NormalizeHexChars 方法来实现，但是，为了便于记忆，设置一个 DeleteSpaceFromHexChars 方法，来调用 NormalizeHexChars 方法。

```
Public Function DeleteSpaceFromHexChars(ByVal strHexChars As String) As String
    Return NormalizeHexChars(strHexChars)
End Function
```

本节的十六进制字符串中插入/删除空格的方法在即时窗口中的测试效果如图 12.2 所示。

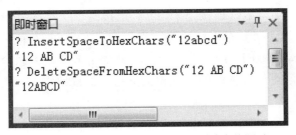

图 12.2　十六进制字符串中插入/删除空格测试

12.4　字节(数组)转换为十六进制字符串

ByteToTwoHexChars 方法实现一个字节到两个十六进制字符的转换，例如，将字节 0x3d 转换为"3D"。在工程应用中，有时需要对字节取反，所以，该函数的第二个参数指定是否取反(默认为 False)。

```
Public Function ByteToTwoHexChars(ByVal iVal As Integer, _
                        Optional ByVal bNot As Boolean = False) As String
    'from 0x3d to "3D"
    If bNot Then iVal = Not iVal
    iVal = iVal And &HFF
```

```
            Return iVal.ToString("X2")
        End Function
```

TwoBytesToHexChars 方法实现将两个字节转换为一个十六进制字符串。有的应用高字节在前，有的应用采取低字节在前，所以，第二个参数指定是否高字节在前(默认为True)。如果是低字节在前，将结果两两交换后返回即可。

```
    Public Function TwoBytesToHexChars(ByVal iVal As Long, _
                            Optional bigEndian As Boolean = True) As String
        'bigEndian: from 0x3d2c to "3D2C"
        'else: to 2C3D
        Dim strHexChars As String
        iVal = iVal And &HFFFF

        strHexChars = iVal.ToString("X4")
        If bigEndian Then
            Return strHexChars
        Else
            Return strHexChars.Substring(2) & strHexChars.Substring(0, 2)
        End If
    End Function
```

在信息传输过程中，一般需要将接收到的数据进行累加，最后作为一个整体进行处理。将原始的两个字节数组连接起来，没有连接两个字符串方便，**BytesToHexChars** 方法主要用于将原始字节数组以十六进制字符串的形式进行保存。**BytesToHexChars** 方法调用 **ByteToTwoHexChars** 方法，依次将一个字节转换为两个十六进制字符，然后连接起来。该函数通过传地址的方式得到数组，如果数组是空的，则直接返回空字符串。

```
    Public Function BytesToHexChars(ByRef byteArray As Byte()) As String
        Dim I As Integer
        Dim strHexChars As String = ""

        If byteArray Is Nothing Then Return ""

        For I = 0 To byteArray.Length - 1
            strHexChars &= ByteToTwoHexChars(byteArray(I))
        Next I

        Return strHexChars
    End Function
```

12.5 十六进制字符串转换为字节(数组)

两个十六进制字符可以转换为一个字节，在转换之前需要确保输入字符是否为十六进制字符。CheckTwoHexChars 函数执行检查功能，输入字符串大小写均可。通过正则表达式进行匹配，匹配成功，返回 True；否则返回 False。

```
Public Function CheckTwoHexChars(ByVal strHexChars As String) As Boolean
    Dim strRegHexChars As String = "^([0-9]|[A-F]){2}$"
    Dim regHex As Regex = New Regex(strRegHexChars)
    Return regHex.IsMatch(strHexChars.ToUpper)
End Function
```

这里的正则表达通过全部转换为大写的形式忽略大小写，"^"表示开头字符，"$"表示结尾字符，"[0-9][A-F]"表示任何"0~9"的数字或"A~F"的字母，"{2}"表示字符串的长度为2。

TwoHexCharsToByte 函数首先调用 CheckTwoHexChars 函数对输入字符串进行检查，然后规范化该字符串，最后对其进行解析(允许十六进制字符)。正确则返回解析值，错误则返回0。

```
Public Function TwoHexCharsToByte(ByVal strHexChars As String) As Byte
    'from "3D" to 3*16+13
    If CheckTwoHexChars(strHexChars) = False Then Return 0
    strHexChars = NormalizeHexChars(strHexChars)
    Return System.Byte.Parse(strHexChars, _
                    Globalization.NumberStyles.AllowHexSpecifier)
End Function
```

HexCharsToBytes 方法将十六进制字符串转换为字节数组，主要调用 TwoHexCharsToByte 方法，将每两个十六进制字符转换为一个字节，存入字节数组。

```
Public Function HexCharsToBytes(ByVal strHexChars As String) As Byte()
    Dim I As Integer
    Dim nLength As Integer
    Dim bBytes() As Byte

    If strHexChars = "" Then Return Nothing

    strHexChars = NormalizeHexChars(strHexChars)        '规范化
    nLength = strHexChars.Length / 2                '求得字节长度
    ReDim bBytes(nLength - 1)                '可变数组保存字节序列

    For I = 0 To nLength - 1
        '每两个十六进制字符转换为一个字节，存入可变数组
        bBytes(I) = TwoHexCharsToByte((strHexChars.Substring(I * 2, 2)))
```

```
    Next I

    Return bBytes
End Function
```

本节的HexCharsToBytes方法和上一节中的BytesToHexChars方法在即时窗口中的测试效果如图12.3所示。前者将6个十六进制字符转换成了具有三个元素的一维字节数组，后者又将此数组转换回原来的十六进制字符串。

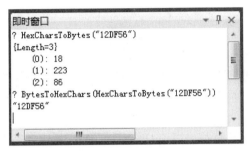

图 12.3　十六进制字符串与字节数组之间的相互转换测试

12.6　普通字符串与十六进制字符串之间的相互转换

字符"1"的 ASCII 码为 16 进制数 0x31，普通字符串转换为十六进制字符串，就是将字符"1"转换为十六进制字符串"31"。同样的道理，字符串"AB"转换为"4142"。将普通字符串转换为十六进制字符串，是为了处理数据方便，例如，对于不可见字符，如何输入？可以全部用可见的十六进制字符串来表示，并进一步将十六进制字符串转换为字节流，从而进行数据的传输。

StringToHexChars 方法的主要原理是通过 ASCIIEncoding 对象 ascEncode 的 GetBytes 方法将普通字符串转换为字节数组，再调用 BytesToHexChars 方法转换为十六进制字符串。

```
Public Function StringToHexChars(ByVal strVal As String) As String
    'from "1" to "31"
    Dim ascEncode As ASCIIEncoding = New ASCIIEncoding
    Return BytesToHexChars(ascEncode.GetBytes(strVal))
End Function
```

HexCharsToString 方法实现将十六进制字符串转换为普通字符串，例如，将十六进制字符串"4142"转换为字符串"AB"。这种转换也是为了处理数据方便，可以将从通信端口接收到的字节流转换为十六进制字符串，从而根据需要进一步转换为普通字符串。转换原理就是先调用 HexCharsToBytes 方法将十六进制字符串转换为字节数组，然后，调用 ASCIIEncoding 对象 ascEncode 的 GetString 方法将字节数组转换为对应的普通字符串。

```
Public Function HexCharsToString(ByVal strHexChars As String) As String
    'from "31" to "1"
    Dim ascEncode As ASCIIEncoding = New ASCIIEncoding
```

```
strHexChars = NormalizeHexChars(strHexChars)
If strHexChars.Length = 0 Then Return ""
Return ascEncode.GetString(HexCharsToBytes(strHexChars))
```
End Function

普通字符串与十六进制字符串之间的相互转换在即时窗口中的测试效果如图12.4所示。

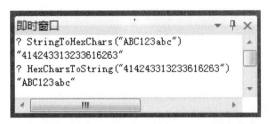

图 12.4　普通字符串与十六进制字符串之间的相互转换测试

12.7　字节数组与普通字符串之间的相互转换

字节数组与普通字符串之间的转换，即表 12.1 中十六进制字节序列与普通字符串之间的转换，例如，将十六进制字节 41 42 转换为字符串"AB"。

BytesToString 方法实现字节数组到普通字符串之间的转换，首先调用 BytesToHexChars 方法将字节数组转换为十六进制字符串，然后，调用 HexCharsToString 方法将十六进制字符串转换为普通字符串。当然，也可以通过 For 循环逐个字节转换为普通字符，然后进行累加。

```
Public Function BytesToString(ByRef bData() As Byte) As String
    Dim strHexChars As String

    strHexChars = BytesToHexChars(bData)
    Return HexCharsToString(strHexChars)
End Function
```

StringToBytes 方法实现普通字符串到字节数组之间的转换，首先调用 StringToHexChars 方法将普通字符串转换为十六进制字符串，然后调用 HexCharsToBytes 方法将十六进制字符串转换为字节数组。

```
Public Function StringToBytes(ByVal strVal As String) As Byte()
    Dim strHexChars As String

    strHexChars = StringToHexChars(strVal)
    Return HexCharsToBytes(strHexChars)
End Function
```

12.8　普通字符串与 Unicode 字符串之间的相互转换

计算机只是处理数字，指定一个数字来表示并储存字母或其他字符。在创造 Unicode 之前，有数百种指定这些数字的编码系统。没有一个编码可以包含足够的字符：例如，仅欧洲共同体就需要好几种不同的编码来包括所有的语言。即使是一种语言，例如英语，也没有哪一个编码可以适用于所有的字母、标点符号和常用的技术符号。

这些编码系统也会互相冲突。也就是说，两种编码可能使用相同的数字代表两个不同的字符，或使用不同的数字代表相同的字符。任何一台特定的计算机(特别是服务器)都需要支持许多不同的编码，但是，无论什么时候，数据通过不同的编码或平台之间，那些数据总会有被损坏的危险。

Unicode 的出现改变了这一切。Unicode 是一个 16 位的字符集，给每个字符提供了一个唯一的数字，可以移植到所有主要的计算机平台并且覆盖几乎整个世界。它也是单一地区的，不包括代码页或者其他让软件很难读写和测试的复杂的东西。现在，还没有一个合理的多平台的字符集可以和它竞争。Unicode 标准已经被这些工业界的领导们所采用，例如：Microsoft、Oracle、Apple、HP、IBM 和 Sybase 等。最新的标准都需要 Unicode，例如 XML、Java、ECMAScript(JavaScript)、LDAP 和 WML 等，并且，Unicode 是实现 ISO/IEC 10646 的正规方式。许多操作系统，所有最新的浏览器和许多其他产品都支持它。Unicode 标准的出现和支持它工具的存在，是近来全球软件技术最重要的发展趋势。

将 Unicode 与客户服务器或多层应用程序和网站结合，比使用传统字符集节省费用。Unicode 使单一软件产品或单一网站能够贯穿多个平台、语言和国家，而不需要重建，可以将数据传输到许多不同的系统而无损坏。

12.8.1　普通字符串转换为 Unicode 字符串

StringToUnicodeHexChars 方法实现普通字符串(可以包含汉字)到 Unicode 字符串之间的转换，第二个可选参数默认高字节在前，这适用于中文短信的编码。得到字节数组后，调用 BytesToHexChars 方法转换为十六进制字符串。

```
Public Function StringToUnicodeHexChars(ByVal strVal As String, _
            Optional ByVal bigEndian As Boolean = True) As String
    'Big Endian: from "1春" to "00316625", for GSM Modem short message service.
    'Little Endian: from "1春" to "31002566"
    Dim ucEncode As UnicodeEncoding = New UnicodeEncoding(bigEndian, True)

    If strVal.Length = 0 Then Return ""
    Dim nBytes() As Byte = ucEncode.GetBytes(strVal)


    Return BytesToHexChars(nBytes)
End Function
```

如果将纯英文字符串转换为 Unicode 字符串，就会造成空间浪费。因而，该编码方法主要针对字符串中含有汉字的情况。

12.8.2 Unicode 字符串转换为普通字符串

UnicodeHexCharsToString 方法将 Unicode 字符串转换为普通字符串，例如，从"00316625"转换为"1 春"。其基本原理是先调用 HexCharsToBytes 方法将 Unicode 字符串转换为字节数组，然后，调用 UnicodeEncoding 对象 ucEncode 的 GetString 方法转换为普通字符串。

```
Public Function UnicodeHexCharsToString(ByVal strHexChars As String, _
            Optional ByVal bigEndian As Boolean = True) As String
    'Big Endian: from "00316625" to "1春"
    'Little Endian: from "31002566" to "1春"
    Dim ucEncode As UnicodeEncoding = New UnicodeEncoding(bigEndian, True)

    strHexChars = NormalizeHexChars(strHexChars)
    If 0 = strHexChars.Length \ 4 Then Return ""
    Dim nBytes() As Byte = HexCharsToBytes(strHexChars)

    Return ucEncode.GetString(nBytes)
End Function
```

普通字符串与 Unicode 字符串之间的相互转换在即时窗口中的测试效果如图 12.5 所示。

图 12.5　普通字符串与 Unicode 字符串之间的相互转换的测试

12.9　随机字节(数组)的生成

随机字节可以用于博彩和计算机仿真，例如 3.2 节介绍的彩票程序。随机字节也可用于抓阄，应用程序不断产生随机数，按键以后停止生成，最后一个随机数就是抓阄的结果。3.2 节已经介绍了生成一个随机字节的方法。

如果需要产生若干随机字节来模拟计算机监控系统中的采样数据，可以通过 GetRandomBytes 方法来完成。该方法的参数 nCount 表示产生随机字节的数量，结果返回一个随机字节数组。GetRandomBytes 方法调用 Random 对象的 NextBytes 方法来产生随机字节数组，并填入 NextBytes 方法的参数中。

```
Public Function GetRandomBytes(ByVal nCount As Integer) As Byte()
    Dim rnd As New Random
```

```
Dim BytesBuffer() As Byte

If nCount < 1 Then nCount = 1
ReDim BytesBuffer(nCount - 1)

rnd.NextBytes(BytesBuffer)
Return BytesBuffer
End Function
```

如果在即时窗口中输入 GetRandomBytes(5)，将输出一个拥有 5 个随机字节的数组。

12.10　字节的位操作

在汇编语言中，对一个字节中的指定位进行测试、置位或复位，是一种基本技巧。在计算机监控系统中，常用 1 表示开关闭合，0 表示开关打开(反之也可)，因而，测试开关状态是通过位测试进行的，控制开关闭合和打开则是通过对控制字节置位和复位进行的。

CheckByteBit 方法测试字节中的某一位是否为 1，第一个参数 bData 是需要测试的字节，第二个参数 nBit 表示第几位(0～7)。bTmp 将 nBit 位置位(置 1)，然后，bData 和 bTmp 相与(And)，如果结果不等于 0，则返回 True，表示 nBit 位为 1；否则，返回 False，表示 nBit 位为 0。

```
Public Function CheckByteBit(ByVal bData As Byte, ByVal nBit As Integer)
As Boolean
    Dim bTmp As Byte
    Dim bResult As Byte

    If nBit > 7 Or nBit < 0 Then Return False
    bTmp = 2 ^ nBit
    bResult = bData And bTmp
    If bResult <> 0 Then
        Return True
    Else
        Return False
    End If
End Function
```

SetByteBit 方法利用或运算(Or)给 nBit 位置位(置 1)，并返回置位后的字节。

```
Public Function SetByteBit(ByVal bData As Byte, ByVal nBit As Integer) As
Byte
    Dim bTmp As Byte
```

```
    If nBit > 7 Or nBit < 0 Then
        Return bData
    End If


    bTmp = 2 ^ nBit
    Return bData Or bTmp
End Function
```

ResetByteBit 方法使得 nBit 位复位(置 0)，并返回复位后的字节。如果一个字节的某位为 0，其他位为 1，那么，这个字节与其他字节相与，即可使得该位复位，且其他位不受影响。**ResetByteBit** 方法首先通过异或生成这样的一个字节，并保存到 **bTmp** 中，然后，利用 **bTmp** 与 **bData** 相与，即可得到期望的结果。

```
Public Function ResetByteBit(ByVal bData As Byte, ByVal nBit As Integer)
As Byte
    Dim bTmp As Byte


    If nBit > 7 Or nBit < 0 Then
        Return bData
    End If


    bTmp = (2 ^ nBit) Xor &HFF
    Return bData And bTmp
End Function
```

12.11　本 章 小 结

本章主要介绍了通用数据的编码与处理技术，涉及字节(数组)、普通字符、十六进制字符串、Unicode 等之间的相互转换。最后，介绍了随机字节(数组)的产生方法与用途，以及字节的位测试、置位和复位技术。这些技术是计算机监控系统和中文短信平台等工程项目中的关键技术，也是数据传输、加密解密等领域的重要基础，应用非常广泛。下一章以此为基础，介绍数据的校验技术。

教 学 提 示

深刻理解表 12.1 字节对应的普通字符与十六进制字符串。新建一个窗体应用程序，添加软件模块 CommonParity.vb 和 ByteProcess.vb，在即时窗口中测试各函数的运行结果，然后再查看代码，理解其中的基本原理。

思考与练习

1. 理解并熟练掌握各节的数据转换方法。

2. 熟练使用 HexCharsToBytes 与 BytesToHexChars 方法，并画出这两个方法的函数调用层次结构图。

3. 结合汇编语言及本章的内容，简述字节的位处理技术在设备状态检测及计算机监控中的应用。

第 13 章　数据包的校验技术

数据包的校验无处不在。用户在 ATM 机上查询账户余额时，向银行的服务器提交了一定格式的数据，银行服务器验证数据正确后，才将账户余额传送到 ATM 机上。在浏览网页的时候，也需要相应的验证。表 13.1 所示是一个职工工资简表(仅用于说明问题)，基本工资、津贴、房补之和为应发，应发减去公积金与医疗保险为实发，合计分别计算各列之和。出纳发放工资，就当总计 1782 不存在一样，重新对数据进行汇总，如果汇总结果与提供的结果 1782 一样，则认为数据正确。

表 13.1　职工工资简表　　　　　　　　　　　　（单位：元）

姓名	基本工资	津贴	房补	应发	公积金	医疗保险	实发
张三	500	50	5	555	10	40	505
李四	600	60	6	666	12	60	594
王二	700	70	7	777	14	80	683
合计	1800	180	18	1998	36	180	1782

同样，通过网络或串行接口发送字节 41 00 42 时，为了保证数据传输的可靠性，也需要引入验算，即校验功能。如果选择累加和(Add)校验，则发送字节时，还需要在所发送的字节末尾发送字节的累加和，0x41+0+0x42=0x83，因而，采用累加和校验，实际发送的字节为 41 00 42 83。对方收到数据后，将校验码 0x83 放在一边，重新计算字节 41 00 42 的校验码，如果与收到的校验码一致，则认为收到的数据正确，就进行处理，否则，丢弃收到的数据。除了累加和校验码外，还有异或(Xor)校验码、循环冗余校验码(CRC)、TCP/IP 协议中的累加求补校验码(BCS)。校验码后还可附加结尾码，例如，Modem 的 AT 命令以回车符结尾(0x0D)，POP3 协议则以回车换行结尾(0x0A0D)。可以将结尾码理解为校验码的扩展。

13.1　全局枚举类型的定义

本章用 ParityProcess 模块实现校验码与结尾码的自动生成与数据包的统一校验功能。ParityProcess 模块中定义了两个枚举类型，CheckMode 枚举定义校验方法，成员 Chk_None 表示无校验；EndMark 枚举定义结尾码的类型，成员 Add_None 表示不添加结尾码。这两个枚举类型在模块 CommonParity.vb 中定义。

```
Public Enum CheckMode
    Chk_None = 0
    Chk_Xor = 1
```

```
        Chk_Add = 2
        Chk_CRC = 3
        Chk_BCS = 4
    End Enum


    Public Enum EndMark
        Add_None = 0
        Add_CR = 1
        Add_CRLF = 2
    End Enum
```

13.2 累加和(Add)校验码的生成与检验

累加和校验码的初始值为 0，对待发送的数据以字节为单位，与初始值相加模 256，最后所得结果即为累加和校验码。addStrValue 方法实现该功能，其参数 strData 可以是十六进制字符串，也可以是普通字符串，这通过默认参数 nDisplayMode(默认为十六进制模式) 指定。所产生的 Add 校验码也是十六进制字符串(下文的其他相关方法也类似)。

其基本原理是，首先，如果传入的 strData 是十六进制字符串，就调用 NormalizeHexChars 函数进行标准化处理；如果是普通字符串，例如，I-7065D 的查询工作参数命令 "$AA2"，则调用 StringToHexChars 函数转换为十六进制字符串。然后，统一将十六进制字符串转换为字节数组，保存在 byteBuffer 中，逐个累加模 256，最后，通过上一章介绍的 ByteToTwoHexChars 方法转换为十六进制字符串，并返回该数据。

```
    Public Function addStrValue(ByVal strData As String, Optional ByVal _
            nDisplayMode As DisplayMode = DisplayMode.HexMode) As
        String
    Dim strHexData As String
    Dim addTmp As Integer = 0
    Dim byteBuffer As Byte()

    If nDisplayMode = DisplayMode.HexMode Then
        strHexData = NormalizeHexChars(strData)
    Else
        strHexData = StringToHexChars(strData)
    End If

    byteBuffer = HexCharsToBytes(strHexData)
    If byteBuffer Is Nothing Then Return ""

    For I As Integer = 0 To byteBuffer.Length - 1
```

```
        addTmp = (addTmp + byteBuffer(I)) Mod 256
    Next I


    Return ByteToTwoHexChars(addTmp)
  End Function
```

addStrValue 函数的测试结果如图 13.1 所示。第一项结果"BD"与图 2.11 中的一致；第二项计算三个字节之和为 0x115，模 256 后，结果为"15"，也正确。

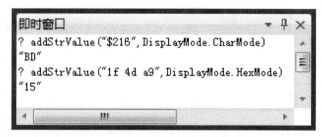

图 13.1　addStrValue 函数的测试

CheckAddStrValue 方法对累加和数据包进行检验。其关键是取出末尾的累加和校验码(存于 strParity)，调用 addStrValue 函数重新计算数据包的校验码(存入 strResult)，如果 strResult 与 strParity 相等，则检验正确，表示数据包完整，返回 True；否则，返回 False. 需要注意的是，当显示方式是 CharMode 时，strData 的数据部分是普通字符串，校验码部分是十六进制字符串，需要分开处理。

```
Public Function CheckAddStrValue(ByVal strData As String, Optional ByVal _
            nDisplayMode As DisplayMode = DisplayMode.HexMode) As Boolean
    Dim strHexData As String
    Dim strCharHead As String
    Dim strParity As String


    If nDisplayMode = DisplayMode.HexMode Then
        strHexData = NormalizeHexChars(strData)
        If strHexData.Length < 4 Then Return False
        strParity = strHexData.Substring(strHexData.Length - 2)
    Else
        If strData.Length < 3 Then Return False
        strCharHead = strData.Substring(0, strData.Length - 2)
        strParity = strData.Substring(strData.Length - 2)
        strHexData = StringToHexChars(strCharHead) & strParity
    End If


    If strParity = addStrValue(strHexData.Substring(0, strHexData.Length - 2))
Then
```

```
            Return True
        Else
            Return False
        End If
End Function
```

CheckAddStrValue 函数的测试结果如图 13.2 所示，更改其中任何一个数字，结果都将返回 False。

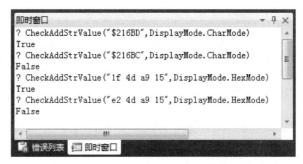

图 13.2　CheckAddStrValue 函数的测试

13.3　异或(Xor)校验码的生成与检验

异或校验码的初始值为 0，对待发送的信息以字节为单位，与初始值相异或，最后所得结果即为异或校验码。xorStrValue 方法实现该功能，其输入参数、前期处理和结果输出跟 addStrValue 函数类似，这里不再赘述。

```
Public Function xorStrValue(ByVal strData As String, Optional ByVal _
            nDisplayMode As DisplayMode = DisplayMode.HexMode) As String
    Dim strHexData As String
    Dim xorTmp As Byte = 0
    Dim byteBuffer As Byte()

    If nDisplayMode = DisplayMode.HexMode Then
        strHexData = NormalizeHexChars(strData)
    Else
        strHexData = StringToHexChars(strData)
    End If

    byteBuffer = HexCharsToBytes(strHexData)
    If byteBuffer Is Nothing Then Return ""

    For I As Integer = 0 To byteBuffer.Length - 1
        xorTmp = xorTmp Xor byteBuffer(I)
```

214

```
    Next I


    Return ByteToTwoHexChars(xorTmp)
End Function
```

CheckXorStrValue 方法对异或数据包进行检验。因为数据尾部包含异或校验码，所以，前面有效数据的校验码与尾部数据相异或，结果为 0(返回"00")，可以据此判断数据正确；如果数据不为 0，则说明数据有误。

```
Public Function CheckXorStrValue(ByVal strData As String, Optional ByVal _
        nDisplayMode As DisplayMode = DisplayMode.HexMode) As Boolean
    Dim strHexData As String
    Dim strCharHead As String
    Dim strCharTail As String


    If nDisplayMode = DisplayMode.HexMode Then
        strHexData = NormalizeHexChars(strData)
        If strHexData.Length < 4 Then Return False
    Else
        If strData.Length < 3 Then Return False
        strCharHead = strData.Substring(0, strData.Length - 2)
        strCharTail = strData.Substring(strData.Length - 2)
        strHexData = StringToHexChars(strCharHead) & strCharTail
    End If


    If xorStrValue(strHexData) = "00" Then
        Return True
    Else
        Return False
    End If
End Function
```

13.4 循环冗余(CRC)校验码的生成与检验

Xor 校验与 Add 校验以字节为单位进行校验处理，算法比较简单，相对容易出错。CRC 的算法比较复杂，其基本思想是将需要发送的数据包当作一个系数为 0 或 1 的多项式。多项式的算术运算采用代数域的理论规则，以 2 为模进行，即加法没有进位，减法没有借位，加法与减法都等同于异或。长除法与二进制中的长除运算类似，只是减法按照模 2 进行。

数据通信时，发送方与接收方必须商定一个生成多项式，其最低位和最高位必须为 1，为了计算循环冗余校验，数据帧必须比生成多项式长，基本思想是在数据帧的尾部加上校验码，使得加上校验码后的帧所对应的多项式能被生成多项式除尽。当对方收到带校验码的数据帧后，也执行相同的计算，如果有余数，表明传输过程中出错。设生成多项式 $g(x)$ 为 r 次，信息码多项式为 $m(x)$，则编码步骤如下所示。

(1) 用 x^r 乘 $m(x)$，即在信息位后附加 r 个 "0"；

(2) $x^r m(x)$ 除以 $g(x)$，得到商式 $Q(x)$ 和余式 $r(x)$，即

$$\frac{x^r m(x)}{g(x)} = Q(x) + \frac{r(x)}{g(x)}$$

(3) 输出码多项式为 $T(x) = x^r m(x) + r(x)$。

Xor 与 Add 校验的形式单一，而 CRC 由于所选用的多项式与初始值的不同，其算法也不尽相同，所得到的校验码结果也相异。crcStrValue 方法选取多项式为 0xA001，初始值为 0xFFFF。最后将两个字节的 CRC 校验码通过 TwoBytesToHexChars 函数转换成十六进制字符串时，采用低字节在前，因而，第二个参数为 False。

```
Public Function crcStrValue(ByVal strData As String, Optional ByVal _
            nDisplayMode As DisplayMode = DisplayMode.HexMode) As String
    Dim strHexData As String
    Dim I, J As Integer
    Dim uCRC_Value As UShort = &HFFFF '16 bit
    Dim uCRC_Const As UShort = &HA001
    Dim byteBuffer As Byte()

    If nDisplayMode = DisplayMode.HexMode Then
        strHexData = NormalizeHexChars(strData)
    Else
        strHexData = StringToHexChars(strData)
    End If

    byteBuffer = HexCharsToBytes(strHexData)
    If byteBuffer Is Nothing Then Return ""

    For I = 0 To byteBuffer.Length - 1
        uCRC_Value = uCRC_Value Xor byteBuffer(I)

        For J = 0 To 7
            If uCRC_Value Mod 2 <> 0 Then
                uCRC_Value = uCRC_Value \ 2
                uCRC_Value = uCRC_Value Xor uCRC_Const
            Else
```

```
                  uCRC_Value = uCRC_Value \ 2
            End If
      Next J
   Next I


      Return TwoBytesToHexChars(uCRC_Value, False)
   End Function
```

CheckCrcStrValue 方法对 CRC 数据包进行检验。因为数据包尾部包含 CRC 校验码，所以，根据 CRC 的计算原理，其结果为 0(返回"0000")，表示数据正确；如果数据不为 0，则说明数据有误。

```
   Public Function CheckCrcStrValue(ByVal strData As String, _
         Optional ByVal CRC_Seed As String = "FFFF", _
         Optional ByVal nDisplayMode As DisplayMode = DisplayMode.HexMode) _
         As Boolean
      Dim strHexData As String
      Dim strCharHead As String
      Dim strCharTail As String

      If nDisplayMode = DisplayMode.HexMode Then
         strHexData = NormalizeHexChars(strData)
         If strHexData.Length < 6 Then Return False
      Else
         If strData.Length < 5 Then Return False
         strCharHead = strData.Substring(0, strData.Length - 4)
         strCharTail = strData.Substring(strData.Length - 4)
         strHexData = StringToHexChars(strCharHead) & strCharTail
      End If

      If crcStrValue(strHexData) = "0000" Then
         Return True
      Else
         Return False
      End If
   End Function
```

13.5　累加求补(BCS)校验码的生成与检验

这种校验方式主要用于 TCP/IP 协议中。由于网络的发展，提供 RJ-45 接口已经成为计算机监控模块的趋势与业界标准，因而，嵌入式模块与数据采集模块纷纷提供 RJ-45

接口，并支持 TCP/IP 协议，从而，进入 Internet 世界。addStrBCSValue 方法实现该功能，算法的基本思想是对待发送的数据以字(两个字节)为单位累加，结果放在双字中，最后，高位字右移 16 位与低位字相加，再取反。

```
Public Function addStrBCSValue(ByVal strData As String, Optional ByVal _
            nDisplayMode As DisplayMode = DisplayMode.HexMode) As String
    Dim strHexData As String
    Dim nLen As Integer
    Dim byteBuffer As Byte()
    Dim nWords As Integer
    Dim uSum As UInteger '32 bit
    Dim uCheckSum As UInteger
    Dim uResult As UShort '16 bit

    If nDisplayMode = DisplayMode.HexMode Then
        strHexData = NormalizeHexChars(strData)
    Else
        strHexData = StringToHexChars(strData)
    End If

    nLen = strHexData.Length
    If nLen Mod 4 <> 0 Then Return "" '非双字节，不予处理

    byteBuffer = HexCharsToBytes(strHexData)
    If byteBuffer Is Nothing Then Return ""

    nWords = byteBuffer.Length / 2
    uSum = 0

    For I As Integer = 0 To nWords - 1
        uSum += byteBuffer(I * 2 + 1) * 256 + byteBuffer(I * 2) '低字节在前
    Next I

    uCheckSum = (uSum And &HFFFF)                    '低位字
    uCheckSum += (uSum And &HFFFF0000) / 256 / 256   '高位字右移16位，累加
    uCheckSum = Not uCheckSum
    uResult = CType(uCheckSum And &HFFFF, UShort)

    Return TwoBytesToHexChars(uResult, False)
End Function
```

218

对于从网络读取的 TCP 数据包,可以根据所有字节的累加求补校验码为 0 进行验算,CheckAddStrBCSValue 方法实现该功能,如果结果为"0000",就返回 True;否则,返回 False。

```
Public Function CheckAddStrBCSValue(ByVal strData As String, Optional ByVal _
                nDisplayMode As DisplayMode = DisplayMode.HexMode) As Boolean
    Dim strHexData As String
    Dim strCharHead As String
    Dim strCharTail As String

    If nDisplayMode = DisplayMode.HexMode Then
        strHexData = NormalizeHexChars(strData)
        If strHexData.Length < 8 Then Return False
    Else
        If strData.Length < 6 Then Return False
        strCharHead = strData.Substring(0, strData.Length - 4)
        strCharTail = strData.Substring(strData.Length - 4)
        strHexData = StringToHexChars(strCharHead) & strCharTail
    End If

    If addStrBCSValue(strHexData) = "0000" Then
        Return True
    Else
        Return False
    End If
End Function
```

13.6 结尾码的处理

计算机监控系统中的数据采集模块(如 I-7065D 与 I-7013D)和 Modem 等,都需要在数据包末尾添加回车符 CR(0x0D,Visual Basic 中用内部常量 vbCr 表示)作为数据包结束的标志,而 TCP/IP 协议之上的应用层协议,如 HTTP、POP3 和 SMTP 等等,通常将回车换行 CRLF(0x0D0A,Visual Basic 中用内部常量 vbCrLf 表示)作为结束标志。可见,CR 与 CRLF 作为结尾码具有广泛性。AddEndMark 方法实现此功能,根据第二个参数 nEndMark 指定的结尾码类型和第三个参数指定的显示模式,在第一个参数 strData 后面附加结尾码,并返回结果。

```
Public Function AddEndMark(ByVal strData As String, _
                ByVal nEndMark As EndMark, Optional ByVal _
                nDisplayMode As DisplayMode = DisplayMode.HexMode) As String
```

```
        Dim strTmp As String = strData
        If nDisplayMode = DisplayMode.HexMode Then _
                                    strTmp = NormalizeHexChars(strData)


        Select Case nEndMark
            Case EndMark.Add_CR
                If nDisplayMode = DisplayMode.HexMode Then
                    Return strTmp & "0D"
                Else
                    Return strTmp & vbCr
                End If
            Case EndMark.Add_CRLF
                If nDisplayMode = DisplayMode.HexMode Then
                    Return strTmp & "0D0A"
                Else
                    Return strTmp & vbCrLf
                End If
        End Select


        Return strTmp
    End Function
```

CheckEndMark 方法检验收到的数据是否包含指定的结尾码，第二个参数 nEndMark 指定结尾码的种类，第三个参数 nDisplayMode 指定显示模式。正确返回 True，错误则返回 False。

```
    Public Function CheckEndMark(ByVal strData As String, _
            ByVal nEndMark As EndMark, Optional ByVal _
            nDisplayMode As DisplayMode = DisplayMode.HexMode) As Boolean
        Dim strTmp As String = strData
        Dim nLen As Integer

        If nDisplayMode = DisplayMode.HexMode Then _
                                    strTmp = NormalizeHexChars(strData)
        nLen = strTmp.Length

        Select Case nEndMark
            Case EndMark.Add_CR
                If nDisplayMode = DisplayMode.HexMode Then
                    If nLen < 2 Then Return False
                    If strTmp.Substring(nLen - 2, 2) = "0D" Then
```

```
                    Return True
            Else
                Return False
            End If
        Else
            If nLen < 1 Then Return False
            If strTmp.Substring(nLen - 1, 1) = vbCr Then
                Return True
            Else
                Return False
            End If
        End If
    Case EndMark.Add_CRLF
        If nDisplayMode = DisplayMode.HexMode Then
            If nLen < 4 Then Return False
            If strTmp.Substring(nLen - 4, 4) = "0D0A" Then
                Return True
            Else
                Return False
            End If
        Else
            If nLen < 2 Then Return False
            If strTmp.Substring(nLen - 2, 2) = vbCrLf Then
                Return True
            Else
                Return False
            End If
        End If
    End Select

    Return True  'ADD_NONE
End Function
```

13.7   数据包的统一校验

第 13.2 至 13.5 节已经实现了 4 种校验码的生成与检验算法，而 CheckParity 方法增加了校验码标志 nCheckMode 为参数，分别调用各个校验码检验方法，正确返回 True，错误则返回 False。

```
Public Function CheckParity(ByVal strData As String, _
```

```
            ByVal nCheckMode As CheckMode, Optional ByVal _
            nDisplayMode As DisplayMode = DisplayMode.HexMode) As Boolean
Dim strTmp As String = strData
Dim nLen As Integer

If nDisplayMode = DisplayMode.HexMode Then _
                              strTmp = NormalizeHexChars(strData)
nLen = strTmp.Length

Select Case nCheckMode
    Case CheckMode.Chk_Xor
        If nDisplayMode = DisplayMode.HexMode Then
            If nLen < 4 Then Return False
            Return CheckXorStrValue(strTmp)
        Else
            If nLen < 3 Then Return False
            Return CheckXorStrValue(strTmp, DisplayMode.CharMode)
        End If
    Case CheckMode.Chk_Add
        If nDisplayMode = DisplayMode.HexMode Then
            If nLen < 4 Then Return False
            Return CheckAddStrValue(strTmp)
        Else
            If nLen < 3 Then Return False
            Return CheckAddStrValue(strTmp, DisplayMode.CharMode)
        End If
    Case CheckMode.Chk_CRC
        If nDisplayMode = DisplayMode.HexMode Then
            If nLen < 6 Then Return False
            Return CheckCrcStrValue(strTmp)
        Else
            If nLen < 5 Then Return False
            Return CheckCrcStrValue(strTmp, "FFFF", DisplayMode.CharMode)
        End If
    Case CheckMode.Chk_BCS
        If nDisplayMode = DisplayMode.HexMode Then
            If nLen < 8 Then Return False
            Return CheckAddStrBCSValue(strTmp)
        Else
```

```
            If nLen < 6 Then Return False
            Return CheckAddStrBCSValue(strTmp, DisplayMode.CharMode)
        End If
    End Select


    Return True  'CheckMode.Chk_None
End Function
```

数据包的统一校验方法 CheckEntirePackage 在 CheckParity 的基础之上，又增加了结尾码种类 nEndMark 为参数，首先调用 CheckEndMark 方法检查结尾码，然后，去除结尾码，再调用 CheckParity 方法检查校验码，如果正确，则返回 True，错误返回 False。

```
Public Function CheckEntirePackage(ByVal strData As String, _
        ByVal nCheckMode As CheckMode, _
        ByVal nEndMark As EndMark, Optional ByVal _
        nDisplayMode As DisplayMode = DisplayMode.HexMode) As Boolean
    Dim strTmp As String = strData
    If nDisplayMode = DisplayMode.HexMode Then _
                                strTmp = NormalizeHexChars(strData)


    If CheckEndMark(strTmp, nEndMark, nDisplayMode) = False Then Return
False


    Select Case nEndMark
        Case EndMark.Add_CR
            If nDisplayMode = DisplayMode.HexMode Then
                strTmp = strTmp.Substring(0, strTmp.Length - 2)
            Else
                strTmp = strTmp.Substring(0, strTmp.Length - 1)
            End If
        Case EndMark.Add_CRLF
            If nDisplayMode = DisplayMode.HexMode Then
                strTmp = strTmp.Substring(0, strTmp.Length - 4)
            Else
                strTmp = strTmp.Substring(0, strTmp.Length - 2)
            End If
    End Select


    Return CheckParity(strTmp, nCheckMode, nDisplayMode)
End Function
```

13.8　数据包的综合生成与信息提取

　　数据包的综合生成，是对输入的字符串数据，根据校验码参数、结尾码参数和显示模式参数，统一在字符串数据后面添加校验码和结尾码。GetEntirePackage 方法实现这一功能，首先添加校验码，然后添加结尾码，最后返回结果。

```
Public Function GetEntirePackage(ByVal strData As String, _
        ByVal nCheckMode As CheckMode, _
        ByVal nEndMark As EndMark, Optional ByVal _
        nDisplayMode As DisplayMode = DisplayMode.HexMode) As String
    Dim strTmp As String = strData
    If nDisplayMode = DisplayMode.HexMode Then _
                                strTmp = NormalizeHexChars(strData)
    Dim strPackage As String = ""

    Select Case nCheckMode
        Case CheckMode.Chk_None
            strPackage = strTmp
        Case CheckMode.Chk_Xor
            strPackage = strTmp & xorStrValue(strTmp, nDisplayMode)
        Case CheckMode.Chk_Add
            strPackage = strTmp & addStrValue(strTmp, nDisplayMode)
        Case CheckMode.Chk_CRC
            strPackage = strTmp & crcStrValue(strTmp, nDisplayMode)
        Case CheckMode.Chk_BCS
            strPackage = strTmp & addStrBCSValue(strTmp, nDisplayMode)
    End Select

    Return AddEndMark(strPackage, nEndMark, nDisplayMode)
End Function
```

　　附在有效数据后面的校验码和结尾码是为数据的验证服务的，接收方收到数据后，需要获取有效数据。PickPurePackage 方法实现这一功能，首先调用 CheckEntirePackage 方法检查数据包是否正确，如果错误，则直接返回空字符串；如果正确，则依次删除结尾码和校验码，最后返回有效数据。

```
Public Function PickPurePackage(ByVal strData As String, _
        ByVal nCheckMode As CheckMode, _
        ByVal nEndMark As EndMark, Optional ByVal _
        nDisplayMode As DisplayMode = DisplayMode.HexMode) As String
    Dim strTmp As String = strData
```

```
        If nDisplayMode = DisplayMode.HexMode Then _
                                strTmp = NormalizeHexChars(strData)
        If CheckEntirePackage(strTmp, nCheckMode, nEndMark, nDisplayMode) = _
                    False Then Return ""


        Select Case nEndMark
            Case EndMark.Add_CR
                If nDisplayMode = DisplayMode.HexMode Then
                    strTmp = strTmp.Substring(0, strTmp.Length - 2)
                Else
                    strTmp = strTmp.Substring(0, strTmp.Length - 1)
                End If
            Case EndMark.Add_CRLF
                If nDisplayMode = DisplayMode.HexMode Then
                    strTmp = strTmp.Substring(0, strTmp.Length - 4)
                Else
                    strTmp = strTmp.Substring(0, strTmp.Length - 2)
                End If
        End Select


        Select Case nCheckMode
            Case CheckMode.Chk_Xor, CheckMode.Chk_Add
                strTmp = strTmp.Substring(0, strTmp.Length - 2)
            Case CheckMode.Chk_CRC, CheckMode.Chk_BCS
                strTmp = strTmp.Substring(0, strTmp.Length - 4)
        End Select


        Return strTmp
    End Function
```

13.9 本 章 小 结

本章主要介绍数据包的各种校验技术，并定义了校验码的生成与验算方法，以及结尾码的生成与验算方法，在此基础之上，实现了 CheckEntirePackage 方法统一验证数据包、GetEntirePackage 方法生成综合的数据包，以及 PickPurePackage 方法从收到的原始数据包中获取有效信息。这里结果都用字符串表示，这样可以方便叠加，当要转换为字节发送时，可以调用上一章的 StringToHexChars 和 HexCharsToBytes 函数。下一章的串口处理模块将以上一章和本章的内容为基础，介绍串口操作和从串口发送格式化的数据以及接收数据的技巧。

教 学 提 示

理解表 13.1 数据验算的基本概念。新建一个窗体应用程序，添加软件模块 CommonParity.vb、ByteProcess.vb 和本章介绍的 ParityProcess.vb 模块，模仿累加和校验码的生成与检验方法，在即时窗口中测试各函数的运行结果，然后再查看代码，理解其中的基本原理。

思 考 与 练 习

1. 理解并熟练掌握各种校验码的生成与检验方法。
2. 简述 CheckXorStrValue 方法的原理。
3. 熟练使用 GetEntirePackage 与 CheckEntirePackage 方法，并画出这两个方法的函数调用层次结构图。

第 14 章　串行接口操作技术

串行接口应用广泛，而且，USB 与蓝牙设备也通过驱动软件转换为串口进行操作，因而，熟练掌握串行通信编程技术对工程项目的研发具有重要意义。4.5.2 节已经介绍了 SerialPort 组件的基本属性和方法，并给出了一个简单的串行通信聊天程序。本章设计了一个串行通信模块 PortProcess，提供了串行接口的通用操作方法，并在上两章的基础之上，设计了通用的数据收发方法。本模块需要引入 System.IO.Ports 命名空间。另外，定义了一个枚举类型 ComEvents，用来表示 SerialPort 组件对象的事件类型，Data 表示数据到达事件，Others 表示其他事件。

```
Public Enum ComEvents
    Data = 0
    Others = 1
End Enum
```

14.1　串行接口名称的获取与应用

第 6.2.8 节已经介绍了通过 My 命名空间访问串口的基本方法。GetPortsArray 方法获取本机的所有串口名称，存入可变字符串数组 strPortArray 中，最后返回该结果。strPortArray 中的串口名称没有经过排序，一般为乱序，因为物理 1 号端口，有可能被命名为 COM1 以外的串口号。

```
Public Function GetPortsArray() As String()
    '返回计算机上的串口字符串数组，如"COM1","COM2"等
    Dim I As Integer
    Dim strPortArray() As String
    Dim nCount As Integer = My.Computer.Ports.SerialPortNames.Count
    If nCount = 0 Then Return Nothing

    ReDim strPortArray(nCount - 1)

    For I = 0 To nCount - 1
        strPortArray(I) = My.Computer.Ports.SerialPortNames(I)
    Next

    Return strPortArray
```

```
End Function
```

AddPortNameToComboBox 方法通过传址方式传递 ComboBox 对象。首先，调用 **GetPortsArray** 函数获取串口数组，然后对数组排序，这样，可能的排序结果是"COM1、 COM11、COM12、COM2…"。接下来清除下拉框列表，禁止自动排序，然后通过循环 将串口名称长度为 4 的字符串加入下拉框，再将长度为 5 的字符串加入下拉框，这样最 终结果将是"COM1、COM2、COM11、COM12…"(这里仅考虑 100 以内的串口号)。 通过该函数，能够确保列入下拉框中的串口都是存在于本机的，而且，从小到大排序， 满足用户习惯。

```
Public Sub AddPortNameToComboBox(ByRef cmb As ComboBox)
    Dim I As Integer
    Dim strPortsArray As String() = GetPortsArray() '05/01/14

    If strPortsArray Is Nothing Then Return
    Array.Sort(strPortsArray) '对数组进行排序

    cmb.Items.Clear()       '清除条目
    cmb.Sorted = False '禁止自动排序，即以如下添加顺序为准
    For I = 0 To strPortsArray.Length - 1
        If strPortsArray(I).Length = 4 Then cmb.Items.Add(strPortsArray(I))
    Next

    For I = 0 To strPortsArray.Length - 1
        If strPortsArray(I).Length = 5 Then cmb.Items.Add(strPortsArray(I))
    Next
End Sub
```

14.2 串行接口的打开与关闭

在利用串口收发数据之前，首先必须设置好串口的参数，然后，再打开串口。OpenPort 方法实现打开串口的功能，有两个参数，第一个参数通过传址传递 SerialPort 对象，第二 个参数(可选，默认 50ms)表示延迟的毫秒数。如果打开串口成功，则返回 0；否则，返 回-1。

```
Public Function OpenPort(ByRef comPort As SerialPort, _
                Optional ByVal nDelay As Integer = 50) As Integer
    '打开串口，并根据需要延迟 nDelay 毫秒
    If comPort.IsOpen = False Then
        Try
            comPort.Open()
            DelayMS(nDelay)            '定义见源代码
```

```
        Return 0
     Catch ex As Exception
        Return -1
     End Try
   End If


   Return 0
 End Function
```

如果调用 SerialPort 组件对象的 Open 方法打开串口后，立即调用 Write 方法发送数据，往往会失败。因为串口是一种硬件接口，有一定的延迟，逻辑上虽然打开了串口，但是，串口硬件尚未就绪，此时立即发送数据，自然容易失败。所以，打开串口后，调用 Thread 对象的 Sleep 方法延迟一段时间，才能确保系统运行可靠。

ClosePort 方法实现对串口的关闭。如果串行通信通过蓝牙进行，有可能关闭端口时蓝牙设备已在有效范围之外，因而为了保证程序的可靠性需要捕获异常。

```
Public Sub ClosePort(ByRef comPort As SerialPort)
   '关闭串口
   If comPort Is Nothing Then Return
   If comPort.IsOpen = True Then
     Try
        comPort.Close()
     Catch ex As Exception
        MessageBox.Show(ex.ToString, "ClosePort")
     End Try
   End If
   Return
End Sub
```

14.3   串口默认参数的快速设置

在系统调试过程中，经常需要快速设置串口参数。SetPort_Default 函数实现这一功能，以 SerialPort 对象 comPort 和串口名称 strName 为参数。首先需要检查串口名称是否有效，如果有效，就设置成典型的默认参数 "9600,n,8,1"，返回 0；如果串口名称无效就返回—1。

```
Public Function SetPort_Default(ByRef comPort As SerialPort, _
                   ByVal strName As String) As Integer
   Dim bPortNameValid As Boolean = False
   If comPort Is Nothing Then Return -1        'ERROR
   If comPort.IsOpen Then Return -1            'ERROR
```

```
For Each strTmpName As String In My.Computer.Ports.SerialPortNames
    If strTmpName = strName Then
        bPortNameValid = True
        Exit For
    End If
Next


If bPortNameValid = False Then Return -1     '端口名字非法
With comPort
    .PortName = strName
    .BaudRate = 9600
    .Parity = Parity.None
    .DataBits = 8
    .StopBits = StopBits.One
End With


Return 0
End Function
```

14.4　获取调制解调器的接口名称

自动获取 Modem 的接口名称，可以方便程序员的编程工作。SeachModem 方法可以实现这一功能。首先，生成一个 SerialPort 对象，然后，逐个接口尝试，即可发现 Modem 所在的接口。这里使用了一条命令“ATS0?”(加回车符)，通过串口发送给 Modem，查询其 S0 寄存器的内容。查询命令发送后等待 200ms 读取串口内容，如果有数据，说明该接口有 Modem，返回 SerialPort 对象的 PortName 属性即可；否则，没有 Modem。如果所有串口查询完毕都无响应，则返回空字符串。SearchModem 函数调用的 ReadTextDelay 是一个带延迟的数据接收函数，其定义见 PortsProcess 模块。

```
Public Function SearchModem() As String
    '返回连接了 Modem 的串口名称
    Dim nIndex As Integer
    Dim bIsModem As Boolean = False
    Dim nCount As Integer = My.Computer.Ports.SerialPortNames.Count
    If nCount = 0 Then Return ""


    Dim comPort As SerialPort = New SerialPort


    For nIndex = 0 To nCount - 1
        comPort.PortName = My.Computer.Ports.SerialPortNames(nIndex)
```

```
    comPort.BaudRate = 115200

    Dim nRet As Integer = OpenPort(comPort)
    If nRet = -1 Then Continue For      '跳过其他已打开串口

    comPort.Write("ATS0?" & vbCr)
    Dim strReply As String = ReadTextDelay(comPort, 200)
    ClosePort(comPort)

    If strReply IsNot Nothing AndAlso strReply.Length > 0 Then
        bIsModem = True
        Exit For
    End If
  Next nIndex

  If bIsModem Then
      Return comPort.PortName
  Else
      Return ""
  End If
End Function
```

14.5　获取串行接口的状态

两台串口设备之间通信，其基本的通信参数，如波特率、数据位和停止位必须一致，握手信号必须配对。在工程性的应用程序中，一般用状态栏来显示串口的状态，当发生串行通信异常时，可以据此初步判断故障部位。GetComStatus 方法获取指定 SerialPort 对象的串口状态，主要将表 4.6 所列的属性转换成字符串连接起来，最后返回该结果即可。

```
Public Function GetComStatus(ByRef comPort As SerialPort) As String
    Dim strTmp As String

    With comPort
        strTmp = .PortName & "; "
        strTmp &= .BaudRate.ToString & "," & .Parity.ToString()& "," & _
                .DataBits.ToString & "," & .StopBits.ToString & "; "

        If .DtrEnable = True Then
            strTmp &= "DTR=Enable; "
```

```
        Else
            strTmp &= "DTR=Disable; "
        End If


        If .Handshake = Handshake.RequestToSend OrElse _
                    .Handshake = Handshake.RequestToSendXOnXOff Then
            strTmp &= .Handshake.ToString
        Else
            If .RtsEnable = True Then
                strTmp &= "RTS=Enable"
            Else
                strTmp &= "RTS=Disable"
            End If
        End If
        strTmp &= "; "


        If .IsOpen = True Then
            strTmp &= "Open"
        Else
            strTmp &= "Close"
        End If
    End With


    Return strTmp
End Function
```

14.6　通过串行接口发送数据

　　SerialPort 类的 Write 方法有三个重载，可以发送文本字符串、Char 类型的数组和 Byte 类型的数组。只有第三种方法最全面，可以处理所有的数据。SendBytes 方法以 SerialPort 对象(传地址)、十六进制字符串、校验码和结尾码类型为参数。首先调用 GetEntirePackage 方法生成综合数据包，然后，调用 HexCharsToBytes 方法转换为字节数组，存入 outBytes 中。最后，调用 Write 方法实现数据的发送。Write 方法的第一个参数是需要发送的字节数组，第二个参数是偏移量，第三个参数是需要发送的字节长度，这里表示将 outBytes 数组从 0 开始所有的字节都发送出去。发送成功则返回字节数组的十六进制字符串 strHexChars，发送失败则返回空字符串。

```
Public Function SendBytes(ByRef comPort As SerialPort, _
                ByVal strHexData As String, _
                ByVal nCheckMode As CheckMode, _
```

```
                    ByVal nEndMark As EndMark) As String
    Dim strHexChars As String

    With comPort
        If .IsOpen = False Then Return ""

        strHexChars = GetEntirePackage(strHexData, nCheckMode, nEndMark)
        Dim outBytes As Byte() = HexCharsToBytes(strHexChars)
        Try
            '应对发送过程中用户关闭端口
            .Write(outBytes, 0, outBytes.Length)
        Catch ex As Exception
            'MessageBox.Show(ex.ToString, "SendBytes")
            Return ""
        End Try

    End With

    Return strHexChars
    End Function
```

顾名思义，SendText 方法主要用于发送文本字符串，比较适合操作 I-7065D、I-7013D 及 Modem。跟 SendBytes 方法一样，SendText 方法也返回发送结果。

```
    Public Function SendText(ByRef comPort As SerialPort, _
                    ByVal strData As String, _
                    ByVal nCheckMode As CheckMode, _
                    ByVal nEndMark As EndMark) As String
    Dim strTmp As String

    With comPort
        If .IsOpen = False Then Return ""

        strTmp = GetEntirePackage(strData, nCheckMode, _
                        nEndMark, DisplayMode.CharMode)
        Try
            '应对发送过程中用户关闭端口
            .Write(strTmp)
        Catch ex As Exception
            'MessageBox.Show(ex.ToString, "SendText")
            Return ""
```

```
        End Try

    End With


    Return strTmp
  End Function
```

SendData 方法增加了显示模式参数 nDisplayMode，分别调用 SendBytes 和 SendText 方法。在工程实践中，一般直接使用 SendData 方法，这样更简捷。

```
Public Function SendData(ByRef comPort As SerialPort, _
            ByVal strData As String, _
            ByVal nCheckMode As CheckMode, _
            ByVal nEndMark As EndMark, Optional ByVal _
            nDisplayMode As DisplayMode = DisplayMode.HexMode) As String
    Dim strReturn As String


    If nDisplayMode = DisplayMode.HexMode Then
        strReturn = SendBytes(comPort, strData, nCheckMode, nEndMark)
    Else
        strReturn = SendText(comPort, strData, nCheckMode, nEndMark)
    End If


    Return strReturn
  End Function
```

14.7 通过串行接口接收数据

SerialPort 对象的 DataReceived 事件被触发后，就可以在代理函数(如 4.5.2 节的 GerneralCom)中调用 ReadHexChars 方法读取串口数据。ReadHexChars 方法首先通过 BytesToRead 属性查看有多少字节需要读取，然后调用 Read 方法(参数说明同 14.6 节的 Write 方法)读取数据，结果存入字节数组 bInBuffer 中，最后调用 BytesToHexChars 方法转换为十六进制字符串并返回结果。

```
Public Function ReadHexChars(ByRef comPort As SerialPort) As String
    Dim nLength As Integer
    Dim bInBuffer As Byte()


    With comPort
      Try
            '应对接收过程中用户关闭端口
            nLength = .BytesToRead
```

```
            Catch ex As Exception
                'MessageBox.Show(ex.ToString, "ReadHexChars0")
                Return ""
            End Try
            If nLength < 1 Then Return ""


            ReDim bInBuffer(nLength - 1)
            Try
                '应对接收过程中用户关闭端口
                .Read(bInBuffer, 0, nLength)
            Catch ex As Exception
                'MessageBox.Show(ex.ToString, "ReadHexChars1")
                Return ""
            End Try
        End With


        Return BytesToHexChars(bInBuffer)
    End Function
```

与 SendText 方法对应，ReadText 方法读取从串口收到的文本字符串，只需要调用 SerialPort 对象的 ReadExisting 方法即可。

```
    Public Function ReadText(ByRef comPort As SerialPort) As String
        Dim nLength As Integer
        Dim strText As String


        With comPort
            nLength = .BytesToRead


            If nLength < 1 Then
                Return ""
            Else
                Try
                    '应对接收过程中用户关闭端口
                    strText = .ReadExisting
                    Return strText
                Catch ex As Exception
                    'MessageBox.Show(ex.ToString, "ReadText")
                    Return ""
                End Try
            End If
```

```
    End With
  End Function
```

4.5.2 节中的数据接收代码可以作如下替换，这样可以实现数据的快速接收技术，只要数据是以回车符(0x0D)结尾，则立即调用 PreparePackage 函数处理数据，并从代理函数 GeneralCom 中退出，不用等到处理定时器事件。采用数据的快速接收技术可以增加程序的灵敏度，但是，以回车符结尾的数据只适合 I-7065D、I-7013D 和 Modem 等设备。

```
strTmpHex = ReadHexChars(comPort)          '字符串变量 strTmpHex 保存临时数据
strReceivedAllHexChars &= strTmpHex        '汇总数据到 strReceivedAllHexChars 中
If strReceivedAllHexChars.EndsWith("0D") Then
    PreparePackage()                       '用户自定义函数
    Return
End If
```

14.8 综 合 测 试

新建一个窗体应用程序 WinApp_Port，对以上方法进行综合测试。在窗体上绘制两个文本框、4 个下拉框和按钮、SerialPort 和 Timer 控件等(参见图 15.2)。Hex 文本框用来输入需要发送的十六进制字节或者显示收到的十六进制字节；Char 文本框用来输入需要发送的普通字符串或者显示收到的普通字符串。Display 下拉框(设计时输入选项)用于选择十六进制还是普通字符串形式显示，两者只选其一。Port 下拉框用于选择串口，其选项在运行时通过代码添加。还需要绘制一个状态栏，用于显示串口的状态，其外观设置参见 4.3.4 节。项目中除了添加现有项 CommonParity、ByteProcess 和 ParityProcess 模块外，还要添加本章介绍的 PortProcess 模块。

14.8.1 变量和辅助方法的定义

在窗体类中定义如下变量，nCheckMode、nEndMark 和 nDisplayMode 已经做过说明。bStart 为 True 表示串口正在接收数据，为 False 表示串口空闲。strReceiveHex 表示收到的数据包，以十六进制字符串的形式进行保存。

```
Dim nDisplayMode As DisplayMode
Dim nCheckMode As CheckMode
Dim nEndMark As EndMark

Dim bStart As Boolean = False
Dim strReceiveHex As String = ""
```

代理函数 GeneralCom 负责以定时器 timerComm 中设置的间隔为限，将收到的数据进行汇总。开始接收数据，则将 timerComm 的 Enabled 属性设置为 False，禁止中断，然后，调用 ReadHexChars 方法读取串口数据，并累加到 strReceiveHex 中。数据处理完毕，才设置 timerComm 的 Enabled 属性为 True，允许其中断。

```
Public Delegate Sub DelegateCom()
```

```
Dim dCom As DelegateCom = New DelegateCom(AddressOf GeneralCom)
Private Sub GeneralCom()
    timerComm.Enabled = False

    If bStart = False Then
        strReceiveHex = ""
        bStart = True
    End If

    strReceiveHex &= ReadHexChars(comPort)

    timerComm.Enabled = True
End Sub
```

程序刚刚启动、打开串口或关闭串口，都需要设置按钮的状态和更新状态栏的内容，这里通过内部方法 SetStatus 来实现。

```
Private Sub SetStatus()
    If comPort.IsOpen Then
        btOpen.Enabled = False
        btClose.Enabled = True
        btSend.Enabled = True
    Else
        btOpen.Enabled = True
        btClose.Enabled = False
        btSend.Enabled = False
    End If

    sb_COM.Text = GetComStatus(comPort)
End Sub
```

14.8.2　主要控件对象的关键代码

在窗体的 Load 事件处理程序中输入如下代码。以下拉框对象 cmbPort 为参数，调用 AddPortNameToComboBox 方法向其中添加串口选项，并设置各个下拉框的 SelectedIndex 参数，最后调用 SetStatus 方法设置按钮状态并更新状态栏的信息。

```
AddPortNameToComboBox(cmbPort)
cmbPort.SelectedIndex = 0

cmbDisplay.SelectedIndex = 0
cmbParity.SelectedIndex = 0
cmbEndMark.SelectedIndex = 0
```

```
SetStatus()
```

在 Display 下拉框的 SelectedIndexChanged 事件处理程序中输入如下代码。首先，根据用户选择设置显示模式 nDisplayMode 的值，然后，根据该值设置 Hex 与 Char 文本框哪个有效。对于无效文本框，需要清除其中的内容。

```
nDisplayMode = cmbDisplay.SelectedIndex

If nDisplayMode = DisplayMode.CharMode Then
    txtChar.Enabled = True
    txtHex.Enabled = False
    txtHex.Text = ""
Else
    txtHex.Enabled = True
    txtChar.Enabled = False
    txtChar.Text = ""
End If
```

在 Port 下拉框的 SelectedIndexChanged 事件处理程序中输入如下代码。首先，将当前串口的 IsOpen 状态保存在 bPortStatus 变量中，然后，确保串口处于关闭状态，再调用 SetPort_Default 函数快速设置串口参数。最后，恢复串口的状态，并调用 SetStatus 方法。

```
Dim bPortStatus As Boolean = comPort.IsOpen
If bPortStatus Then ClosePort(comPort)

SetPort_Default(comPort, cmbPort.Text)
If bPortStatus Then OpenPort(comPort)

SetStatus()
```

【Open】按钮打开串口，并调用 SetStatus 方法，其代码如下所示。同理，【Close】按钮关闭串口，并调用 SetStatus 方法。

```
OpenPort(comPort)
SetStatus()
```

【Send】按钮根据 nDisplayMode 决定发送的数据，如果为 CharMode，则调用 SendText 方法发送【Char】文本框中的字符串，添加校验码和结尾码；如果为 HexMode，则调用 SendBytes 方法，发送【Hex】文本框中的十六进制字符串对应的字节，添加校验码和结尾码。

```
If nDisplayMode = DisplayMode.CharMode Then
    SendText(comPort, txtChar.Text, nCheckMode, nEndMark)
Else
    SendBytes(comPort, txtHex.Text, nCheckMode, nEndMark)
End If
```

238

当串口收到数据时，将触发 SerialPort 组件的 DataReceived 事件，在此事件处理程序中，调用 Me.Invoke(dCom)，通过代理调用 GeneralCom 函数。

真正提交数据是在定时器 timerComm 的 Tick 事件处理程序中完成，当在 Interval 属性指定的时间段内没有数据到达，就会触发该事件。在 Tick 事件处理程序中输入如下代码，首先，将 bStart 设置为 False，表示数据接收完成，串口处于空闲状态，同时，禁止 timerComm 产生中断。然后，根据 nDisplayMode 的值进行数据显示，如果为 CharMode，则将十六进制字符串转换为普通字符串，在【Char】文本框中进行显示；如果为 HexMode，则直接将十六进制字符串放到【Hex】文本框中进行显示。

```
bStart = False
timerComm.Enabled = False


If nDisplayMode = DisplayMode.CharMode Then
    txtChar.Text = HexCharsToString(strReceiveHex)
Else
    txtHex.Text = strReceiveHex
End If
```

14.8.3 测试效果

用两台计算机进行测试，确保两个端口之间的电缆可靠连接，参数对等设置。其中一台计算机运行第 4 章的 WinApp_SerialPort.exe 程序，并打开串口。另一台计算机运行本章的 WinApp_Port 程序，将 Display 设置为 Hex 模式，在【Hex】文本框中输入"4142003132"，打开串口，点击【Send】按钮发送数据。WinApp_SerialPort 程序以普通字符串的形式显示收到的数据，其效果如图 14.1 所示，字节 4142 对应的字符"A"和"B"都能显示，字节 0 作为字符串的结尾标志，不能显示，其后的内容也被截断。

图 14.1　WinApp_SerialPort 不能显示不可见字符

现在，两台计算机都运行本章的程序，都采用 Hex 显示模式。其中一台的校验码设置为 CRC，结尾码设置为 CRLF，【Hex】文本框中输入"4142003132"，点击【Send】按钮发送数据。另一台收到的数据如图 14.2 所示(为方便阅读，在数据、校验码与结尾码之间加了空格)。由此可见，本章的程序可以发送和接收任意字节，并可自动添加校验码和结尾码。用本程序测试仿真模块，也能很好地查询模块参数和状态并控制输出。

图 14.2　PortProcess 模块的测试

14.9　本 章 小 结

串口编程在工程项目中具有广泛的应用。本章设计了操作串口的简捷可靠的方法，还可以用来查找 Modem，简化了手工设置 Modem 串口号的麻烦。在前两章的编码技术和校验技术基础之上，设计了通用的串口数据收发程序，并进行了测试。第 12～14 章是计算机监控系统中必用的关键技术。本章的测试程序，没有涉及调用 SendText 和 ReadText 方法从串口收发文本字符串。下一章将重点利用 SendText 和 ReadText 方法，设计了一个办公室自动拨号程序。

教 学 提 示

新建一个窗体应用程序，添加软件模块 CommonParity.vb、ByteProcess.vb、ParityProcess.vb 和本章介绍的 PortProcess.vb 模块。利用 AddPortNameToComboBox 方法向下拉框中添加本机串口，利用 SetPort_Default 函数设置串口的默认参数。定义代理和其关联函数，完成数据的接收。组合应用 CheckMode、EndMark 和 DisplayMode，观察效果。最后用自己的程序对 I-7013D 模块进行简单的查询和处理。

思考与练习

1. SearchModem 方法有何用途？利用该方法，设计一个简单的 Modem 测试程序，用来查询 Modem 中指定寄存器的内容。
2. 简述从串口接收数据到处理数据的整个过程。
3. 数据发送和接收方法的主要原理是什么，如何利用这两个方法收发数据？

第 15 章　办公电话自动拨号程序

根据地域区分，国内电话号码一般有内线电话、市话和长途电话三种，内线电话号码一般较市话号码短，且拨打免费；在单位拨打市话可能要加拨一个数字转外线；长途电话还可加拨 IP 号码以节省话费。如果需要联系的对象较多，拨打起来就很繁琐。Modem 通过串行接口与计算机通信，利用计算机来管理电话簿，利用 Modem 自动拨打电话，不失为一种方便简捷的手段。

15.1　基 本 原 理

第 2.2.6 节已经介绍了通过 Modem 拨打电话的方法，即向 Modem 所在的端口发送 AT 命令，如果听到忙音，则关闭串口，再打开串口，重新发送该 AT 命令即可。电话拨通后，即可摘机工作。

如何生成拨打各类电话所需的 AT 命令？只需要完整的电话号码即可。这里设计了一个 Microsoft Access 2010 数据库 PhoneBook.accdb 充当通讯簿，用来存放通信记录，其字段示例见表 15.1，包括序号、姓名、区号、电话、备注等信息，区号与电话相加形成完整的长途电话号码，除 ID(序号)为整型外，其他字段都是文本型。如果电话号码长度为分机电话号码的长度，则认为是内线电话；如果电话号码长度"不等于"分机电话号码的长度，则如果首部有"0"，就是长途电话，否则为外线市话。根据这些特征，确定是否加拨外线数字及 IP 号码，生成相应的 AT 命令。

表 15.1　通讯簿的主要字段示例

ID	Name	Area	Phone	Remark
1	张三	025	12345678	长途
2	李四		9876543	本地

15.2　窗 体 布 局

办公电话自动拨号程序只要一个窗体即可，该窗体由 DataGridView 模板修改而成，如图 15.1 所示。【Out】文本框用于输入拨打外线的数字，"Ext length"(即 Extension length，分机电话号码长度)是内线电话号码的长度。对于大单位，电话号码有内线、市话和长途三种。对于小单位，却只有市话和长途电话两种，而没有内线电话，因而，【Out】文本框中的内容就没有意义了，运行时，可以将"Ext length"的长度设置为 0，【Out】文本框不填或填写"-"即可。【Phone】文本框中填写电话号码，由长途区号 Area 和电话号码 Phone 两部分组成，通过点击 DataGridView 的行标题栏即可自动生成。

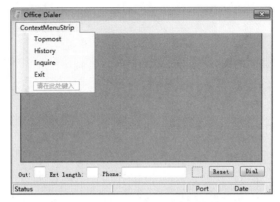

图 15.1　办公电话自动拨号程序的窗体布局

在拨打电话的过程中，可以通过耳机听出当前拨打的状态，也可以通过视觉看出当前状态。状态栏有 4 栏，第一栏 SL_Status 用来显示程序运行的状态，即空闲、正在拨打电话、拨打电话成功或正在测试 Modem；第二栏 SL_Reply 显示 Modem 的返回值；第三栏 SL_Port 显示 Modem 所在的串口名称；第四栏 SL_Date 显示当前日期。另外，为了加强可视化效果，在 PictureBox 控件(位于状态栏 Port 栏上面)上绘制活动图形。

位于窗体下面的其他控件如图 15.2 所示。comPort 对象是串行通信控件，用于跟 Modem 通信，ToolTip1 用来提示信息，NotifyIcon1 用于在任务栏状态通知区域上显示图标，imerStatus 时钟用于增加拨打电话时的动态效果，ContextMenuStrip1 与 NotifyIcon1 配使用，StatusStrip1 是状态栏控件。

图 15.2　其他控件

上下文菜单控件 ContextMenuStrip1 的设置如图 15.1 左上角所示，【Topmost】菜单项表示窗体是否顶层显示，【History】菜单项用于查看拨打电话的历史记录，【Inquire】菜单项用于在电话簿中查找特定的记录，【Exit】菜单项用于退出程序。

15.3　项目属性设计

进入项目属性，点击【资源】→【图标】，在【添加资源】中选择【添加现有文件】，从而浏览选择 DialerOff.ICO(挂机图标)和 DialerOn.ICO(摘机图标)两个文件，其效果如图 15.3 所示。添加完毕，在解决方案资源管理器中的 Resources 目录下，将出现这两个图标文件的名称。回到项目属性的【应用程序】，将图标更改为"Resources\DialerOff.ICO"。主窗体和 NotifyIcon1 控件的图标一致，根据应用程序的状态采用不同的图标。当电话拨通时，采用摘机图标，其他情况采用挂机图标。

图 15.3　添加图标资源

在项目属性中点击【设置】，设置变量，PortName 用于保存与 Modem 连接的串口名称，程序运行后，需要经过测试来确定串口名称，程序退出后，串口名称就永久保存，以便下次启动程序时使用。HaveModem(计算机是否配有 Modem)，默认值为 False，此时，拨打电话的按钮【Dial】无效。ExtPhoneLength(分机电话号码长度)默认值为 0，因为小单位和家庭一般没有内线电话；OutNum 用于保存拨打外线的数字，默认情况下为 "-"。这里的 Topmost 变量的值与窗体的 Topmost 值对应。具体设置如图 15.4 所示。

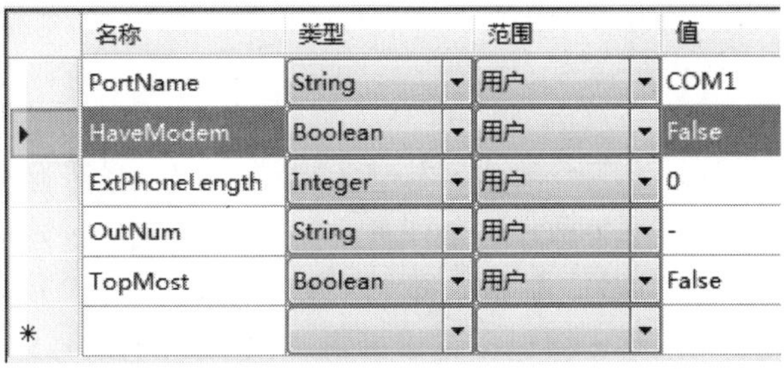

名称	类型	范围	值
PortName	String	用户	COM1
HaveModem	Boolean	用户	False
ExtPhoneLength	Integer	用户	0
OutNum	String	用户	-
TopMost	Boolean	用户	False
*			

图 15.4　My.Settings 变量的设置

15.4　需要的软件模块

所需要的 ADO_NET_ACCESS 类和 General 模块的作用与第 10 章的类似。FileProcess 模块(6.5 节已介绍)用来处理文本文件，例如，判断文件是否存在，读写文本文件等。PortProcess 模块用来执行串口操作、查找 Modem 所在的端口和收发数据，该模块依赖 CommonParity、ByteProcess 和 ParityProcess 模块，因而，这三个模块也需要添加到项目中去。StringModule 模块用于执行一些特殊的字符串操作，例如，检查电话号码是否正确，删除字符串中的所有子字符串等。

Main 模块则是本程序所需要定义的一些相关的变量和方法等。ModemStatus 枚举定义 Modem 所处的状态，也是程序的运行状态，Idle 表示空闲，Dialing 表示正在拨打电话，Success 表示拨打电话成功，nStatus 定义为 ModemStatus 枚举变量。IconStatus 枚举定义图标状态和 PictureBox 中图元的显示状态，nIconLamp 定义为 IconStatus 枚举变量，窗体和 NotifyIcon1 图标都需要根据程序所处的状态选择合适的图标。strDataPath 定义 PhoneBook.accdb 文件的绝对路径，一般在调试时将数据库复制到 Debug 目录下，正式运行时，复制到 Release 目录下，并使用 Release 目录下的 EXE 文件。nExtPhoneLength 定义分机电话号码的长度，strOutNum 用于保存拨打外线的数字。

```
Public Enum ModemStatus
    Idle = 0
    Dialing = 1
    Success = 2
End Enum
Public nStatus As ModemStatus

Public Enum IconStatus
```

```
    IconOn = 0
    IconOff = 1
End Enum
Public nIconLamp As IconStatus = IconStatus.IconOff


Public strDataPath As String


Public nExtPhoneLength As Integer
Public strOutNum As String
```

拨打电话的 AT 命令分为三个部分,首部为"ATDT",尾部为";"加上回车符。中间部分需要根据三种电话类型生成,这个任务由 getFormalPhone 方法实现,以完整(即包含区号)的电话号码 strIn 为参数。主要按照"内线、市话、长途"的顺序进行分析,如果传入参数 strIn 的长度为 0,则直接返回错误标志"ERR"(电话号码长度不可能为 0)。

如果 strIn 的长度与 nExtPhoneLength(不妨假设分机电话号码长度为 4)长度相等,则是内线电话,不需要添加外线数字和长途 IP 号码,直接返回 strIn 即可。

如果 strIn 的首部不为"0",则说明是一个本地市话,也许这个号码的长度小于 4(如火警 119),也许大于 4(如银行的客服电话或者 800 与 400 免费电话)。如果外线数字 strOutNum 为空字符串,或者 CheckLegalChars 方法检查发现 strOutNum 不是一个数字(如可能为"-"),则认为该电话号码不是分机电话号码,也无须添加外线数字(比如,家庭电话拨打市话可以直接拨打),直接返回 strIn 即可。否则,在 strIn 首部添加外线数字后再返回。

如果 strIn 的首部为"0",则说明这是一个长途电话号码,可以根据需要在首部添加 IP 号码,如果拨打电话的话机是分机电话,还得添加外线号码。

最后,如果 strIn 不是三种电话号码中的任何一种,则直接返回错误标志"ERR"即可。

```
Public Function getFormalPhone(ByVal strIn As String) As String
    Dim nLen As Integer = strIn.Length
    If nLen = 0 Then Return "ERR"

    If nExtPhoneLength = 0 Then strOutNum = "-"
    If nLen = nExtPhoneLength Then          'Ext
        Return strIn
    End If

    If strIn.Substring(0, 1) <> "0" Then  'Local
        If CheckLegalChars(strOutNum, "0-9") = False Then
            Return strIn
        Else
            Return strOutNum & "," + strIn
```

```
        End If
    End If

    If strIn.Substring(0, 1) = "0" Then  'Long
        If CheckLegalChars(strOutNum, "0-9") Then
            Return "17909," + strIn
        Else
            Return strOutNum & ",17909," + strIn
        End If
    End If

    Return "ERR"
End Function
```

办公电话自动拨号程序的重点是自动生成合适的 AT 命令，而 getFormalPhone 方法生成 AT 命令中的关键数字字符串。

15.5 窗体代码分析

15.5.1 变量与方法定义

办公电话自动拨号程序是建立在 DataGridView 模板和串行接口操作技术之上的，Windows 事务提醒程序又是 DataGridView 模板的一个很好的应用实例，因而，对于已有的介绍不再赘述，这里仅提供新的变量与方法的分析。

在主窗体类中定义如下变量，g 是一个 Graphics 对象，用于在 PictureBox 控件上绘制形状，此形状会在拨打电话期间不断闪烁，免得用户在等待电话接通的过程中不耐烦。g 的初始化将在窗体的 Load 事件处理程序中进行。strHistoryFile 是拨打电话的历史记录的文本文件名。

```
Dim g As Graphics
Dim strHistoryFile As String
```

ChangeIcon 方法用来更新窗体和 NotifyIcon1 的图标，以 IconStatus 枚举变量 nIcon 为参数，使两者的图标保持一致。由于使用了项目属性的资源来管理图标文件，图标的更换非常便捷。

```
Private Sub ChangeIcon(ByVal nIcon As IconStatus)
    If nIcon = IconStatus.IconOff Then
        Me.Icon = My.Resources.DialerOff
        NotifyIcon1.Icon = Me.Icon
    Else
        Me.Icon = My.Resources.DialerOn
        NotifyIcon1.Icon = Me.Icon
```

```
        End If
    End Sub
```

ShowLamp 方法用来在 PictureBox 控件上绘制圆，根据参数 nLamp 的值来确定圆的填充色。

```
    Private Sub ShowLamp(ByVal nLamp As IconStatus)
        If nLamp = IconStatus.IconOff Then
            g.FillEllipse(New SolidBrush(Color.Black), 0, 0, _
                    PictureBox1.Width - 1, PictureBox1.Height - 1)
        Else
            g.FillEllipse(New SolidBrush(Color.Lime), 0, 0, _
                    PictureBox1.Width - 1, PictureBox1.Height - 1)
        End If
    End Sub
```

跟上一章的 WinApp_Port 程序一样，这里的代理也是用于接收串口返回的数据。Modem 有一个特性，一般收到计算机发送的 AT 命令后，立即返回该 AT 命令，然后，再对此 AT 命令做出响应。代理中实际执行的子程序 GeneralCom 首先读取文本字符串存入 strTmp 变量中，然后，删除 Modem 中常用的回车换行符(可用 Visual Basic 中内部定义的常量 vbCrLf 来表示)。如果 strTmp 中不包含"AT"，说明这是 Modem 的响应字符串，就直接放到状态栏的 SL_Reply 栏中显示。

如果 strTmp 中包含"OK"，说明电话已经拨通了(此时，可以摘机通话)，应该禁止 timerStatus 中断，不再显示动态效果；状态栏的 SL_Status 栏中显示"Success!"，调用 ChangeIcon 方法，显示摘机图标，调用 ShowLamp 方法，显示摘机工作状态。最后，将 nStatus 设置为 Success 状态，此状态将在 15.7 节中用来登记拨号记录。

```
    Public Delegate Sub StatusDelegate()
    Dim dCom As StatusDelegate = New StatusDelegate(AddressOf GeneralCom)


    Public Sub GeneralCom()
        Dim strTmp As String = ReadTextDelay(comPort)
        strTmp =DelAllSubChars(strTmp, vbCrLf)
        If strTmp.Contains("AT") = False Then SL_Reply.Text = strTmp

        If strTmp.Contains("OK") Then
            timerStatus.Enabled = False

            SL_Status.Text = "Success!"

            nIconLamp = IconStatus.IconOn
            ChangeIcon(nIconLamp)
            ShowLamp(nIconLamp)
```

```
        nStatus = ModemStatus.Success
    End If
End Sub
```

15.5.2 主窗体的主要事件

主窗体的 Load 事件处理程序主要完成界面初始化和用户设置数据的装载工作。为了让程序的条理显得更加清晰，设置私有方法 RestoreFromSettings 来获取用户设置的数据，并将这些数据填充到合适的控件中去。

```
Private Sub RestoreFromSettings()
    strOutNum = My.Settings.OutNum
    txtOutNum.Text = strOutNum

    nExtPhoneLength = My.Settings.ExtPhoneLength
    txtLocalLength.Text = nExtPhoneLength

    comPort.PortName = My.Settings.PortName
    SL_Port.Text = comPort.PortName

    Me.TopMost = My.Settings.Topmost
    TopmostToolStripMenuItem.Checked = Me.TopMost

    btDial.Enabled = My.Settings.HaveModem
End Sub
```

RestoreFromSettings 方法在 Load 事件处理程序的最后调用。前面处理其他工作，如果记录数 nRecords 大于 0，则选择第一条记录，并将其电话号码复制到 Phone 文本框中(如果长途区号 Area 不为空，则还要添加长途区号)，即第一条记录是最频繁拨打的电话，程序启动后即自动指向该记录。

```
If nRecords > 0 Then
    dgv.Rows(0).Selected = True

    txtPhone.Text = dt.Rows(0).Item(3)
    If Not IsDBNull(dt.Rows(0).Item(2)) Then
        txtPhone.Text &= dt.Rows(0).Item(2)
    End If
End If

SL_Status.Text = "Idle"
SL_Date.Text = Format(Now, "yyyy-MM-dd")
```

```
ToolTip1.SetToolTip(lblEnlarge, "Enlarge ID")
ToolTip1.SetToolTip(lblNormal, "Normal ID")

NotifyIcon1.Icon = Me.Icon
g = PictureBox1.CreateGraphics
strHistoryFile = GetAppPath()& "\Dial.log"

RestoreFromSettings()
```

接着更新状态栏的信息。为了使主界面显得紧凑，将 lblEnlarge 和 lblNormal 标签还当作 DataGridView 模板中的两个调整序号的按钮使用，因而，需要添加提示信息。调用 PictureBox 控件的 CreateGraphics 方法实例化 g 对象，使得 g 对象所绘图形在 PictureBox 控件中显示。保存拨打电话记录的文件名为"Dial.log"，位于应用程序所在的目录下，此信息保存到 strHistoryFile 变量中。

在主窗体的 Load 事件处理程序中，自动指向第一条记录。如果需要指向其他记录，只要点击 DataGridView 控件的行标题即可，在 DataGridView 控件的 RowHeaderMouseClick 事件处理程序中输入如下代码，首先通过 e 参数取得行号，存入 nLocation 中。如果长途区号非空，则完整的电话号码为长途区号与电话号码的叠加，中间加上"-"符号，否则，仅保留电话号码。结果都在 Phone 文本框中显示。

```
Dim nRow As Integer = e.RowIndex
Dim nColumn As Integer = e.ColumnIndex

If (nColumn <> 3 AndAlso nColumn <> 4) OrElse nRow = -1 Then Return

If Not IsDBNull(dgv.Rows(nRow).Cells(nColumn).Value) Then
    Dim strTmp As String = dgv.Rows(nRow).Cells(nColumn).Value
    If CheckLegalChars(strTmp, "0-9") = False Then Return
    txtPhone.Text = strTmp
End If
```

在主窗体的 FormClosed 事件处理程序中，还需要输入如下关键代码，保存用户设置，删除任务栏状态通知区域上的 NotifyIcon1 的图标，并关闭串口。

```
My.Settings.Topmost = Me.TopMost
My.Settings.PortName = comPort.PortName
My.Settings.OutNum = strOutNum
My.Settings.ExtPhoneLength = nExtPhoneLength

NotifyIcon1.Dispose()
ClosePort(comPort)
```

15.6　拨号功能的实现

【Dial】按钮完成拨号功能，所谓拨号，其实只是向串口发送 AT 命令，在等待结果的过程中进行状态显示。Phone 标签提示 AT 命令，用来查看 AT 命令的正确性，拨打前清空，拨打后设置为当前的 AT 命令。通过 getFormalPhone 方法获取 AT 命令中的电话号码字符串，将结果存入 strPhone 中。strPhone 添加首部和尾部后，形成完整的 AT 命令，存入 strATCommand 中。

调用 ClosePort 关闭串口，再调用 OpenPort 打开串口(默认 50ms 的延迟)，完成闪断功能，使得发现电话占线后可以直接点击【Dial】按钮完成再次拨号功能。SendText 方法发送 AT 命令，无校验码，添加回车符作为结尾码。

AT 命令发送出去以后，离拨通还有一段时间，在等待过程中，使得 timerStatus 有效，每隔 1s 产生一次动态效果，表示 Modem 正在工作。

```
Dim strPhone As String
Dim strATCommand As String

SL_Reply.Text = ""
ToolTip1.SetToolTip(lblPhone, "")
strPhone = getFormalPhone(txtPhone.Text)

If strPhone = "ERR" Then
    MessageBox.Show("Phone number error!", "Dialer", _
                MessageBoxButtons.OK, MessageBoxIcon.Warning)
    Return
End If

strATCommand = "ATDT" + strPhone + ";"
ToolTip1.SetToolTip(lblPhone, strATCommand)

ClosePort(comPort)
OpenPort(comPort)
SendText(comPort, strATCommand, CheckMode.Chk_None, EndMark.Add_CR)

nStatus = ModemStatus.Dialing
ChangeIcon(IconStatus.IconOff)
timerStatus.Enabled = True
dgv.Select()
```

timerStatus 的工作在 Tick 事件处理程序中进行，主要是设置状态栏中 SL_Status 栏的动态效果和 PictureBox 控件的动态效果(调用 ShowLamp 方法)。

```
    If nIconLamp = IconStatus.IconOff Then

        nIconLamp = IconStatus.IconOn

        SL_Status.Text = "Dialing, please wait ..."

    Else

        nIconLamp = IconStatus.IconOff

        SL_Status.Text = ""

    End If


    ShowLamp(nIconLamp)
```

15.7 复位操作的主要功能

【Reset】按钮完成复位操作。复位操作主要根据 nStatus 的三种值完成对应的工作。在 Click 事件处理程序中需要定义一些变量和完成一些操作，strModemPort 变量存放串口名称，strData 变量中保存拨打记录，strName 变量中保存电话用户的名称。

```
Dim strModemPort As String

Dim strData As String

Dim strName As String
```

基本操作在程序的尾部执行，主要包括关闭串口，设置对应的状态。

```
ClosePort(comPort)

SL_Reply.Text = ""

txtPhone.Text = ""

ToolTip1.SetToolTip(lblPhone, "")


nStatus = ModemStatus.Idle

SL_Status.Text = "Idle"

ChangeIcon(IconStatus.IconOff)

nIconLamp = IconStatus.IconOff

g.Clear(Me.BackColor)


dgv.Select()
```

用一个 Select 条件选择语句来判断 nStatus 的值，从而执行相应的操作。当其值为 Idle 时，复位工作主要恢复原始的查询字符串，选择所有记录。strQuery 的值可以在上下文菜单的 Inquire 选项中进行更改。接着，调用 SearchModem 方法，查看有无 Modem，如果该方法返回串口名称，则存在 Modem，就设置相应的值。

```
If strQuery.Contains("LIKE") Then

    strQuery = "SELECT * FROM PhoneBook ORDER BY ID"

    RefreshData()

    Return
```

250

```
        End If

        SL_Status.Text = "Searching modem ..."
        strModemPort = SearchModem()

        If strModemPort <> "" Then
            MessageBox.Show("The valid port is " & strModemPort & "!", _
                            "Dialer", MessageBoxButtons.OK, MessageBoxIcon.Information)
            comPort.PortName = strModemPort
            SL_Port.Text = strModemPort

            My.Settings.HaveModem = True

            btDial.Enabled = True
        End If
```

如果 nStatus 的值为 Dialing，即正在拨号，则令 timerStatus 停止工作，最后的基本操作将关闭串口。

如果 nStatus 的值为 Success(该值在 15.5.1 节中的代理程序中设置)，即拨号成功，Modem 返回"OK"。此时，调用 ReadTxtFile 方法读取历史记录文本文件的内容，存入 strData 变量中，如果 Phone 文本框中的电话号码包含当前记录的 Phone 字段的内容，则取当前记录的 Name 存放到 strName 变量中，否则，strName 变量的值为"临时"，因为可以临时在 Phone 文本框中输入电话号码进行拨打。随后，生成一个包含"日期/时间/姓名/电话号码"和回车换行的字符串，置于 strData 之前，调用 WriteStringToTxt 方法存入原来的文件，确保最新的数据在最前面，以便于用户查看。

```
        strData = ReadTxtFile(strHistoryFile)

        If txtPhone.Text.Contains(dgv.CurrentRow.Cells(3).Value) Then
            strName = dgv.CurrentRow.Cells(1).Value
        Else
            strName = "临时"
        End If

        strData = Format(Now, "yyyy-MM-dd") & "/" & _
              Format(Now, "H:mm:ss") & "/" & _
              strName & "/" & _
              txtPhone.Text & vbCrLf & strData

        WriteStringToTxt(strData, strHistoryFile)
```

15.8 上下文菜单代码分析

上下文菜单项 Topmost 用于设置主窗体是否最顶层显示，选中则打勾；如果不是最顶层显示，则取消打勾。

```
If TopmostToolStripMenuItem.Checked = False Then
    Me.TopMost = True
    TopmostToolStripMenuItem.Checked = True
Else
    Me.TopMost = False
    TopmostToolStripMenuItem.Checked = False
End If
```

History 菜单项用来查看拨打电话的历史记录，调用 CheckFile 方法检查登记拨打记录的文本文件是否存在，如果存在，则用 notepad.exe 程序查看该历史文件。最新的记录排在最前面，因而，可以通过该记录发现拨打电话后经过的时间，据此催促对方。

```
If CheckFile(strHistoryFile) Then
    System.Diagnostics.Process.Start("notepad.exe", strHistoryFile)
End If
```

通信簿中的记录较少时，可以通过滑动鼠标滚轮来查找记录。如果记录太多，则可以添加 Where 条件查询，利用表 8.3 所示的 LIKE 匹配。Inquire 菜单项实现这一功能，首先显示一个输入对话框，让用户输入姓名 Name 特征。如果 strInput 的长度大于 0，则修改 strQuery，添加 LIKE 匹配；否则，将 strQuery 恢复为原始值。

当 strQuery 中包含 LIKE 匹配时，不允许使用 Enlarge 和 Normal 功能调整序号；否则，允许调整序号。strQuery 调整完毕后，调用 DataGridView 模板的 RefreshData 方法刷新数据库。

```
Dim strInput As String = InputBox("Name Condition: ", Me.Text)

If strInput.Length > 0 Then
    strQuery = "SELECT * FROM PhoneBook WHERE Name LIKE " & "'%" & _
            strInput & "%'" & " ORDER BY ID"
    lblEnlarge.Enabled = False
    lblNormal.Enabled = False
Else
    strQuery = "SELECT * FROM PhoneBook ORDER BY ID"
    lblEnlarge.Enabled = True
    lblNormal.Enabled = True
End If

RefreshData()
```

另外，【Out】文本框和【Ext length】文本框都有 TextChanged 事件处理程序，其中的文本发生变化，分别立即影响 strOutNum 和 nExtPhoneLength 变量的值。

15.9　程序测试

首次运行本程序，【Dial】按钮将不可用，无法拨号，需要首先点击【Reset】按钮，测试有无 Modem。如果存在 Modem，将会显示类似如图 15.5 所示的对话框，表示 Modem 连接在 COM6 口，同时，【Dial】按钮可用。

图 15.5　测试 Modem 所在端口

如果没有内线电话，则不必设置【Out】和【Ext length】的内容。完成以上设置后，点击行标题，在【Phone】文本框中自动生成完整的电话号码，此时，点击【Dial】按钮，即可拨号，如果发现电话占线，欲抢拨，再点击【Dial】按钮即可。图 15.6 是拨通电话后的效果，将鼠标移到 Phone 标签，将可以看到 AT 命令。此时，可以摘机，然后，再点击【Reset】按钮，登记拨打记录。

ID	Name	Area	Phone	Remark
1	计算机实验室		1413	
2	国信证券咨询	010	68357938	
3	绿之源		3088888	
4	中国银行ATM		8051945	ATM 报修
5	住房公积金查询		16893999	初始密码 111111
6	工行客服		95588	
7	有线电视报修		3624200	123
8	比德斯热水器		3048513	上门服务
9	动力公司		8051184	暖气24小时热线
10	建行信用卡800		800-820-0588	

Out: `-`　Ext length: `0`　Phone: `95588`　　⬤　`Reset`　`Dial`

Success! ｜ OK ｜ COM6 ｜ 2014-08-24

图 15.6　办公电话自动拨号程序运行效果

右击任务栏状态通知区域上的电话图标，选择【History】菜单项，将显示如图 15.7 所示的拨打电话的记录。

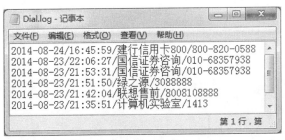

图 15.7　拨打电话的记录

点击 Inquire 菜单项，将显示输入对话框，在其中输入汉字"行"，点击【确定】按钮，主窗体中仅出现三条包含"行"的记录，点击任何一行的行标题，即可自动生成电话号码，进行拨号。

此时点击【Reset】按钮，将显示所有记录，但是，Out 标签和"Ext length"标签依然是灰色的，不能充当 Enlarge 和 Normal 的功能来调整序号。只有在输入对话框中点击【取消】按钮，或者不输入任何条件而选择【确定】按钮，才能使这两个标签恢复调整序号的功能。

15.10 本章小结

本章利用 DataGridView 模板和串行接口操作技术，实现了一个办公电话自动拨号程序。该程序可以通过移动鼠标来选择合适的记录，也可输入条件查找合适的记录，拨打电话只要点击按钮即可，还可实现一键抢拨，并能自动登记拨打记录。拨打电话的动态效果也较好。

至此，基于.NET 的串行通信解决方案全部介绍完毕。下一章开始介绍 TCP 网络编程，包括自行设计的 TCP 客户机与服务器类及在其基础之上设计的通用 TCP 客户机与服务器软件工具。

教 学 提 示

该程序主要用于拨打座机电话，电话外线连接到计算机 Modem 的 Line 接口，从 Modem 的 Phone 接口连接座机。首先熟练操作本程序，然后进一步查看代码，特别要理解【Reset】按钮下的代码，并掌握复杂"状态转移"的编程方法。

思考与练习

1. ModemStatus 枚举中的三个状态在程序中有何作用？
2. Modem 有何特性？通过搜索引擎查找相关资料进行说明。
3. 修改本章程序，使其满足 201 电话卡客户的需要。

第四部分　计算机监控系统的仿真开发

.NET 网络通信解决方案

第16章 通用 TCP 客户机

在.NET Framework 中，分别使用 TcpClient 类和 TcpListener 类实现 TCP 客户机和服务器编程。凭借这两个类并不能编写完善的客户机和服务器程序，还需要掌握网络编程所需要的常用类。本章在常用类和 TcpClient 类的基础之上开发了一个通用的 TCP 客户机程序，可以连接到各种 TCP 服务器。

16.1　网络编程的常用类

网络编程经常需要用到 IPAddress、IPEndPoint 和 Dns 类。IPAddress 类属于 System.Net 命名空间，包含计算机在 IP 网络上的地址。此类可用于表示 IPv4 或 IPv6 地址。通过 IPAddress 类的静态只读字段 Loopback 和 Broadcast 可以获取当前主机的回送地址和广播地址。

```
Dim loopback As String = IPAddress.Loopback.ToString    '127.0.0.1
Dim broadcast As String = IPAddress.Broadcast.ToString   '255.255.255.255
```

IPAddress 的 ToString 方法可以将 Internet 地址转换为标准表示法。IPv4 情况下使用以点分隔的 4 部分表示法格式表示的字符串，IPv6 情况下使用冒号与十六进制格式表示的字符串。反之，IPAddress 的静态方法 Parse 可以将 IP 地址字符串转换为 IPAddress 实例。

```
Dim ip As IPAddress = IPAddress.Parse("202.16.18.1")
Dim ipString As String = ip.ToString    '得到 "202.16.18.1"
```

IPAddress 可用于表示 IPv4 或 IPv6 地址，但是，如何区分某实例地址是 IPv4 地址或 IPv6 地址呢？IPAddress 实例的 AddressFamily 属性(属于 System.Net.Sockets 命名空间)可以获取 IP 地址的地址族。AddressFamily 属性是一个枚举类型，Unknown 成员表示未知的地址族，Unspecified 成员表示未指定地址族，InterNetwork 成员表示 IPv4 的地址，InterNetworkV6 表示 IPv6 的地址。16.2 节正是利用了 AddressFamily 属性来获取所需的 IP 地址。

IPEndPoint 类属于 System.Net 命名空间，包含应用程序连接到主机上的服务所需的主机和远程端口信息。通过组合服务的主机 IP 地址和端口号，IPEndPoint 类形成到服务的连接点。IPEndPoint 类的 Address 属性用于获取或设置终结点的 IP 地址，AddressFamily 属性用于获取网际协议(IP)地址族，Port 属性用于获取或设置终结点的端口号。

Dns 类是一个静态类，属于 System.Net 命名空间，能够与默认的 DNS 服务器进行通信，提供简单的域名解析功能。常用的 GetHostName 方法用于获取本地计算机的主机名，而 GetHostEntry 方法将主机名或 IP 地址解析为 IPHostEntry 实例。IPHostEntry 类作为 Helper 类和 Dns 类一起使用，IPHostEntry 类将一个域名系统(DNS)主机名与一组别名和一组匹配的 IP 地址关联。IPHostEntry 类的 AddressList 属性用于获取或设置与主机关联的 IP 地址列表。

16.2　IP 地址的获取

　　处理与显示 IP 地址是网络编程必不可少的工作，TCP_Module 模块用来处理 IP 地址。HostNameToIPAddress 方法获取给定主机的 IP 地址，第一个参数是主机的名称，如"www.microsoft.com"，第二个可选参数默认为 IPv4 的地址。首先，调用 Dns 类的 GetHostEntry 方法获得一个 IPHostEntry 实例 hostInfo，其 AddressList 属性是一个集合(数组)，通过循环查找指定版本的 IP 地址。HostNameToIPString 函数将主机名称直接转换为字符串形式的 IP 地址(参见 TCP_Module 模块的源代码)。

```
Public Function HostNameToIPAddress(ByVal strHost As String, _
                        Optional ByVal ipVersion As AddressFamily = _
                        AddressFamily.InterNetwork) As IPAddress
    'AddressFamily.InterNetwork: IPv4, InterNetworkV6: IPv6
    Dim index As Integer
    Dim thisIP As IPAddress
    Dim hostInfo As IPHostEntry

    Try
        hostInfo = Dns.GetHostEntry(strHost) 'hostName Or Address of string
    Catch ex As Exception
        Return Nothing
    End Try

    For index = 0 To hostInfo.AddressList.Length - 1
        thisIP = hostInfo.AddressList(index)
        If thisIP.AddressFamily = ipVersion Then Return thisIP
    Next index

    Return Nothing
End Function
```

　　获取本机地址也是经常要做的工作，例如，两台计算机之间进行 TCP 通信，需要告知对方自己的 IP 地址。GetLocalIPAddress 方法通过 GetLocalHostName 方法调用 Dns 类的 GetHostName 方法获取本机的主机名，然后，再调用上述的 HostNameToIPAddress 方法获取本机的 IP 地址。GetLocalIPAddress 只有一个可选参数，默认为 IPv4 的地址。如果以 AddressFamily.InterNetworkV6 为参数，将得到 IPv6 的地址。

```
Public Function GetLocalIPAddress(Optional ByVal ipVersion As AddressFamily = _
```

```
                    AddressFamily.InterNetwork) As IPAddress
        Return HostNameToIPAddress(GetLocalHostName(), ipVersion)
    End Function
```

16.3　TcpClient 类

TcpClient 类属于 System.Net.Sockets 命名空间，为 TCP 网络服务提供客户端连接。TcpClient 类提供了一些简单的方法，用于在同步阻止模式下通过网络来连接、发送和接收流数据。TcpClient 类的构造方法有 4 个重载，构造函数 TcpClient(String, Int32)使用远程主机的主机名和端口号创建 TcpClient 实例，并将自动尝试一个连接。

TcpClient 类通过 Connect 方法建立与远程主机的连接，该方法有 4 个重载。如果在初始化 TcpClient 类的实例时没有提供远程主机的主机名和端口号，可以使用 Connect(String, Int32)将客户端连接到指定主机上的指定端口。

TcpClient 实例连接到远程主机后，如何跟远程主机交流信息？可以使用 GetStream 方法返回用于发送和接收数据的 NetworkStream，该类属于 System.Net.Sockets 命名空间，提供在阻止模式下通过 Stream 套接字发送和接收数据的方法。通信结束，使用 Close 方法关闭连接即可。

TcpClient 类的重要属性 Available 获取已经从网络接收且可供读取的数据量，该属性是 Int32 类型。Available 属性是一种用于确定数据是否已排队等待读取的方法，如果数据可用，就可调用 Read 方法获取数据。可用的数据即网络缓冲区中排队等待读取的全部数据。如果在网络缓冲区中没有排队的数据，则 Available 返回 0。如果远程主机处于关机状态或关闭了连接，Available 可能会引发 SocketException 异常。

TcpClient 类的另一个重要属性是 Connected，用来获取一个值，该值指示 TcpClient 的基础 Socket 是否已连接到远程主机，该属性是 Boolean 类型。Connected 属性获取截止到最后一次 I/O 操作时的 Client 套接字的连接状态。如果该属性返回 False，则表明 Client 要么从未连接，要么已断开连接。

由于 Connected 属性仅反映截止到最近的操作时的连接状态，因此应该尝试发送或接收一则消息以确定当前状态。当该消息发送失败后，此属性将不再返回 True。此行为是设计使然。程序员无法可靠地测试连接状态，因为在测试与"发送/接收"之间，连接可能已丢失。因而，代码应该假定套接字已连接，并妥善处理失败的传输。

微软的 MSDN 文档采用如下代码发送数据。首先得到 TcpClient 实例 client，然后，将需要发送的消息文本转换为字节数组。通过 client 的 GetStream 方法获得 NetworkStream 对象 stream，最后调用其 Write 方法发送数据。NetworkStream 的 Write 方法与 SerialPort 类的发送字节数组的 Write 方法类似。

```
Dim client As New TcpClient(server, port)
Dim data As Byte() = System.Text.Encoding.ASCII.GetBytes(message)
Dim stream As NetworkStream = client.GetStream()
stream.Write(data, 0, data.Length)
```

16.4　自定义 TCP 客户机类

在串行通信和网络通信中，发出数据请求后，如果一直等待数据的到达，主程序将不能做其他工作，主要表现在不能接受用户的请求，容易出现"未响应"的死锁状态。SerialPort 类用 DataReceived 事件提示数据到达，从而让用户读取数据；用 ErrorReceived 事件表示错误发生，让用户去做相应的处理。Visual Basic 2010 中的 TcpClient 类设计得比较脆弱，就连 Connected 属性都不大可靠，更没有提示数据到达和错误发生的事件。

自定义 TCP_Client 类(TCP_Client.vb)继承自 TcpClient 类，启用多线程在后台接收数据，利用 DataReceived 事件通知用户读取数据；采用 Connected 事件通知用户连接成功；通过 ErrorReceived 事件通知用户错误发生的种类，以及错误信息。总之，TCP_Client 类实现了数据的异步接收，可以通过事件及时把握连接状态，操作方便。由于还涉及到多线程编程，因而，TCP_Client 类需要引入 System.IO、System.Net、System.Net.Sockets 及 System.Threading 等命名空间。

16.4.1　基本定义

这部分内容主要对枚举、变量、事件、多线程及属性做了定义。TcpClient 类的 Connected 属性不大可靠，因而，TCP_Client 类定义了 tcpStatus 枚举来表示当前实例的状态，Closed 成员表示关闭，Connected 表示已连接，ConnectError 表示尝试连接的时候出现错误，WriteError 表示发送数据的时候出现错误，ReadError 表示读取数据的时候发生错误，而 AvailableError 表示读取缓存字节数的时候发生错误。_tcpStatus 是内部使用的 tcpStatus 变量。

```
Public Enum tcpStatus
    Closed = 0
    Connected = 1
    ConnectError = 2
    WriteError = 3
    ReadError = 4
    AvailableError = 5
End Enum
Private _tcpStatus As tcpStatus = tcpStatus.Closed
```

有错误发生，应该通过事件通知用户。ErrorEventType 枚举与 ErrorReceived 事件配合工作，以便对 tcpStatus 状态作更详细的说明。

```
Public Enum ErrorEventType
    ConnectError = 0
    WriteError = 1
    ReadError = 2
    AvailableError = 3
End Enum
```

跟远程主机连接，必须提供主机名或 IP 地址以及连接的端口号，_remoteHost 存放远程主机名或 IP 地址，_remotePort 存放远程主机的端口号。_tcpClient 是一个 TcpClient 实例，初始化以后建立与远程主机的连接，收发数据通过 NetworkStream 对象_ns 进行。

```
Private _remoteHost As String
Private _remotePort As Integer
Private _tcpClient As TcpClient
Private _ns As NetworkStream
```

DataReceived 是一个数据到达事件，便于用户及时处理收到的数据；Connected 是连接成功事件，便于用户主动发送信息；ErrorReceived 是一个错误发生事件，除了发送对象外，提供另外两个参数，e 是 ErrorEventType 枚举类型，告知错误类型，strMessage 提供错误发生的详细信息。

```
Public Event DataReceived(ByVal sender As Object)
Public Shadows Event Connected(ByVal sender As Object)
Public Event ErrorReceived(ByVal sender As Object, ByVal e As ErrorEventType,
_ByVal strMessage As String)
```

_threadData 是一个多线程对象，用于在后台接收数据，收到数据后，才抛出 DataReceived 事件。_threadTryConnect 是一个尝试连接的多线程对象，实现异步连接，避免程序发生死锁。

```
Private _threadData As Thread
Private _threadTryConnect As Thread
```

Status 是自定义类的状态属性，tcpStatus 枚举类型，用于弥补 TcpClient 类的 Connected 属性的不足。另外，还设置了 RemoteHost 属性，返回远程主机的名称，RemotePort 属性返回远程主机的连接端口。

```
Public ReadOnly Property Status() As tcpStatus
    Get
        Return _tcpStatus
    End Get
End Property
```

16.4.2　构造函数与销毁函数

构造函数需要提供远程主机的名称或 IP 地址 strRemoteHost 和端口号 nRemotePort，初始化 TcpClient 类时并不使用这两个参数的内容。

```
Public Sub New(ByVal strRemoteHost As String, ByVal nRemotePort As Integer)
    _remoteHost = strRemoteHost
    _remotePort = nRemotePort
    _tcpClient = New TcpClient
    _tcpStatus = tcpStatus.Closed
End Sub
```

销毁函数通过 Close 方法(重载)完成，首先将自定义类的状态_tcpStatus 设置为关闭状态，确保从 16.4.4 节中的 ReadData 函数中退出，最后释放所占其他资源。

```
Public Overloads Sub Close()
    _tcpStatus = tcpStatus.Closed

    If _ns IsNot Nothing Then _ns.Close()
    If _tcpClient IsNot Nothing Then _tcpClient.Close()
End Sub
```

16.4.3　与远程主机的连接

自定义类的 Connect 方法(重载)通过启动_threadTryConnect 线程来完成与远程主机的连接。

```
Public Overloads Sub Connect()  '04/29/14
    _threadTryConnect = New Thread(AddressOf TryConnect)
    _threadTryConnect.Start()
End Sub
```

_threadTryConnect 线程中执行的是 TryConnect 方法。其中调用 TcpClient 类的 Connect 方法，提供远程主机的名称及端口号，调用 GetStream 方法获取 NetworkStream 对象。随后，设置自定义类的状态，抛出连接成功事件。最后，实例化多线程对象_threadData，并启动多线程通过 ReadData 方法在后台读取数据。连接到远程主机时，可能会抛出异常，这时，应设置自定义类的状态为 ConnectError，并抛出 ErrorReceived 事件，其中提供错误类型及其对应的信息。

```
Private Sub TryConnect()
    Try
        _tcpClient.Connect(_remoteHost, _remotePort)
        _ns = _tcpClient.GetStream

        _tcpStatus = tcpStatus.Connected
        RaiseEvent Connected(Me)

        _threadReadData = New Thread(AddressOf ReadData)
        _threadReadData.Start()
    Catch ex As Exception
        _tcpStatus = tcpStatus.ConnectError
        RaiseEvent ErrorReceived(Me, ErrorEventType.ConnectError, ex.Message)
    End Try
End Sub
```

16.4.4　数据接收的处理

连接成功后在_threadReadData 线程中启动数据读取线程，主要执行 ReadData 方法。

该方法在连接状态监视是否有数据可读，即 Available 属性是否大于 0，如果有数据，则抛出 DataReceived 事件；发生异常则抛出 AvailableError 事件。

```
Private Sub ReadData()
    While _tcpStatus = tcpStatus.Connected
        Try
            If (_tcpClient.Available) Then RaiseEvent DataReceived(Me)
        Catch ex As Exception
            _tcpStatus = tcpStatus.AvailableError
            RaiseEvent ErrorReceived(Me, ErrorEventType.AvailableError, _
                            ex.Message)
        End Try
    End While
End Sub
```

用户在 DataReceived 事件中调用 ReadBytes 方法读取数据。NetworkStream 类的 CanRead 属性指示 NetworkStream 是否支持读取。如果支持读取，并且 Available 大于 0，则定义一个字节数组 inBuffer，读取由 Available 确定的可以读取的所有字节，并返回字节数组 inBuffer 即可。如果发生异常，则设置自定义类的状态为 ReadError，并抛出 ErrorReceived 事件，指示错误类型和错误信息，最后返回 Nothing 即可。

```
Public Function ReadBytes() As Byte()
    If _ns.CanRead AndAlso _tcpClient.Available Then
        Dim inBuffer(_tcpClient.Available - 1) As Byte
        Try
            _ns.Read(inBuffer, 0, _tcpClient.Available)
            Return inBuffer
        Catch ex As Exception
            _tcpStatus = tcpStatus.ReadError
            RaiseEvent ErrorReceived(Me, ErrorEventType.ReadError, ex.Message)
            Return Nothing
        End Try
    Else
        Return Nothing
    End If
End Function
```

ReadText 方法只是调用 ReadBytes 方法，将字节数组转换为普通字符串并返回。

```
Public Function ReadText() As String
    Dim inBuffer() As Byte = ReadBytes()
    Return ASCII.GetString(inBuffer)
End Function
```

16.4.5　数据发送的处理

在数据通信过程中，一般来说，发送数据总比接收数据来得简单。发送数据通过 SendBytes 方法完成，通过传址的方式传递待发送的数组。如果 NetworkStream 对象_ns 的 CanWrite 属性指示支持发送，则调用其 Write 方法发送数据即可。发送成功则返回 0；发送失败则抛出 ErrorReceived 事件并返回-1。

```
Public Function SendBytes(ByRef outBuffer As Byte()) As Integer
    If _ns.CanWrite = False Then Return -1 'error

    Try
        _ns.Write(outBuffer, 0, outBuffer.Length)
        Return 0    'sucess
    Catch ex As Exception
        _tcpStatus = tcpStatus.WriteError
        RaiseEvent ErrorReceived(Me, ErrorEventType.WriteError, ex.Message)
        Return -1   'error
    End Try
End Function
```

为了方便文本信息的传递，定义 SendText 方法发送文本信息。主要原理是将待发送的普通字符串转换为字节数组，然后再调用 SendBytes 方法发送数据。

```
Public Function SendText(ByVal strOutText As String) As Integer
    Dim nRet As Integer
    Dim outBuffer() As Byte = ASCII.GetBytes(strOutText)
    nRet = SendBytes(outBuffer)
    Return nRet
End Function
```

16.5　TCP 客户机的窗体设计

通用 TCP 客户机程序有两个可见窗体，主窗体用来显示操作信息，参数设置窗体用来设置远程主机的相关信息及显示方式。图 16.1 所示是主窗体的界面，单行文本框 txtData 显示当前收发的普通字符串或十六进制字节，多行文本框 txtResult 除了显示所有的收发信息外，还显示连接状态和错误信息。状态栏依次显示本地主机的名称、IP 地址和远程主机的 IP 地址及连接的状态。

【Setup】按钮用来打开参数设置窗体，【Send】按钮用于将 txtData 文本框中的数据发送出去(如果左侧打勾，还要加上回车换行符)，【Connect】按钮与远程主机建立连接，【Close】按钮关闭连接，【Clear】按钮清除相应文本框中的信息。

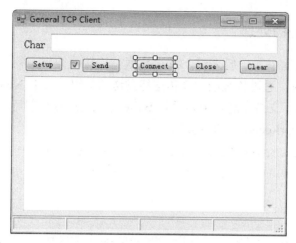

图 16.1　通用 TCP 客户机的主界面

　　参数设置窗体用来设置远程主机的名称或 IP 地址，以及远程主机的端口号，如图 16.2 所示。另外，还需要设置显示方式，Char 方式用来传输文本信息，可用于网络聊天功能；Hex 方式可传输任意十六进制字节序列。

图 16.2　通用 TCP 客户机的参数设置界面

　　图 16.2 所设置的参数作为用户程序设置，需要保存起来，以便用户下次使用同样的设置而不必重新输入。因而，在项目属性中，需要做如图 16.3 所示的设置，即默认情况下登录到 pop3.163.com 的邮件服务器，采用 Char 方式显示数据。另外，在项目属性的资源页标签中还需要添加一个图标，用作应用程序及窗体的图标。

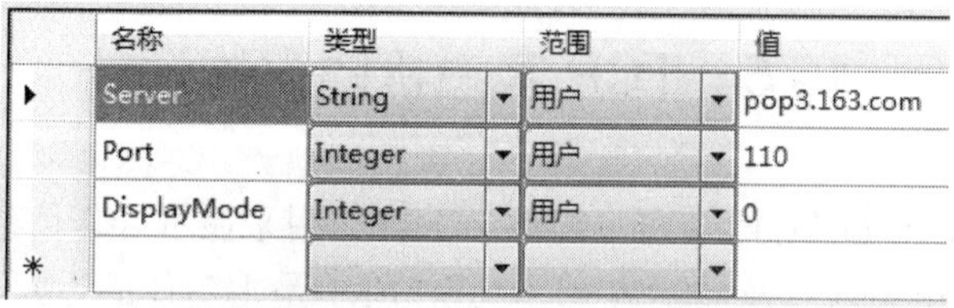

名称	类型	范围	值
Server	String	用户	pop3.163.com
Port	Integer	用户	110
DisplayMode	Integer	用户	0
*			

图 16.3　My.Settings 变量的设置

16.6　需要的软件模块

　　通用 TCP 客户机程序除了需要自定义 TCP_Client 类外，还需要 TCP_Module 模块来提供 IP 地址解析。General 模块中的 GetComputerTick 方法用来生成时间戳，与所需要的信息一起，使用 DisplayString 方法在多行文本框中进行显示。ByteProcess 模块用来提

264

供 DisplayMode 枚举定义，并将收到的字节数组转换成十六进制字符串。

Main 模块则是本程序所需要定义的一些相关的变量和方法等。三个全局变量分别表示显示方式、远程服务器的主机名称及端口号。

```
Public nDisplayMode As DisplayMode
Public strServer As String
Public nPort As Integer
```

LoadProperties 方法用于读取用户设置，并存入三个全局变量中。

```
Public Sub LoadProperties()
    strServer = My.Settings.Server
    nPort = My.Settings.Port
    nDisplayMode = My.Settings.DisplayMode
End Sub
```

SaveProperties 方法用于保存用户设置。

```
Public Sub SaveProperties()
    My.Settings.Server = strServer
    My.Settings.Port = nPort
    My.Settings.DisplayMode = nDisplayMode
End Sub
```

16.7　主窗体的代码分析

主窗体中需要做如下定义，strResult 变量中的值将在多行文本框 txtResult 中显示。strReceiveHex 中存放收到数据的十六进制字符串，如果显示模式是 HexMode，则在 txtData 文本框中直接显示；对于 CharMode，转换成普通字符串后在 txtData 文本框中显示。strEvent 变量存放自定义类发生通信错误的错误类型(转换为字符串)及对应的错误信息，也可存放连接成功提示信息。

```
Dim strResult As String = ""
Dim strReceiveHex As String = ""
Dim strEvent As String = ""
```

nTextSorts 表示文本框的种类，主窗体中有两个文本框，txtData 获得焦点，则该值为 0；txtResult 获得焦点，则该值为 1。【Clear】按钮根据此值清除指定的文本框中的内容。bEnter 表示有没有在 txtData 文本框中按回车键发送数据。

```
Dim nTextSorts As Integer
Dim bEnter As Boolean
```

oClient 是自定义类 TCP_Client 的对象，允许产生事件。DisplayData 方法用于在多行文本框 txtResult 中显示数据。strMark 是一个信息标志，如 ">" 表示发送的数据，"<" 表示接收到的数据，":" 表示状态或错误信息。oClient 对象产生的每一段信息都打上时间戳，然后是信息标志和具体内容。最后调用 General 模块中的 DisplayString 方法在指定的文本框中显示数据。

```
Public WithEvents oClient As TCP_Client

Private Sub DisplayData(ByVal strMark As String, ByVal strData As String)
    strMark &= " "
    strResult &= GetTimeStamp()& strMark & strData & vbCrLf
    DisplayString(txtResult, strResult)
End Sub
```

16.7.1 自定义类的事件代理分析

在 oClient 对象的 DataReceived 事件处理程序中，触发 dRead 代理对象完成数据读取的相关工作。

```
Private Sub oClient_DataReceived(sender As Object) Handles oClient.DataReceived
    Me.Invoke(dRead)
End Sub
```

dRead 代理对象的工作由 tcpData 方法完成。通过 ReadBytes 方法读取收到的字节数组，利用 BytesToHexChars 方法转换为十六进制字符串，存入 strReceiveHex 变量中，根据显示模式在 txtData 文本框中显示。最后，调用 DisplayData 方法，将 txtData 文本框中的内容放入多行文本框 txtResult 中显示，"<"标志表示收到数据。bEnter 的使用是为了直接在 txtData 文本框中输入数据后，按回车键即可完成发送功能，对方响应后，自动清空文本框，便于输入第二条数据信息。

```
Delegate Sub DelegateRead()
Dim dRead As DelegateRead = New DelegateRead(AddressOf tcpData)
Public Sub tcpData()
    strReceiveHex = BytesToHexChars(oClient.ReadBytes)

    If nDisplayMode = DisplayMode.CharMode Then
        txtData.Text = HexCharsToString(strReceiveHex)
        DisplayData("<", txtData.Text)
    Else
        txtData.Text = strReceiveHex
        DisplayData("<", txtData.Text)
    End If

    If bEnter Then
        txtData.Text = ""
        txtData.Select()
        bEnter = False
    End If
End Sub
```

在 oClient 对象的 ErrorReceived 事件处理程序中，将错误类型转换为字符串并连接错误信息，赋给 strEvent 变量，然后通过 dTCP_Event 代理对象进行显示。

```
Private Sub oClient_ErrorReceived(sender As Object, _
                    e As TCP_Client.ErrorEventType, _
                    strMessage As String) Handles oClient.ErrorReceived
    strEvent = e.ToString & "->" & strMessage
    Try
        Me.Invoke(dTCP_Event)
    Catch ex As Exception
    End Try
End Sub
```

在 oClient 对象的 Connected 事件处理程序中执行相似功能，事件信息也通过 dTCP_Event 代理对象进行显示。

```
Private Sub oClient_Connected(sender As Object) Handles oClient.Connected
    strEvent = "Connected"
    Me.Invoke(dTCP_Event)
End Sub
```

dTCP_Event 代理对象的工作由 tcpEvent 方法完成，主要是调用 DisplayData 方法在 txtResult 文本框中显示状态和错误信息，采用 ":" 标志，同时还要根据连接状态显示远程主机的 IP 地址和按钮是否激活等。

```
Delegate Sub DelegateEvent()
Dim dTCP_Event  As DelegateEvent = New DelegateEvent(AddressOf tcpEvent)
Public Sub tcpEvent()
    DisplayData(":", strEvent)
    If oClient.Status = TCP_Client.tcpStatus.Connected Then
        ts_LocalIP.Text = GetLocalIPString()
        ts_RemoteIP.Text = HostNameToIPString(strServer)
        btSend.Enabled = True
    Else
        btSend.Enabled = False
    End If

    If oClient.Status = TCP_Client.tcpStatus.Closed Then
        btClose.Enabled = False
    Else
        btClose.Enabled = True
    End If

    ts_Status.Text = oClient.Status.ToString
End Sub
```

16.7.2 主窗体及其他相关控件的关键代码分析

主窗体的 Load 事件处理程序主要完成基本的初始化工作，调用 LoadProperties 方法将用户设置的远程主机的名称与端口号，及显示方式取出，并设置窗体的图标，根据显示方式修改 txtData 文本框的标签。最后取本地主机的名称及 IP 地址，放入状态栏中进行显示等。

```
LoadProperties()
Me.Icon = My.Resources.Network
If nDisplayMode = DisplayMode.CharMode Then
    lblChar_Hex.Text = "Char"
Else
    lblChar_Hex.Text = "Hex"
End If

ts_LocalHostName.Text = Dns.GetHostName
ts_LocalIP.Text = GetLocalIPString()
ts_Status.Text = "Closed"
btSend.Enabled = False
btClose.Enabled = False
```

【Connect】按钮的 Click 事件处理程序完成与远程主机的连接。首先关闭原有连接，然后，新建 oClient 对象，调用 Connect 方法进行连接。

```
Private Sub btConnect_Click(ByVal sender As System.Object, _
                    ByVal e As System.EventArgs) Handles btConnect.Click
    If oClient IsNot Nothing Then oClient.Close()

    oClient = New TCP_Client(strServer, nPort)
    oClient.Connect()
End Sub
```

【Send】按钮的 Click 事件处理程序用来发送数据。如果显示模式为 CharMode，则将 txtData 文本框中的数据转换为十六进制字符串，如果【Send】按钮左侧打勾，还要附加新行标志(回车换行符)。通过调用 DisplayData 方法，将所要发送的数据送到 txtResult 文本框中进行显示。最后，将十六进制字符串转换为字节数组，调用 oClient 对象的 SendBytes 方法发送出去。

```
Dim strData As String
strData = txtData.Text

If nDisplayMode = DisplayMode.CharMode Then
    If chkAdd.Checked Then strData &= Environment.NewLine
```

```
    DisplayData(">", strData)

    strData = StringToHexChars(strData)

Else

    If chkAdd.Checked Then strData &= "0D0A"

    DisplayData(">", strData)

End If


oClient.SendBytes(HexCharsToBytes(strData))
```

16.8 参数设置窗体的代码分析

参数设置窗体的 Load 事件处理程序主要将参数在控件上进行显示。

```
Me.Icon = My.Resources.Network

Me.Location = New Point(327, 331)


txtHost.Text = strServer

txtPort.Text = nPort


If nDisplayMode = DisplayMode.CharMode Then

    rb_Char.Checked = True

Else

    rb_Hex.Checked = True

End If
```

【OK】按钮主要将控件上表示的数据转换成合适的形式，并赋给合适的参数，然后，调用 SaveProperties 方法保存用户设置。另外，还要根据设置的显示模式确定主窗体的 txtData 文本框的标签。

```
strServer = txtHost.Text

nPort = Integer.Parse(txtPort.Text)


If rb_Char.Checked = True Then

    nDisplayMode = DisplayMode.CharMode

    frmMain.lblChar_Hex.Text = "Char"

Else

    nDisplayMode = DisplayMode.HexMode

    frmMain.lblChar_Hex.Text = "Hex"

End If


SaveProperties()

Me.Close()
```

通用 TCP 客户机的运行效果如图 16.4 所示，连接到网易的 POP3 服务器，输入用户名，收到服务器响应的"+OK"。该程序进一步加以完善就是 2.6 节的基于 TCP 客户机的计算机监控系统测试软件。

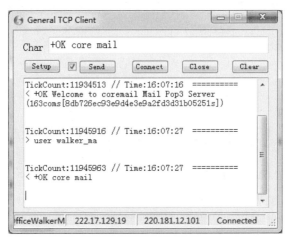

图 16.4　通用 TCP 客户机的运行效果

16.9　本 章 小 结

本章首先介绍了网络编程的常用类，在此基础之上设计了通用的 IP 地址获取方法，随后介绍了 TcpClient 类及其基本的用法。自定义 TCP_Client 类丰富了微软公司的 TcpClient 类的内容，提供了多种状态供用户查看，并用事件通知用户连接成功、数据到达或发生错误，弥补了 TcpClient 类的不足。最后，用自定义类设计了一个通用 TCP 客户机程序，给出了测试用例，即利用该程序跟远程 POP3 服务器连接，进行信息的交互。下一章将在本章的基础之上，设计一个 TCP 服务器类，并给出网络通信与串行通信在工程实践中的应用模型。

教 学 提 示

创建窗体应用程序，绘制一个命令按钮，在即时窗口中输出本机或远程主机的 IP 地址，尝试 TcpClient 类的使用。在此基础之上，学习自定义客户机类 TCP_Client 的使用，掌握属性、事件和收发数据的方法的使用。如果对于例程中的变量或语句有不清楚的地方，可以注释掉以后观察效果，如此加深理解。

思 考 与 练 习

1. 如何获取本地主机的名称及 IP 地址，如何获取远程主机的 IP 地址？
2. 如何对自定义类 TCP_Client 进行初始化、连接和收发数据，怎样使用其事件？
3. 利用通用 TCP 客户机程序与其他 TCP 服务器连接，进行测试。
4. 利用 TCP_Client 类创建"POP3 密码攻击程序"，快速穷举生日密码。

第 17 章 通用 TCP 服务器

POP3 服务器让远程用户登录，提供邮件下载功能。上一章用自定义类 TCP_Client 设计了一个通用 TCP 客户机程序，可以与 POP3 服务器进行信息交互。本章将在 TcpListener 类的基础之上，开发一个自定义类 TCP_Server，进一步设计一个通用 TCP 服务器程序，可以与上一章的通用 TCP 客户机进行信息交互。

17.1 TcpListener 类

TcpListener 类属于 System.Net.Sockets 命名空间，用于从 TCP 网络服务端侦听客户端的连接。TcpListener 类提供一些简单的方法，用于在阻止同步模式下侦听和接受传入连接请求。可使用 TcpClient 或 Socket 来连接 TcpListener。TcpListener 类的构造函数有三个重载，但是，仅使用端口号的构造函数已经过时，一般使用 IPEndPoint、本地 IP 地址及端口号来创建 TcpListener 实例。可以将本地 IP 地址指定为 Any，指示服务器必须侦听所有 IPv4 网络接口上的客户端活动。

Start 方法用来开始侦听传入的连接请求。Start 将对传入连接进行排队，直至调用 Stop 方法或它已经完成 MaxConnections 排队为止。可使用 AcceptSocket 或 AcceptTcpClient 从传入连接请求队列提取连接，这两种方法将导致线程阻止。如果要避免线程阻止，可首先使用 Pending 方法来确定队列中是否有可用的连接请求。

Active 属性属于 Boolean 类型，如果 TcpListener 正主动侦听，则为 True；否则为 False。TcpListener 的派生类可使用该属性来确定 Socket 当前是否在侦听传入的连接尝试。Active 属性可用于避免发生多余的 Start 尝试。

默认情况下，多个侦听器可以侦听一个特定端口。但是，其中只有一个侦听器能对发送到该端口的网络流量执行操作。如果多个侦听器试图绑定到特定端口，则由采用更具体 IP 地址的侦听器对发送到该端口的网络流量进行处理。可以使用 ExclusiveAddressUse 属性来阻止多个侦听器侦听特定端口。如果只允许一个侦听器来侦听特定端口，则为 True；否则为 False。应在调用 Start 之前设置此属性，或调用 Stop 方法后设置此属性。

使用 TcpListener 侦听端口的典型代码片段如下所示(没有考虑异常的发生)。首先创建 server 实例，然后调用 AcceptTcpClient 方法以阻止方式等待连接请求。返回 TcpClient 对象 client 后，调用其 GetSteam 方法获得 NetworkStream 对象 stream，通过该对象即可进行信息交互。

```
Dim server As TcpListener
Dim port As Int32 = 13000
```

```
server = New TcpListener(IPAddress.Any, port)
server.Start()

Dim client As TcpClient = server.AcceptTcpClient()
Dim stream As NetworkStream = client.GetStream()
'其他代码
```

为何使用 AcceptTcpClient 方法从传入连接请求队列提取连接？因为该方法返回一个 TcpClient 对象，这正是上一章的主要内容，因而，大多方法都可以共享或者只需要做很小的修改即可。

17.2 自定义 TCP_Server 类

自定义 TCP_Server 类(TCP_Server.vb)继承自 TcpListener 类，启用多线程在后台侦听连接请求，与远程客户机建立连接后，再启动多线程接收数据，利用 DataReceived 事件通知用户读取数据；采用 Connected 事件通知用户连接成功；通过 ErrorReceived 事件通知用户错误发生的种类，以及错误信息，实现了异步处理侦听连接请求和数据接收。TCP_Server 类需要引入 System.IO、System.Net、System.Net.Sockets 及 System.Threading 等命名空间。

17.2.1 基本定义

这部分内容主要对枚举、变量、事件、多线程及属性做了定义。跟 TCP_Client 类相比，TCP_Server 类的 tcpStatus 枚举增加了两个成员，即表示侦听状态的 Listening 和侦听发生错误的状态 ListeningError。_tcpStatus 是内部使用的 tcpStatus 变量。

```
Public Enum tcpStatus
    Closed = 0
    Listening = 1
    ListeningError = 2
    Connected = 3
    WriteError = 4
    ReadError = 5
    AvailableError = 6
End Enum
Private _tcpStatus As tcpStatus = tcpStatus.Closed
```

有错误发生，应该通过事件通知用户。ErrorEventType 枚举与 ErrorReceived 事件配合工作，以便对 tcpStatus 状态作更详细的说明。跟 TCP_Client 类相比，TCP_Server 类增加了 ListeningError 事件类型。

```
Public Enum ErrorEventType
    ListeningError = 0
    WriteError = 1
```

```
    ReadError = 2
    AvailableError = 3
End Enum
```

_tcpServer 是一个 TcpListener 对象，由该对象获取_tcpClient 对象，再由_tcpClient 对象获取_ns 对象。

```
Private _tcpServer As TcpListener
Private _tcpClient As TcpClient
Private _ns As NetworkStream
```

除了使用DataReceived事件提交数据和ErrorReceived事件提交错误类型及对应的详细信息外，TCP_Server 类还定义了 Connected 事件，表示已经与远程客户机建立了连接。Connected 事件的使用，使得 TCP_Server 在连接建立后，能够主动发送数据，此功能可以模仿 POP3 服务器对话。

```
Public Event DataReceived(ByVal sender As Object)
Public Event ErrorReceived(ByVal sender As Object, ByVal e As ErrorEventType,
_ByVal strMessage As String)
Public Event Connected(ByVal sender As Object)
```

_threadConnect 是一个多线程对象，用于在后台处理用户的连接请求。_threadReadData 对象用于在后台读取数据。

```
Private _threadConnect As Thread
Private _threadReadData As Thread
```

服务器侦听本地端口，与远程客户机建立连接后，应该知道其 IP 地址和端口地址。RemoteIPString 属性用来获取远程客户机字符串形式的 IP 地址，RemotePort 属性则用来获取远程客户机的端口号。

```
Private _strRemoteIPString As String = ""
Public ReadOnly Property RemoteIPString() As String
    Get
        Return _strRemoteIPString
    End Get
End Property

Private _nRemotePort As Integer
Public ReadOnly Property RemotePort() As Integer
    Get
        Return _nRemotePort
    End Get
End Property
```

17.2.2　构造函数和销毁函数

构造函数只需要一个本地端口号作为参数。当定义从另一个类派生的类时，构造函数的第一行必须是对基类构造函数的调用，除非基类有一个可访问的无参数构造函数。初始化 TcpListener 对象 _tcpServer 后，设置 ExclusiveAddressUse 属性为 True 来阻止多个侦听器侦听特定端口，并调用 Start 方法用来开始侦听传入的连接请求。最后，初始化多线程对象 _threadConnect，并调用其 Start 方法启动处理侦听连接请求，设置 _tcpStatus 为 Listening 状态。

```
Public Sub New(ByVal nLocalPort As Integer)
    MyBase.New(IPAddress.Any, nLocalPort)
    _tcpServer = New TcpListener(IPAddress.Any, nLocalPort)

    _tcpServer.ExclusiveAddressUse = True
    _tcpServer.Start()

    _threadConnect = New Thread(AddressOf WaitConnect)
    _threadConnect.Start()
    _tcpStatus = tcpStatus.Listening
End Sub
```

销毁函数主要调用 Close 方法(重载)。TCP_Server 类添加了一条语句，用来处理 TcpListener 对象 _tcpServer，即调用其 Stop 方法停止侦听连接请求。

```
Public Sub Close()
    _tcpStatus = tcpStatus.Closed

    If _ns IsNot Nothing Then _ns.Close()
    If _tcpClient IsNot Nothing Then _tcpClient.Close()
    If _tcpServer IsNot Nothing Then _tcpServer.Stop()
End Sub
```

17.2.3　连接请求的处理

多线程对象 _threadConnect 所做的工作就是在后台处理远程客户机的连接请求，主要工作通过 WaitConnect 方法完成，首先调用 AcceptTcpClient 方法以阻止方式等待连接请求，获得 _tcpClient 对象，据此获得用于发送和接收数据的 _ns 对象。然后，将 _tcpClient.Client.RemoteEndPoint 属性转换为 IPEndPoint 对象 iep，从而获得远程客户机的 IP 地址和端口号。

如果以上工作捕获到异常，则表示发生 ListeningError 类型的错误，就抛出 ErrorReceiving 事件告知错误类型及对应的详细信息。正以阻止方式等待连接请求的时候，如果用户调用了 Close 方法，从而释放了侦听连接所使用的资源也会导致侦听异常，这时直接返回即可。

本地服务器与远程客户机建立连接后，将_tcpStatus 的值设置为 Connected，然后抛出 Connected 事件，最后启动多线程读取远程客户机发送的数据。

```
Private Sub WaitConnect()
    Try
        _tcpClient = _tcpServer.AcceptTcpClient 'block mode
        _ns = _tcpClient.GetStream

        Dim iep As IPEndPoint = DirectCast(_tcpClient.Client.RemoteEndPoint, _IPEndPoint)
        _strRemoteIPString = iep.Address.ToString
        _nRemotePort = iep.Port
    Catch ex As Exception
        If _tcpStatus = tcpStatus.Closed Then Return
        _tcpStatus = tcpStatus.ListeningError
        RaiseEvent ErrorReceived(Me, ErrorEventType.ListeningError, ex.Message)
        Return
    End Try

    _tcpStatus = tcpStatus.Connected
    RaiseEvent Connected(Me)

    _threadReadData = New Thread(AddressOf ReadData)
    _threadReadData.Start()
End Sub
```

至于数据的发送与接收相关的 SendBytes 与 ReadBytes 等方法都与 TCP_Client 类的一样，这里不再赘述。

17.3　TCP 服务器的窗体设计

通用 TCP 服务器的主窗体与图 16.1 基本相似，只是将其中的【Connect】按钮替换为【Listen】按钮，以便侦听本地端口。另外，状态栏依次显示本地主机的 IP 地址、侦听的端口号、远程主机的 IP 地址与端口号，以及连接状态。

参数设置窗体如图 17.1 所示，用来设置本地主机侦听的端口号 "Local Port"，以及显示方式，默认 Char 方式用来传输文本信息，可用于网络聊天功能。TCP 服务器不需要关心跟自己连接的 TCP 客户机的 IP 地址及端口号。

在项目属性中，需要做如图 17.2 所示的设置，即默认情况下本地主机侦听 1024 端口，采用 Char 方式显示数据。关于图标的设置与上一章的完全一致。

图 17.1　通用 TCP 服务器的参数设置界面

名称	类型	范围	值
▶ Port	Integer	用户	1024
DisplayMode	Integer	用户	0
*			

图 17.2　My.Settings 变量的设置

17.4　需要的软件模块

跟通用 TCP 客户机程序相比，需要将自定义 TCP_Client 类替换为 TCP_Server 类，其他软件模块基本一致。然后，对 Main 模块进行修改，简化为处理本地端口号 nLocalPort 即可，而 LoadProperties 和 SaveProperties 方法也分别读取和保存本地端口号 My.Settings.Port 的值。

```
Public nDisplayMode As DisplayMode
Public nLocalPort As Integer


Public Sub LoadProperties()
    nLocalPort = My.Settings.Port
    nDisplayMode = My.Settings.DisplayMode
End Sub


Public Sub SaveProperties()
    My.Settings.Port = nLocalPort
    My.Settings.DisplayMode = nDisplayMode
End Sub
```

17.5　窗体代码分析

通用 TCP 服务器程序的主窗体类中的变量和方法的声明及定义与上一章的程序基本相似，只是将 oClient 对象修改为 oServer 对象，类名也做相应调整，代码如下所示。

```
Public WithEvents oServer As TCP_Server
```

【Listen】按钮的 Click 事件处理程序用来侦听本地端口。首先关闭原有对象，然后，新建 oServer 对象，启动 oServer 中的多线程开始侦听 nLocalPort 端口，最后对界面状态做调整。

```
If oServer IsNot Nothing Then oServer.Close()
oServer = New TCP_Server(nLocalPort)
ts_Status.Text = oServer.Status.ToString
btListen.Enabled = False
btClose.Enabled = True
```

主窗体的其他相关代码与上一章的基本相似或完全一致，参数设置窗体主要处理本地端口号，这里不再赘述。上一章的通用 TCP 客户机连接到网易的 POP3 服务器，顺利通过测试。现将通用 TCP 客户机连接到本章的服务器，运行效果如图 17.3 所示。

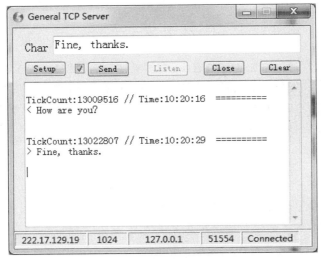

图 17.3 通用 TCP 服务器的运行效果

17.6 应用模型

至此，关于.NET Framework 的基础编程技巧、串行通信解决方案和 TCP 客户机/服务器编程，已经全部介绍完毕。2.7 节的 COM_TCP 软件集成了串行通信解决方案和 TCP 编程，为远程调试带来了方便。还可以将 TCP 客户机与 TCP 服务器结合起来，设计一个 TCP 管道。

客户机需要登录到远程服务器获取信息，它们之间进行了哪些交互？可以设计一个应用程序，其中既有客户机又有服务器，使其成为一个 TCP 管道，如图 17.4 所示的中间部分。客户机不直接连接到远程服务器，而是先连接到本地 TCP 管道的服务器上，由本地 TCP 管道的客户机来连接远程服务器，这样，TCP 管道能够截取客户机与远程服务器之间的所有交互信息。

图 17.4 TCP 管道应用模型

17.7 本 章 小 结

本章首先介绍了 TcpListener 类的原理及其基本用法，在此基础之上，设计了自定义服务器类 TCP_Server，丰富了 TcpListener 类的内容，提供了多种状态供用户查看，并用事件通知用户连接成功、数据到达或发生错误，弥补了 TcpListener 类的不足。随后，用自定义类设计了一个通用 TCP 服务器程序，给出了与上一章的通用 TCP 客户机程序的协同测试用例。下一章综合利用串行通信解决方案和网络编程技术及辅助工具，介绍主控软件的开发方法。

教 学 提 示

创建窗体应用程序，添加 TCP_Server 类和其他相关软件模块，模仿本章内容处理连接成功、数据到达和发生错误事件。在 TCP_Server 类中设置断点，跟踪程序运行。掌握服务器类的使用后，与客户机类结合起来，编写 TCP 管道软件，观察本机的客户机软件与服务器软件的交互信息。

思考与练习

1. 简述自定义服务器类与远程客户机连接与信息交互的基本过程。
2. 自定义服务器类如何获取远程客户机的 IP 地址及端口号？
3. 设计一个 TCP 管道程序，截取 Windows Mail 客户机与 POP3 服务器之间的交互信息。

第五部分 计算机监控系统的仿真开发

主控机与受控机软件开发实例

第18章 主控机软件开发

第 2 章介绍了 I-7065D、M-7065D 和 I-7013D 模块的协议和基本操作方法，这些模块统称 7000 系列模块。本章将设计针对这些模块的专用软件工具，加快工程进度；采用多种校验方式和通信方式展示对各模块的监控，以强化知识的应用。

18.1 模块工作参数设置软件

模块的工作参数主要包括接口参数，是否支持累加和校验码等。一个工程项目往往采用相同公司的模块，快速准确地设置 7000 系列模块的工作参数，可以使软件开发人员更方便地工作。

18.1.1 主窗体设计

新建窗体应用程序项目 Set7065_13D，窗体设计如图 18.1 所示，控件使用三号字体标识，以提升演示效果。2.3.2 节已经介绍了工作参数设置协议，CC 为 06 对应波特率 9600，关于 CC 与波特率的对应关系参见模块手册《I-7000 and M-7000 DIO User's Manual》(下文简称手册)第 51 页。模块可以通过下拉框 cmbType 选择 I-7065D(与 M-7065D 通用)或者 I-7013D。

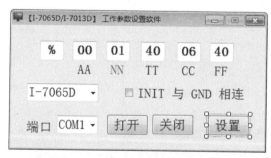

图 18.1 工作参数设置软件窗体设计

18.1.2 关键代码分析

为了快速完成代码编写，全部添加.NET 串行通信解决方案中的 4 个软件模块(即 CommonParity、ByteProcess、ParityProcess 和 PortsProcess)。在窗体的 Load 事件中输入如下代码。首先将本机所有串口加入模块选择下拉框 cmbPorts 中，并选择第一项。然后，用提示的形式对工作参数协议作解释。

```
AddPortNameToComboBox(cmbPorts)
```

280

```
cmbType.SelectedIndex = 0

ToolTip1.SetToolTip(txtAA, "00 表示 INIT 接地")
ToolTip1.SetToolTip(txtCC, "CC=06，波特率为 9600")
ToolTip1.SetToolTip(txtFF, "FF=40，CheckSum 有效")
```

　　【打开】按钮调用 OpenPort 函数打开串口，对于返回值做出处理，然后更新按钮的状态。这段代码也是打开串口的典型代码。同理，关闭串口后，也要更新按钮的状态(代码略)。

```
Private Sub btOpen_Click(sender As System.Object, _
                    e As System.EventArgs) Handles btOpen.Click
    Dim nRet As Integer = OpenPort(comPort)
    If nRet = -1 Then
        MessageBox.Show("无此端口或正在使用", Me.Text, _
                    MessageBoxButtons.OK, MessageBoxIcon.Error)
        Return
    End If

    btOpen.Enabled = False
    btClose.Enabled = True
    btSet.Enabled = True

End Sub
```

　　串口选择下拉框 cmbPorts 仅调用 SetPort_Default 函数，将选定的串口设置成默认参数，这也是 INIT 模式(见手册第 155 页)的默认参数；模块选择下拉框 cmbType 用来自动设置模块类型 TT 的值。【设置】按钮主要将各文本框中的数据连接成一条文本协议，如果勾选 "INIT 模式"，则协议不添加累加和校验码，否则添加校验码。最后调用 comPort 对象的 Write 方法直接发送出去，最后调用 ProcessReply 子程序处理模块的响应。

```
Private Sub btSet_Click(sender As System.Object, e As System.EventArgs) _Handles
btSet.Click
    Dim strCommand As String
    If comPort.IsOpen = False Then Return

    strCommand = txtHead.Text & txtAA.Text & txtNN.Text & txtTT.Text & _
                txtCC.Text & txtFF.Text
    If chkInit.Checked Then
        nCheckMode = CheckMode.Chk_None
    Else
        nCheckMode = CheckMode.Chk_Add
    End If
```

```
        strCommand = GetEntirePackage(strCommand, nCheckMode, _
                EndMark.Add_CR, DisplayMode.CharMode)
        comPort.Write(strCommand)
        ProcessReply()
    End Sub
```

工作参数设置软件接收数据是一次性的，因而，不通过事件进行，而是直接在 ProcessReply 子程序中使用带延迟和结尾码(vbCr)的数据快速接收函数 ReadTextDelayWithEnd(见 PortsProcess 模块)，表示通过 comPort 组件，将间隔 1500ms(此时间段根据工程实际进行调整)之内的数据都组合成一条协议，如果其间发现结尾码是 vbCr 将立即返回。如果响应的协议正确，则提示设置工作参数成功，否则提示错误。ProcessReplay 中所使用的正则表达式，可参考 12.5 节。

```
    Private Sub ProcessReply()
        Dim strReceived As String
        Dim strPureCommand As String
        Dim regExp As Regex
        Dim strRegExp

        strReceived = ReadTextDelayWithEnd(comPort, 1500)
        strPureCommand = PickPurePackage(strReceived, nCheckMode, _
                EndMark.Add_CR, DisplayMode.CharMode)
        strRegExp = "^" & "!" & txtNN.Text & "$"
        regExp = New Regex(strRegExp)

        If regExp.IsMatch(strPureCommand) Then
            MessageBox.Show("OK", Me.Text, MessageBoxButtons.OK, _
                    MessageBoxIcon.Information)
        Else
            MessageBox.Show("设置失败，请检查各项参数是否正确。", _
                    Me.Text, MessageBoxButtons.OK, MessageBoxIcon.Error)
        End If
    End Sub
```

18.1.3　软件测试

用 RS-485 接口连接两台计算机，分别运行 I-7065D 仿真模块和工作参数设置软件，测试效果如图 18.2 所示。勾选 INIT 模式，AA 地址变为灰色，自动设为 "00"；在模块下拉框中选择 I-7065D，TT 自动调整为 "40"；新地址 NN、波特率 CC 和校验码标志 FF 可供修改。

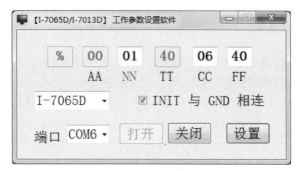

图 18.2　工作参数设置软件运行效果

在电缆连接正确，I-7065D 的 INIT 与 GND 端子短接的情况下，点击【设置】按钮，将显示设置成功消息框；出现错误将提示"设置失败，请检查各项参数是否正确"。由于使用了带结尾码的数据快速接收技术，对于"设置成功"将快速响应。

18.2　模块地址查找软件

在一个计算机监控系统中，对于相同公司的模块一般采用相同的校验码和波特率，但是，由于模块数量较多，可能存在模块地址遗忘的情况。如果采用 INIT 模式重新设置，接线不太安全，而且所设置的地址也可能引起冲突。模块地址查找软件解决这一问题，基本原理是利用"模块地址不匹配将不予响应的特点"，不断向模块发送工作参数查询协议，地址从"00-FF"递增，如果得到响应，则说明当前地址就是模块的地址；如果达到最后一个地址还没有响应，则查找地址失败，可能是硬件有问题，或者地址查找软件与模块的校验码与波特率不一致。

18.2.1　主窗体设计

新建窗体应用程序项目 7000_FindAddress，窗体设计如图 18.3 所示，是否"添加校验码"和"波特率"选择可以由用户挑选，但这两项一般是已知的。仍然使用大号字体，以方便演示。timer_Port 是串口定时器，Interval 设置为 80，在此间隔内的数据将进行合并；timer_Test 是查询节拍定时器，Interval 设置为 240，每过这一间隔，就尝试下一个地址。地址从"00"开始，由程序进行更新，字体颜色为黑色，如果查询成功将改为红色。

图 18.3　模块地址查找软件窗体设计

18.2.2　主窗体的基本定义与代码分析

全部添加.NET 串行通信解决方案中的 4 个软件模块。主窗体定义的变量如下所示。nID 是整型模块地址，发送时需要转换成十六进制字符串；strCommand 中存放工作参数查询协议；接收到的数据以十六进制字符串的形式存于 strReceivedAllHexChars 中；发送数据的节拍为 240ms，存于 nSendInterval；接收数据间隔为 80ms，存于 nReadDelay.

```
Public WithEvents comPort As SerialPort = New SerialPort

Dim nID As Integer

Dim strCommand As String

Dim nCheckMode As CheckMode = CheckMode.Chk_None

Dim nEndMark As EndMark = EndMark.Add_CR


Dim strReceivedAllHexChars As String

Dim bStart As Boolean = False


Dim nReadDelay As Integer = 80              'Debug
Dim nSendInterval As Integer = 240            'Debug


Public Delegate Sub DelegateComm()

Dim dCom As DelegateComm = New DelegateComm(AddressOf ProcessCOM)
```

【开始】按钮完成初始化，然后调用 TestCommand 函数进行地址查询。

```
If comPort.IsOpen = False Then Return

nID = 0

lblID.ForeColor = Color.Black

Call TestCommand()
```

TestCommand 首先将整数类型的地址转换为十六进制字符串，生成查询命令进行发送。发送完毕启动 timer_Test 定时器。TestCommand 的源代码如下所示。

```
Private Sub TestCommand()

    Dim strID As String = nID.ToString("X2")


    timer_Test.Enabled = False

    lblID.Text = strID

    strCommand = "$" & strID & "2"

    SendText(comPort, strCommand, nCheckMode, nEndMark)


    timer_Test.Enabled = True

End Sub
```

定时器 timer_Test 完成地址的递增，并调用 TestCommand 发送新的查询协议。如果地址达到 256，则提示"地址匹配结束，没有发现！"。其源代码如下所示。

```
timer_Test.Enabled = False
nID += 1

If nID < 256 Then
    Call TestCommand()
Else
    timer_Test.Enabled = False
    MessageBox.Show("地址匹配结束，没有发现！", Me.Text, _
                MessageBoxButtons.OK, MessageBoxIcon.Warning)
End If
```

18.2.3 数据的快速接收与处理

连续数据发送的接收处理不适合使用 18.1.2 节中的快速接收方法，而应该通过 DataReceived 事件进行，采用 14.7 节尾部的关键代码。ProcessCOM 中完成数据的合并，如果字符串以回车符结尾，则立即调用 PreparePackage 对数据进行预处理，并立即返回，跳过用于通信管理的 timer_Port 定时器的启动。

```
Public Delegate Sub DelegateCOM()
Dim dCom As DelegateCOM = New DelegateCOM(AddressOf ProcessCOM)
Private Sub ProcessCOM()
    Dim strTmpHex As String
    timer_Port.Enabled = False

    If bStart = False Then
        strReceivedAllHexChars = ""
        bStart = True
    End If

    strTmpHex = ReadHexChars(comPort)
    strReceivedAllHexChars &= strTmpHex
    If strReceivedAllHexChars.EndsWith("0D") Then
        PreparePackage()
        Return
    End If

    timer_Port.Enabled = True
End Sub
```

由于没有启动 timer_Port 定时器，因而在 PreparePackage 子程序中，只需要对 bStart 复位，即可标志数据接收的结束。最后将十六进制字符串转换为普通字符串存入 strReceivedAllChars 中，调用 ProcessData 函数进入数据的实质处理环节。

```
Private Sub PreparePackage()
    '等待的时间到，处理合并后的数据包
    Dim strReceivedAllChars As String    '存放字符协议
    bStart = False              '复位
    strReceivedAllChars = HexCharsToString(strReceivedAllHexChars) '转换
为字符协议
    ProcessData(strReceivedAllChars)
End Sub
```

ProcessData 函数简单检查返回数据的前导字符是否为"!"，如果是，则表示响应正确，当前地址就是模块地址，通过消息框进行提示。

```
Private Sub ProcessData(ByVal strData As String)
    Dim strID As String = lblID.Text

    If strData.Substring(0, 1) = "!" Then
        lblID.ForeColor = Color.Red
        timer_Test.Enabled = False
        MessageBox.Show("模块有效地址为: " & strID & ".", Me.Text, _
                MessageBoxButtons.OK, MessageBoxIcon.Information)
    End If
End Sub
```

如果收到的数据不符合"回车符作为结尾码"的条件，将在代理函数 ProcessCOM 中启动 timer_Port 定时器，时间到将执行如下代码，即关闭定时器，开始处理数据。

```
timer_Port.Enabled = False
PreparePackage()
```

18.2.4 软件测试

同样以 I-7065D 模块为例，由于已经投入运行，因而，不方便设置 INIT 模式。地址查询软件和模块的波特率和校验码保持一致，【打开】串口，点击【开始】按钮，粗体地址为黑色，不断递增，直至"A1"时收到正确响应，字体转换为红色，同时通过消息框显示"模块有效地址为：A1"，整个过程历时 40 秒，运行效果如图 18.4 所示。

图 18.4　地址查找软件运行效果

18.3　M-7065D 测试软件

计算机监控系统中采用的模块必须经过测试。M-7065D 有 4 路开关量输入，需要逐个查看传感器，检测信号值是否能够获取；5 路输出开关需要逐个闭合打开，检查是否可靠。M-7065D 测试软件完成这一工作，假设 M-7065D 已经设置了 9600 的波特率，采用 Modbus RTU 协议，即 CRC 校验，没有结尾码。

18.3.1　主窗体设计

新建窗体应用程序项目 M7065D_Test，窗体设计如图 18.5 所示，5 个输出指示灯用"红黄红黄绿"标示，4 个输入信号全部用红灯标示，灯亮标示开关闭合或者有信号。通过项目资源设计器添加指示灯图片和触发器音频。模块开关的触发器闭合或打开都有声音，因而，本软件也要播放对应音频。

图 18.5　M-7065D 测试软件窗体设计

发送和接收的数据都通过文本框显示，查询模块状态的间隔和数据接收间隔可以由用户进行设置。采用两个定时器，其名称和作用跟模块地址查找软件基本相似。【绿灯闪烁】按钮让第 5 个输出开关交替闭合和断开，对应测试软件的绿灯也闪烁；【逐点测试】逐个闭合输出开关，最后统一断开；【模块测试】按照设定的查询间隔查询模块的状态，使得输出跟随输入，例如，如果第 2 个传感器有信号，则第 2 个输出开关闭合，反之亦然。

18.3.2　Main 模块分析

一般用 Main 模块定义程序专用的类型、变量与常用代码。程序构思的时候，只要思路正确，细节可以逐步落实。枚举类型 TestStatus 表示对模块的测试状态。在模块测试阶段(SingleModule)，输出跟随输入，当主控程序控制输出后，不能立即更改开关状态，需要查询模块状态到底变化没有？即只有查询到模块状态变化后，才能更改主控程序指示灯的状态。SingleModule 阶段，根据输入控制完输出后，需要立即查询模块状态，发送完查询指令后，即进入 SingleReturn 阶段，即等待查询数据返回。

```
Public Enum TestStatus
```

```
        Point = 1              '逐点测试，测试模块的每个输出
        SingleModule = 2       '模块测试，输出跟随输入
        SingleReturn = 3       '模块测试，控制输出后返回数据状态
        Flash = 4              '使最后一个绿灯闪烁
    End Enum
    Public nTestStatus As TestStatus
```

以下变量声明中，strReceivedAllHexChars 存放收到的转换为十六进制字符串的数据，strCommand 是十六进制字符串形式的当前发送的命令。

```
    Public strID As String                '模块地址，十六进制字符串
    Public strPortName As String          '串口名称
    Public nReadInterval As Integer       '查询模块的时间间隔
    Public nReadDelay As Integer          '读取数据的延迟
    Public bStart As Boolean = False
    Public strReceivedAllHexChars As String
    Public strCommand As String           '当前发送的命令
    Public strPureData As String          '去除校验码和结尾码的数据
```

bInputStatus 存放输入状态，有信号为 1，对应模块的输入指示灯亮；bOutputStatus 存放输出状态，开关闭合为 1，对应模块的输出指示灯亮。nFlashTimes 对绿灯闪烁的次数进行计数。nPoint 对应输出点，逐点测试的时候使用该变量。

```
    Public bInputStatus As Byte           '输入状态，有信号为 1(灯亮)
    Public bOutputStatus As Byte          '输出状态，闭合为 1(灯亮)
    Public nFlashTimes As Integer         '闪烁次数
    Public nPoint As Integer              '模块对应输入的输出点，从 0-3
```

5 个输出指示灯与 4 个输入指示灯通过 PictureBox 控件来展示，这里需要用到 7.6.2 节介绍的控件数组技术，这样可以通过循环检测模块的状态和更新指示灯图片。

```
    Public img_out(4) As PictureBox       '每个模块 0-4 个输出
    Public img_in(3) As PictureBox        '每个模块 0-3 个输入
```

发送和处理数据是监控软件里最常用的代码，为了方便调用，设计 Send_DIO_Data 函数用来发送数据，该函数只需要一个待发送数据的参数，因为 SerialPort 组件对象、模块的校验方式(CRC)、结尾码(无)和显示方式(字符)都是已知的，这些参数可以隐藏。同理，PickPure_DIO_Package 函数以收到的数据为参数，对数据进行处理，如果数据正确，就返回删除校验码以后的数据，这里也隐藏了其他固定的参数。

```
Public Function Send_DIO_Data(ByVal strData As String) As String
    '按此格式发送数据
    Return SendData(frmMain.comPort, strData, CheckMode.Chk_CRC, _
            EndMark.Add_None, DisplayMode.HexMode)
End Function


Public Function PickPure_DIO_Package(ByVal strData As String) As String
```

288

```
'按此格式获取有效数据
Return PickPurePackage(strData, CheckMode.Chk_CRC, EndMark.Add_None, _

                    DisplayMode.HexMode)
End Function
```

18.3.3 功能代码

功能代码包括绿灯闪烁、逐点测试和模块测试三个部分，由于代码基本相似，这里仅以绿灯闪烁为例进行说明。首先添加.NET 串行通信解决方案中的 4 个软件模块。【绿灯闪烁】的代码如下所示。状态转移是软件编程中的常用方法，可以用于在相同的子程序中处理复杂的不同事务，这主要通过在工作准备时标志状态种类，这里为 TestStatus.Flash，然后在处理子程序中根据状态种类进行处理。闪烁间隔时间为 500ms，主要工作通过 timer_Test 定时器完成。

```
Private Sub btFlash_Click(sender As System.Object, e As System.EventArgs) _

                    Handles btFlash.Click
    nTestStatus = TestStatus.Flash
    nFlashTimes = 0
    timer_Test.Interval = 500  '闪烁时间间隔
    timer_Test.Enabled = True
End Sub
```

timer_Test 根据 nTestStatus 的当前状态处理各项事务。基本定义如下所示，strRet 中存放发送字节对应的十六进制字符串，bOutControl 存放输出控制字节。假如串口处于关闭状态，则关闭定时器直接返回。

```
Dim strRet As String
Dim bOutControl As Byte

If comPort.IsOpen = False Then
    timer_Test.Enabled = False
    Return
End If
```

timer_Test 中对应 TestStatus.Flash 的代码如下所示。注释显示输出控制协议，strCommand 中存放十六进制字符串形式的命令，最后一个输出控制字节根据情况选择。如果 nFlashTimes 为单数(即模 2 结果为 1)，则通过 SetByteBit 函数给全局输出控制字节 bOutputStatus 的第 4 位置位，结果存放到 bOutControl 中，然后转换为十六进制字符串，添加到 strCommand 的末尾，通过 Send_DIO_Data 函数转换为字节数组并添加 CRC 校验码发送出去，发送的数据两两分隔后放到发送文本框中显示，接收文本框清空。

```
'AA 0F 0000 0005 01 xx
nFlashTimes += 1
```

```
strCommand = strID & "0F 0000 0005 01"


If nFlashTimes Mod 2 Then
    bOutControl = SetByteBit(bOutputStatus, 4)
    strCommand &= ByteToTwoHexChars(bOutControl)
    strRet = Send_DIO_Data(strCommand)
    txtSend.Text = InsertCharsToString(strRet, " ", 2)
    txtReceive.Clear()
Else
    bOutControl = ResetByteBit(bOutputStatus, 4)
    strCommand &= ByteToTwoHexChars(bOutControl)
    strRet = Send_DIO_Data(strCommand)
    txtSend.Text = InsertCharsToString(strRet, " ", 2)
    txtReceive.Clear()
    If nFlashTimes = 12 Then timer_Test.Enabled = False
End If
```

18.3.4　数据的快速接收与处理

跟模块地址查找软件一样，在数据到达事件所调用的代理函数 ProcessCOM 中也采用数据的快速接收技术，但这里通过所接收的数据 CRC 校验是否正确作为判断依据，如果正确，则说明数据接收完成；如果错误，说明数据尚未完成，继续等待下一批数据。数据接收完成，同样是在 PreparePackage 函数中调用数据处理函数 ProcessData。

ProcessData 函数的输入参数 strData 就是收到字节的十六进制字符串。strRet 是发送数据后所返回的十六进制字符串，bStatus 存放从模块中读取的当前输入开关状态，收到的数据两两分隔后放到接收文本框 txtReceive 中显示，PickPure_DIO_Package 检查并删除校验码，如果数据错误返回空字符串，则直接返回。

```
Dim strRet As String
Dim bStatus As Byte


txtReceive.Text = InsertCharsToString(strData, " ", 2)
strPureData = PickPure_DIO_Package(strData)
If strPureData = "" Then Return
```

跟 timer_Test 定时器一样，ProcessData 函数也处理众多事务，根据 nTestStatus 进行分类，绿灯闪烁状态(TestStatus.Flash)的代码如下所示。第一个条件语句检查在 timer_Test 中控制了最后一个绿灯后，正确返回"收到控制命令"，但是，绿灯状况如何？需要再次发送查询输出状态命令进行查询。第二次数据到达时进入第二个条件语句，通过 GetStatusByte 函数将输出状态转换成字节存入 bOutputStatus 变量中，最后调用 DisplayOutput 函数对输出状态利用指示灯的形式进行显示。

```
If strPureData = strID & "0F00000005" Then
```

```
    '查询确认最后一个灯是否点亮
    Send_DIO_Data(strID & "01 0000 0005")
End If


If strPureData.Substring(0, 6) = strID & "0101" Then
    '这里不处理输入,返回: AA 01 01 DD
    bOutputStatus = GetStatusByte(strPureData)      '处理查询后的返回结果
    DisplayOutput(bOutputStatus)
End If
```

18.3.5 软件测试

对 M-7065D 模块的测试效果如图 18.6 所示。绿灯闪烁、逐点测试都符合功能要求，图中为模块测试功能，输出跟随输入。

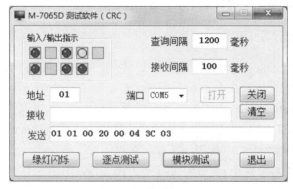

图 18.6　M-7065D 测试软件运行效果

18.4　I-7065D 监控软件

I-7065D 与 M-7065D 的外部功能完全一致，但前者采用基于字符的 DCON 协议。本节介绍 I-7065D 监控软件，采用手动与自动两种模式进行监控：手动模式下，可以手动控制任一输出开关；自动模式下，采用输出跟随输入的模式，即输入有信号，则输出闭合；反之亦然。I-7065D 实物模块在有输入信号的时候，指示灯灭；无输入信号的时候，指示灯亮。在监控软件主界面，为了方便用户操作和理解，进行反相处理，即有输入信号的时候令输入指示灯亮。

18.4.1　主窗体设计

新建窗体应用程序项目 I7065D_Manual，窗体设计如图 18.7 所示，5 个输出指示灯用"红黄红黄绿"标示，4 个输入信号全部用绿灯标示，灯亮表示开关闭合或者有信号，指示灯图片通过项目资源设计器添加。是否添加累加和校验码，通过复选框 CheckSum 实现可选。

自动模式采用输出跟随输入，自动查询，此时不能使用手动按钮控制输出；手动模式的自动查询可选，当不勾选自动查询时，模块状态变化不会反映到软件主界面状态的

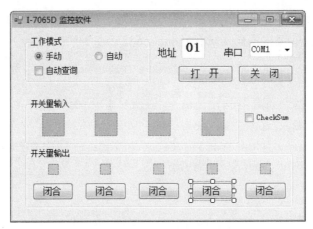

图 18.7　I-7065D 监控软件窗体设计

变化。当输出开关闭合时(灯亮),命令按钮的标题显示为【断开】;当输出开关断开时(灯灭),命令按钮的标题显示为【闭合】。

18.4.2　关键代码分析

输出控制按钮的 Name 从 btOUT0 至 btOUT4 顺序编号,通过 Handles 添加其他事件,即可共用一个事件处理程序。如何区分是哪一个按钮产生的事件呢?首先通过 DirectCast 函数将 sender 转换为 Button 对象 btOUT_General,然后就可以通过其名字确定哪一个按钮。这里使用单输出控制协议"#AA1cDD",模块地址已知,通过按钮 Name 可以确定输出开关序号 c,如果按钮标题是"闭合",即表示可以发送"闭合"命令,最后的 DD 为"01",否则为"00"。最后完成的协议存于 strCommand 中,通过 SendTo7065D 函数发送。

```
Private Sub btOUT0_Click(sender As System.Object, e As System.EventArgs)
Handles _
    btOUT0.Click, btOUT1.Click, btOUT2.Click, btOUT3.Click, btOUT4.Click
  Dim strNum As String
  Dim btOUT_General As Button = DirectCast(sender, Button)

  strCommand = "#" & t::tID.Text & "1"
  strNum = btOUT_General.Name.Substring(5, 1)
  strCommand &= strNum

  If btOUT_General.Text = "闭合" Then
      strCommand &= "01"
  Else
      strCommand &= "00"
  End If
  SendTo7065D(strCommand)
End Sub
```

在发送控制命令的同时，也有可能遭遇查询命令返回的数据，因而，在 SendTo7065D 中应检查是否允许自动查询(chkAutoInquire 的 Checked 状态为 True)，如果处于自动查询状态，则应暂停查询，延迟一段时间，让刚发送的查询命令的返回数据接收完毕。然后才能发送单输出控制协议，并等待一段时间，确保接收到返回数据。最后恢复查询定时器 timer_Inquire 的状态。

```
Private Sub SendTo7065D(ByVal strData As String)
    If chkAutoInquire.Checked And (strData.Substring(0, 1) <> "$") Then
        '自动查询，同时还要发送控制命令，此时需要暂停查询，
        '以避免与发送命令冲突
        timer_Inquire.Enabled = False
        DelayMS(nInquireDelay + 10) '延迟查询间隔稍长最可靠
        'DisplayDebugInfo("Button", strCommand)
    Else
        'DisplayDebugInfo("查询", strCommand)
    End If

    SendData(comPort, strData, nCheckMode, nEndMark, DisplayMode.CharMode)
    DelayMS(nReceiveDelay + 10) '确保数据接收不受任何干扰
    timer_Inquire.Enabled = chkAutoInquire.Checked
End Sub
```

I-7065D 通过"$AA6"命令一次查询所有 I/O 状态，输入状态显示通过 DisplayInSignals 函数进行，输出状态采用 DisplayOutSignals 函数。以后者为例，通过循环对输出状态字节 bOut_Status 进行位测试，如果该位为 1(闭合)，则对于第 0 和 2 个指示灯显示红色，第 1 和 3 个指示灯显示黄色，第 4 个指示灯显示绿色，对应按钮的标题显示为"断开"。如果对应位为 0，则图片采用背景色，按钮标题显示为"闭合"。

```
Private Sub DisplayOutSignals()
    For I As Integer = 0 To 4
        If CheckByteBit(bOut_Status, I) Then
            If I = 0 OrElse I = 2 Then imgOut(I).Image = My.Resources.Red_Little
            If I = 1 OrElse I = 3 Then imgOut(I).Image = My.Resources.Yellow_Little
            If I = 4 Then imgOut(I).Image = My.Resources.Green_Little
            btOut(I).Text = "断开"
        Else
            imgOut(I).Image = My.Resources.Back_Little
            btOut(I).Text = "闭合"
        End If
    Next
End Sub
```

18.4.3 软件测试

I-7065D 监控软件的测试效果如图 18.8 所示，将模块设置成 9600 波特率的默认参数，带累加和校验。手动模式中，可以通过命令按钮控制输出，但是如果不勾选【自动查询】，

则模块状态不能被捕获和显示；在自动模式，输出自动跟随输入，所有状态都能在指示灯和命令按钮标题上得到显示。如果清除【CheckSum】复选框，则通信无法进行，因为双方必须采用相同的串口参数和协议参数，否则对方不会响应。

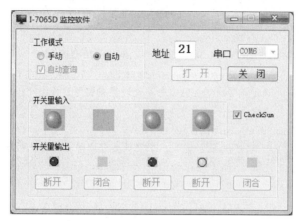

图 18.8　I-7065D 监控软件运行效果

18.5　I-7013D 温度检测软件

M-7065D 和 I-7065D 在一个端口上执行两种操作，即状态查询和输出控制，容易引起通信冲突。相比之下，I-7013D 比较简单，设置好接口参数和协议参数后，只要通过"#AA"命令查询模块温度即可。

18.5.1　主界面设计

新建窗体应用程序项目 7013D_Master，模块地址、端口、波特率与校验码都可由用户选择。温度上升时，字体颜色为红色；温度下降时，字体颜色为蓝色。【开始】按钮打开定时器 timer_Test，在该定时器的事件中发送查询命令。【停止】按钮禁止 timer_Test 触发事件。I-7013D 温度检测软件的窗体设计如图 18.9 所示。

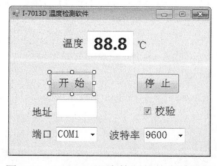

图 18.9　I-7013D 温度检测软件窗体设计

18.5.2　关键代码分析

【开始】按钮的主要工作是检查用户输入的模块地址是否规范，打开串口，调用

SetOpenStatus 更改串口打开以后的界面状态，最后使 timer_Test 定时器开始计时。timer_Test 的间隔时间 Interval 设置为 500ms，其源代码如下所示，只需两条语句，即生成协议，发送协议，其中校验模式 nCheckMode 变量的修改通过"校验"复选框 chkAdd 进行，添加回车符结尾码和字符模式显示都是固定的。

```
Dim strData As String = "#" & txtID.Text
SendData(comPort, strData, nCheckMode, EndMark.Add_CR, DisplayMode.CharMode)
```

18.2.3 节详细展示的了数据的快速接收与处理技术，这里只介绍有所区别的关于 I-7013D 模块的数据处理，其源代码如下所示。如果通过 PickPurePackage 函数检查数据正确并提取出有效数据，只要根据协议特性，采用子字符串操作跳过前导字符">"，然后进行解析即可得到有效温度。如果当前温度 dNow 大于上一个温度值 dOld，则字体颜色采用红色，否则采用蓝色。最后保留一位小数显示温度，将 dNow 的值赋给 dOld，准备下一次数据处理。

```
Private Sub ProcessData(ByVal strData As String)
    Dim dNow As Decimal

    strData = PickPurePackage(strData, nCheckMode, EndMark.Add_CR, _
                    DisplayMode.CharMode)
    If strData.Length = 0 Then Return

    dNow = Decimal.Parse(strData.Substring(1))
    If dNow > dOld Then txtTemperature.ForeColor = Color.Red
    If dNow < dOld Then txtTemperature.ForeColor = Color.Blue
    txtTemperature.Text = dNow.ToString("F1")
    dOld = dNow
End Sub
```

18.5.3　软件测试

设置好模块和主控软件的接口参数和通信参数，使 I-7013D 工作于手动状态。点击 I-7013D 温度检测软件的【开始】按钮，用手接触 I-7013D 的温度传感器，温度不断上升，温度字体颜色为红色；手离开温度传感器，温度字体颜色变为蓝色，其运行效果如图 18.10 所示。

图 18.10　I-7013D 温度检测软件运行效果

18.5.4 支持 TCP 协议的温度检测软件

I-7013D 只支持 RS-485 接口，为了对远程温度进行监控，需要利用 2.7 节介绍的 "RS-232/RJ-45 接口转换软件(COM_TCP)"，检测软件的主界面(参见图 18.11 的运行效果)需要设置 IP 地址和端口地址。【开始】按钮通过 ConnectRemoteHost 函数完成与 COM_TCP 的连接。在 TCP_Client 对象的事件处理代理函数 ProcessTCP_Event 中，TCP 连接成功，则调用 SetConnectedStatus 设置连接成功状态(其中打开查询定时器 timer_Test 启动查询)；如果为非连接状态，则调用 SetCloseStatus 设置关闭状态，关闭查询定时器 timer_Test。另外，如果 TCP 事件中发生错误，则调用 ConnectRemoteHost 函数自动复位。

```
Public Sub ProcessTCP_Event()
    If oClient.Status = TCP_Client.tcpStatus.Connected Then
        Call SetConnectedStatus()
    Else
        Call SetCloseStatus()
    End If

    Dim strStatus As String = oClient.Status.ToString
    If strStatus.Contains("Error") Then
        txtIP.Enabled = False
        txtPort.Enabled = False
        txtID.Enabled = False
        chkAdd.Enabled = False

        Call ConnectRemoteHost()
    End If
End Sub
```

支持 TCP 协议的 I-7013D 温度检测软件的运行效果如图 18.11 所示。关闭 COM_TCP 中的连接，"检测软件"发送数据时发生错误，不断调用 ConnectRemoteHost 函数尝试自动复位。重新在 COM_TCP 中启动侦听，连接正常，温度检测软件正常检测并显示温度。在工程实践中，图 1.2 的嵌入式模块在断电后启动或发生故障后重启，都会自动侦听设置的端口，因而，作为主控程序也应能够在发生错误后自动连接远程服务器的端口。

图 18.11　支持 TCP 的 I-7013D 温度检测软件运行效果

18.6　本章小结

　　本章首先设计了模块工作参数设置软件和地址查找软件，可以方便工作部署和加快研发过程。通过 M-7065D 测试软件介绍了基于字节的通信协议处理方法，其他模块采用基于字符的处理方法。为了提高系统的灵敏度又不失可靠性，根据协议特点，采用了不同的数据快速接收与处理方法。I-7013D 主控软件只有数据查询功能，而 M-7065D 和 I-7065D 在一个端口同时进行状态查询和输出控制，容易引起通信冲突，采用等待查询完成再进行输出控制的方法有效避免了通信冲突。另外，借助 COM_TCP 接口转换工具，研发了支持 TCP 协议的 I-7013D 温度检测软件，对于发生的通信错误，能够自动恢复，使得系统运行可靠。下一章介绍受控机软件的 C 语言解决方案。

教　学　提　示

　　熟练操作主控软件完成对仿真模块的监控，这项工作可以在授课开始时让学生尝试，也可以在新生入学时向新生展示，为他们树立学习目标，提高学习兴趣。在操作过程中，要逐步理解其中的工作过程，然后模仿各主控软件自行研发，并对主控软件做出改进。

思 考 与 练 习

1. 模块工作参数设置软件有哪些用途，如何使用？
2. 为什么要设计模块地址查找软件，其基本原理和工作过程是什么？
3. 模块地址查找软件的数据处理流程是如何进行的？
4. M-7065D 与 I-7065D 模块的主控软件中的数据快速接收技术有何不同，分别利
5. 用了协议的什么特征？
6. 如何有效避免一个端口同时进行状态查询和输出控制所引起的通信冲突？
7. 对于 TCP 客户机模式的主控软件，在通信错误发生后如何实现与远程服务器的自动重连？

第 19 章　受控机软件的 C 语言解决方案

C 语言在嵌入式模块中的应用较为广泛，也可以用于单片机编程。因而，受控机程序采用 C 语言实现的案例较多。受控机软件与主控机软件都有相似的逻辑，所涉及的技术问题也基本相似。本章介绍利用 C 语言实现数据编码与处理技术、数据包的校验技术以及串行接口操作技术和其他必要的辅助函数，通过这些函数可以快速开发受控机系统软件。

19.1　数据编码与处理技术

DCON 采用普通字符串来描述通信协议，但是，其中的模块地址和校验码又是十六进制字符串；Modbus RTU 协议全部采用字节数组来描述通信协议，TCP/IP 协议也采用字节数据的形式传输数据。数据编码与处理技术主要解决十六进制字符串与字节(数组)之间的相互转换、字节的位操作技术和字节数组的显示等。软件包名称为 BytePrc.h，需要包含头文件"stdio.h"和"string.h"。

19.1.1　字符串转换为字节(数组)

scanf 函数从键盘实现数据输入，sscanf 函数从字符串实现数据输入，这样，就可以利用 sscanf 函数将字符转换为整数。sscanf 函数的第一个参数是字符串指针，第二个参数是格式化字符串，第三个参数是存放返回值变量的指针。HexCharToNum 函数将"0"至"F"的字符转换为对应的 0～15 的整数，调用 sscanf 函数，格式化字符串"1X"指定输入字符的宽度为 1 个十六进制字符(大小写均可)。

```
int HexCharToNum(char cVal)
{
    int nRet;
    sscanf(&cVal, "%1X", &nRet);
    return nRet;
}
```

同理，TwoHexCharsToByte 函数接收两个十六进制字符，返回一个字节。

```
unsigned char TwoHexCharsToByte(char *cBuffer)
{
    unsigned int nRet;
    int nLength = strlen(cBuffer);
    if (nLength < 2) return 0;
```

```
sscanf(cBuffer, "%2X", &nRet);
return (unsigned char)nRet;
}
```

HexCharsToBytes 将十六进制字符串转换为一个字节数组，主要调用 TwoHexCharsToByte 函数，将每两个十六进制字符转换为 1 个字节。字节数组通过传地址返回，字节数通过 return 语句返回。

```
int HexCharsToBytes(char *cBuffer, unsigned char *bBuffer)
{
    int i;
    char *p = cBuffer;
    int nLength = strlen(cBuffer);

    if ((nLength%2 == 1 ) || (nLength == 0)) return 0;

    for(i=0; i<nLength/2; i++)
    {
        bBuffer[i] = TwoHexCharsToByte(p);
        p++;
        p++;
    }

    return i;
}
```

19.1.2 字节(数组)转换为字符串

printf 函数将数据输出到屏幕，sprintf 与 printf 具有相似的格式，但 sprintf 将数据输出到字符串中。NumToHexChar 函数将输入整数的最低 4 位转换为一个十六进制字符，因而，需要屏蔽掉不需要的高位。转换成的结果存放在 cVal 数组中，第 0 个是我们需要的字符，第 1 个是字符串的标志 "\0"。

```
char NumToHexChar(int n)
{
    char cVal[2];
    unsigned char uByte = (unsigned char)(n & 0xf);
    sprintf((char *)cVal, "%1X", uByte);
    return cVal[0];
}
```

同理，ByteToTwoHexChars 将一个字节转换为对应的十六进制字符串。在 DCON 协议中，需要调用此函数将字节形式的累加和校验码转换为两个十六进制字符。

```
void ByteToTwoHexChars(unsigned char uByte, char *cBuffer)
```

```
    {
        sprintf(cBuffer, "%.2X", uByte);
        return;
    }
```

BytesToHexChars 函数将字节数组转换为十六进制字符串，直接调用 sprintf 函数，每一个字节转换为两个十六进制字符。

```
    void BytesToHexChars(unsigned char* bBuffer, int nLength, char *cBuffer)
    {
        int i;
        char *p=cBuffer;

        for(i=0; i<nLength; i++)
        {
            sprintf(p, "%.2X", bBuffer[i]);
            p++;
            p++;
        }

        return;
    }
```

19.1.3 字节的位操作技术

CheckByteBit 函数测试字节中的某一位是否为 1，第一个参数 uByte 是需要测试的字节，第二个参数 nBit 表示第几位。将 bTmp 的 nBit 位置 1，然后，uByte 和 bTmp 相与，如果结果不等于 0，则返回 1，表示 nBit 位为 1；否则，返回 0，表示 nBit 位为 0。

```
    int CheckByteBit (unsigned char uByte, int nBit)
    {
        unsigned char bTmp, bResult;

        if ((nBit > 7) || (nBit < 0)) return 0;
        bTmp = 1;
        bTmp <<=  nBit;
        bResult = uByte & bTmp;

        if (bResult != 0)
                return 1;
            else
            return 0;
    }
```

SetByteBit 函数利用或运算给 uByte 的 nBit 位置位，并返回置位后的字节。

```
unsigned char SetByteBit(unsigned char uByte, int nBit)
{
    unsigned char bTmp;

    if ((nBit > 7) || (nBit < 0)) return uByte;

        bTmp = 1;
        bTmp <<= nBit;
    return (uByte | bTmp);
}
```

ResetByteBit 函数使得 uByte 的 nBit 位复位，并返回复位后的字节。如果一个字节的某位为 0，其他位为 1，那么，这个字节与其他字节相与，即可使得该位复位，且其他位不受影响。ResetByteBit 函数首先通过异或生成这样的一个字节，并保存到 bTmp 中，然后，利用 bTmp 与 uByte 相与，即可得到期望的结果。

```
unsigned char ResetByteBit(unsigned char uByte, int nBit)
{
    unsigned char bTmp;

    if ((nBit > 7) || (nBit < 0)) return uByte;

        bTmp = 1;
        bTmp <<= nBit;
        bTmp ^= 0xff;
    return (uByte & bTmp);
}
```

字节的 8 位二进制数对应于 8 个输入或输出开关的状态，通过 CheckByteBit 函数可以检测输入或输出开关的状态变化情况，利用 SetByteBit 和 ResetByteBit 函数可以控制输出开关闭合或者断开。调用这些函数需要注意 0 与 1 的含义，例如 M-7065D 用 1 表示有输入信号，I-7065D 却用 0 表示有输入信号。因而，SetByteBit 可能让开关闭合，也可能让开关断开，ResetByteBit 也如此，具体采用哪个函数需要查看硬件系统对 0 和 1 的定义。

19.1.4 字节数组的显示

程序是用来处理数据的，为了观察数据，一般需要在屏幕上输出。Display_Bytes 函数用来在屏幕上输出字节数组，采用"%.2X "格式符，即以十六进制大写输出，每个字节占用两个字符位置，两个十六进制字符后添加一个空格，满 8 个字节换一行。第一个参数 bBuffer 是需要显示的字节数组的首地址，第二个参数是字节的长度。函数中采用 i 作为字节数组的索引，nCount 对显示的字节计数，达到 8 就换行并恢复为 0，否则添加空格。

```
void Display_Bytes (unsigned char *bBuffer, int nLength)
{
    int i;
    int nCount=0;

    for (i=0; i<nLength; i++)
    {
        printf("%.2X", bBuffer[i]);
        nCount++;
        if (nCount == 8)
        {
            nCount = 0;
            printf("\n");
        }
        else
        {
            if (i<nLength-1) printf(" ");
        }
    }

    printf("\n");
    return;
}
```

19.2　数据包的校验技术

数据包的校验采用 BlockChk.h 软件包，主要解决校验码与结尾码的处理问题，针对字节数组还是普通字符串，因而需要包含上一节的"BytePrc.h"，还要定义如下枚举类型。

```
enum DisplayMode{CharMode=0, HexMode};
enum CheckMode{Chk_None=0, Chk_Xor, Chk_Add, Chk_CRC, Chk_BCS};
enum EndMark{Add_None=0, Add_CR, Add_CRLF};
```

19.2.1　累加和(Add)校验

累加和校验码计算函数 addValue 有两个参数，第一个参数是一个指向字节数组的指针；第二个参数是字节数组的长度。累加和初值 uWord_Add 取初始值为 0，对字节数组以字节为单位与初始值逐个相加，再与 0xff 相与(仅保留低字节)，最后所得结果即为累加和校验码。

```
unsigned char addValue(unsigned char *bBuffer, int nLength)
{
```

```
    int i;
    unsigned short uWord_Add = 0;

    for (i=0; i<nLength; i++)
        uWord_Add = (uWord_Add + bBuffer[i]) & 0xff;

    return (unsigned char)uWord_Add;
}
```

检验附带累加和校验码的数据包是否正确，只要计算字节数组前面的 nLength -1 个字节的校验码，再与最后一个字节比较，如果相等，则表示数据包校验正确，返回 1；否则，表示数据在传输过程中发生错误，返回 0。CheckAdd 函数实现这一功能。

```
int CheckAdd(unsigned char *bBuffer, int nLength)
{
    unsigned char uByte_Org_Add = bBuffer[nLength - 1];
    nLength--;

    if(uByte_Org_Add == addValue(bBuffer, nLength))
        return 1;
    else
        return 0;
}
```

19.2.2 异或(Xor)校验

异或校验码函数 xorValue 取初始值为 0，对字节数组以字节为单位与初始值相异或，最后所得结果即为异或校验码。

```
unsigned char xorValue(unsigned char *bBuffer, int nLength)
{
    int i;
    unsigned char uByte_Xor = 0;
    for (i=0; i<nLength; i++) uByte_Xor ^= bBuffer[i];
    return uByte_Xor;
}
```

第 13 章提到，异或、循环冗余与累加求补数据包的校验，只需要计算整个数据包(包含尾部的校验码)的校验码，如果结果为 0，即表示数据正确，否则，表示数据在传输过程中发生错误。CheckXor 函数用来校验异或校验码数据包，其源代码如下。

```
int CheckXor(unsigned char *bBuffer, int nLength)
{
    if (0 == xorValue(bBuffer, nLength))
        return 1; /* right */
```

```
        else
            return 0; /* error */
    }
```

19.2.3 循环冗余(CRC)校验

循环冗余校验码的计算通过 crcValue 函数完成，所采用的初始值和多项式与 13.4 节的一致，其源代码如下。crcValue 函数返回双字节的整型数，在发送数据时，需要低字节在前，高字节在后。

```
unsigned short crcValue(unsigned char *bBuffer, int nLength)
{
    int i, j;
    unsigned int udWord_crc = 0xffff;
    unsigned int udWord_Const = 0xa001;

    for(i=0; i<nLength; i++)
    {
        udWord_crc ^= (unsigned int)bBuffer[i];

        for(j=0; j<=7; j++)
        {
            if(1 == (udWord_crc & 1))
            {
                udWord_crc >>= 1;
                udWord_crc ^= udWord_Const;
            }
            else
                udWord_crc >>= 1;
        }
    }
    return (unsigned short)udWord_crc;
}
```

CheckCrc 函数用来校验循环冗余校验码数据包，其源代码如下。

```
int CheckCrc(unsigned char *bBuffer, int nLength)
{
    if(0 == crcValue(bBuffer, nLength))
        return 1;
    else
        return 0;
}
```

19.2.4 累加求补(BCS)校验

由于累加求补是以字为单位进行累加的,因而,字节需要强制转换成字,然后按字累加,最后将累加结果的高位字右移 16 位与低位字相加取反即得结果。addBCSValue 函数实现这一功能,其源代码如下。

```
unsigned short addBCSValue(unsigned char *bBuffer, int nSize)
{
    int i;
    unsigned int udWord_Sum = 0;
    unsigned short *pWord = (unsigned short *)bBuffer;
    for (i=0; i<nSize/2; i++) udWord_Sum += (unsigned int)pWord[i];
    udWord_Sum = (udWord_Sum & 0xffff) + ((udWord_Sum >> 16) & 0xffff);
    return (unsigned short)(~udWord_Sum);
}
```

CheckaddBCS 函数用来校验累加求补校验码数据包,其源代码如下。

```
int CheckaddBCS(unsigned char *bBuffer, int nSize)
{
    if(0 == addBCSValue(bBuffer, nSize))
        return 1;
    else
        return 0;
}
```

19.2.5 校验码的综合生成

为了对校验码进行统一处理,便于数据发送,对于双字节校验码还需要将低字节放在前面,高字节放在后面。GetParity_Bytes 函数完成这一功能,第一个参数 bBuffer_IN 是输入字节数组的指针,第二个参数 bBuffer_OUT 是输出校验码字节数组的指针,第三个参数 nLength 是输入字节数组的长度,第四个参数 nCheckMode 是校验模式。实现方式主要通过 nCheckMode 来确定校验码的种类并完成计算,校验码的计算结果通过指针 bBuffer_OUT 返回主程序,校验码的长度通过函数的 return 语句返回。GetParity_Bytes 函数的源代码如下。

```
int GetParity_Bytes(unsigned char *bBuffer_IN, unsigned char *bBuffer_OUT,
            int nLength, int nCheckMode)
{
    unsigned short uWord_Chk;
    int nLength_Parity;

    switch(nCheckMode)
    {
```

```
            case Chk_None:
                nLength_Parity = 0;
                break;
            case Chk_Xor:
            case Chk_Add:
                if (nCheckMode == Chk_Xor)
                    uWord_Chk = (unsigned short)xorValue(bBuffer_IN, nLength);
                else
                    uWord_Chk = (unsigned short)addValue(bBuffer_IN, nLength);

                uWord_Chk &= 0xff;
                bBuffer_OUT[0] = (unsigned char) uWord_Chk;
                nLength_Parity = 1;
                break;
            case Chk_CRC:
            case Chk_BCS:
                if (nCheckMode == Chk_CRC)
                    uWord_Chk = crcValue(bBuffer_IN, nLength);
                else
                    uWord_Chk = addBCSValue(bBuffer_IN, nLength);

                /* 低字节在前 */
                bBuffer_OUT[0] = (unsigned char)(uWord_Chk & 0xff);
                bBuffer_OUT[1] = (unsigned char)((uWord_Chk>>8) & 0xff);
                nLength_Parity = 2;
        }

        return nLength_Parity;
    }
```

GetParity_Bytes 解决字节数组的校验码综合生成问题，GetParity_String 则解决字符串校验码的综合生成。由于字符串是以"\0"结尾，因而，不需要指定输入字符串的长度，也无需指定输出校验码字符串的长度。GetParity_String 通过 WordToHexChars 函数实现了双字节校验码的低字节在前问题，其详细源代码如下。

```
    void GetParity_String(char *cBuffer, char *cBuffer_Chk, int nCheckMode)
    {
        unsigned short uWord_Chk;
        int nLength = strlen(cBuffer);

        switch(nCheckMode)
```

```
    {
        case Chk_None:
            cBuffer_Chk[0] = 0;
            break;
        case Chk_Xor:
        case Chk_Add:
            if (nCheckMode == Chk_Xor)
                uWord_Chk = (unsigned short)xorValue(
                        (unsigned char *)cBuffer, nLength);
            else
                uWord_Chk = (unsigned short)addValue(
                        (unsigned char *)cBuffer, nLength);
            ByteToTwoHexChars((unsigned char)uWord_Chk, cBuffer_Chk);
            break;
        case Chk_CRC:
        case Chk_BCS:
            if (nCheckMode == Chk_CRC)
                uWord_Chk = crcValue((unsigned char *)cBuffer, nLength);
            else
                uWord_Chk = addBCSValue((unsigned char *)cBuffer, nLength);
            WordToHexChars(uWord_Chk, cBuffer_Chk, 0); /* Low byte first */
    }

    return;
}
```

19.2.6　从字符串中提取字节形式的校验码

位操作直接针对字节形式的数据，十六进制字符串形式的校验码也需要转换成对应的字节，才能方便其后的操作。PickStringParity_Bytes 函数的第一个参数 cBuffer 是以十六进制字符串形式的校验码结尾的字符串，第二个参数 nCheckMode 是校验模式。主要通过 sscanf 函数实现十六进制字符串与字节的转换，但是，对于双字节形式的校验码，还需要通过 SwapWord 函数将高字节置前，然后再返回一个整型结果。PickStringParity_Bytes 函数的源代码如下。

```
unsigned short PickStringParity_Bytes(char *cBuffer, int nCheckMode)
{
    int nLength = strlen(cBuffer);
    unsigned int udWord_Chk; /* unsigned int for sscanf */

    switch(nCheckMode)
```

```
    {
        case Chk_None:
            return -1;  /* Error */
        case Chk_Xor:
        case Chk_Add:
            if (nLength < 3) return -1; /* ERROR */
            sscanf(&cBuffer[nLength-2], "%2X", &udWord_Chk);
            break;
        case Chk_CRC:
        case Chk_BCS:
            if (nLength < 5) return -1; /* ERROR */
            sscanf(&cBuffer[nLength-4], "%4X", &udWord_Chk);
            udWord_Chk = SwapWord((unsigned short)udWord_Chk);
    }

    return (unsigned short)udWord_Chk;
}
```

19.2.7　结尾码的检验

数据包结尾码的检验通过 CheckEndMark 函数进行，第一个参数 bBuffer 是包含结尾码的字节数组指针，第二个参数 nLength 是字节数组的长度，第三个参数 nEndMark 是结尾码的种类。CheckEndMark 函数根据 nEndMark 的类型检查结尾码，如果数据错误则返回 0；如果数据正确，则返回删除结尾码以后的字节数组的"长度"，其源代码如下。

```
int CheckEndMark(unsigned char *bBuffer, int nLength, int nEndMark)
{
    switch(nEndMark)
    {
        case Add_None:
            return nLength;
        case Add_CR:
            if (nLength<1) return 0;    /* 0 for ERROR */
            if(bBuffer[nLength-1] == 0x0d)
                return nLength-1;       /* delete EndMark */
            else
                return 0;
        case Add_CRLF:
            if (nLength<2) return 0;
            if ((bBuffer[nLength-2] == 0x0d) && (bBuffer[nLength-1] == 0x0a))
                return nLength - 2;
```

```
        else
            return 0;
    }
    return 0;
}
```

19.2.8　校验码的综合检验

对于以校验码结尾的字节数组，其正确性通过 CheckHexParity 函数进行，根据给定的字节数组的长度 nLength 和校验码的种类 nCheckMode 分别调用校验码验证函数，对输入数据进行处理，如果数据长度错误则直接返回 0，否则返回验证结果。CheckHexParity 函数的源代码如下。

```
int CheckHexParity(unsigned char *bBuffer, int nLength, int nCheckMode)
{
    switch(nCheckMode)
    {
        case Chk_None:
            return 1;   /* 1 for success */
        case Chk_Xor:
            if (nLength<2) return 0; /* ERROR */
            return CheckXor(bBuffer, nLength);
        case Chk_Add:
            if (nLength<2) return 0; /* ERROR */
            return CheckAdd(bBuffer, nLength);
        case Chk_CRC:
            if (nLength<3) return 0; /* ERROR */
            return CheckCrc(bBuffer, nLength);
        case Chk_BCS:
            if (nLength<3) return 0; /* ERROR */
            return CheckaddBCS(bBuffer, nLength);
    }

    return 0;
}
```

对于以十六进制字符串校验码结尾的数据包，采用 CheckCharParity 函数对数据包统一进行验证。这里需要使用 PickStringParity_Bytes 将数据包末尾的十六进制字符串转换为对应的字节，然后重新计算前面字符串的校验码，两者相等则表示数据校验正确，返回 1；否则表示数据错误，返回 0。

```
int CheckCharParity(char *cBuffer, int nCheckMode)
{
```

```
        unsigned short uWord_Old, uWord_New;
        int nLength = strlen(cBuffer);

        switch(nCheckMode)
        {
            case Chk_None:
                return 1;   /* 1 for success */
            case Chk_Xor:
            case Chk_Add:
                if (nLength<3) return 0; /* ERROR */
                uWord_Old = PickStringParity_Bytes(cBuffer, nCheckMode);
                if (nCheckMode == Chk_Xor)
                    uWord_New = (unsigned short) xorValue(
                            (unsigned char *)cBuffer, nLength-2);
                else
                    uWord_New = (unsigned short) addValue(
                            (unsigned char *)cBuffer, nLength-2);
                break;
            case Chk_CRC:
            case Chk_BCS:
                if (nLength<5) return 0; /* ERROR */
                uWord_Old = PickStringParity_Bytes(cBuffer, nCheckMode);
                if (nCheckMode == Chk_CRC)
                    uWord_New = crcValue((unsigned char *)cBuffer, nLength-4);
                else
                    uWord_New = addBCSValue((unsigned char *)cBuffer, nLength-4);
        }

        if(uWord_New==uWord_Old)
            return 1;
        else
            return 0;
    }
```

19.2.9 数据包的统一检验

对于接收到的数据包，无论是字符串形式还是字节形式，也无论采用何种校验码或结尾码，都可以用 CheckEntirePackage 函数进行统一校验。CheckEntirePackage 首先调用 CheckEndMark 函数检查结尾码是否正确，然后根据显示模式 nDisplayMode 来确定采用 CheckHexParity 或者 CheckCharParity 函数来验证校验码是否正确，其源代码如下。

310

```
int CheckEntirePackage(unsigned char *bBuffer, int nLength, int nCheckMode,
              int nEndMark, int nDisplayMode)
{
    int nLen_Chk; /* length without EndMark */
    if (nDisplayMode == CharMode) nLength = strlen((char*)bBuffer);

    nLen_Chk = CheckEndMark(bBuffer, nLength, nEndMark);
    if (nLen_Chk == 0) return 0; /* ERROR */

    if (nDisplayMode == CharMode)
    {
        bBuffer[nLen_Chk] = 0;
        return CheckCharParity((char *)bBuffer, nCheckMode);
    }
    else
        return CheckHexParity(bBuffer, nLen_Chk, nCheckMode);
}
```

19.3　串行接口操作技术

用 C 语言实现串行通信需要从底层做起，不像.NET 开发工具可以使用 SerialPort 组件。为了方便操作，硬件设备公司都提供基本通信函数包。本节的基本通信函数使用 7188 模块的函数名，在 bioscom 函数(系统头文件 bios.h 中定义)的基础上自行研发而成，并经过工程项目的检验。

19.3.1　基本通信函数

基本通信函数主要实现串口的初始化、字节的发送与接收以及判断端口是否已经收到数据等。为了增加程序的可读性，接口 0～3 号分别用 COM1-COM4 替代，QueueIsNotEmpty 表示端口接收数据队列非空，QueueIsEmpty 表示端口接收数据队列已空，SUCCESS 表示成功，ERROR 表示失败。面向开发人员的基本定义如下。

```
#define COM1      0
#define COM2      1
#define COM3      2
#define COM4      3

#define QueueIsNotEmpty    1
#define QueueIsEmpty       0

#define SUCCESS            0
```

```
#define ERROR       -1
```

初始化串口通过 InstallCom 进行，nPort 是串口号，baud 是波特率，data 是数据位的长度，parity 是校验位(一般采用无校验 0)，stop 是停止位(一般采用 1 位)。返回 SUCCESS 表示初始化串口成功；返回 ERROR 表示初始化串口失败。

```
int InstallCom (int nPort, unsigned long baud, int data, int parity, int
stop)
int nRet = InstallCom(COM1, 9600, 8, 0, 1);    /* 实例 */
```

ToCom 函数向串口 nPort 发送一个字节 data，返回 SUCCESS 表示发送成功；返回 ERROR 表示发送失败。

```
int ToCom (int nPort, unsigned char data)
int nRet = ToCom(COM1, 0x3d);        /* 实例 */
```

IsCom 函数判断指定的串口 nPort 有无数据，返回 QueueIsNotEmpty 表示收到数据；返回 QueueIsEmpty 表示尚未收到数据。在读取串口数据之前，一般先使用 IsCom 函数检查有无数据到达。

```
int IsCom (int nPort)
int nRet = IsCom(COM3) ;          /* 实例 */
```

ReadCom 函数读取指定串口 nPort 的数据，返回读取的 unsigned char 类型的数据。另外，ClearCom 函数调用 ReadCom 函数，对于返回的数据不予处理，这样达到清除端口数据的目的。

```
unsigned char ReadCom (int nPort)
unsigned char bRet = ReadCom (COM2) ;        /* 实例 */
```

以上常量和函数定义在 BIOS_COM.h 头文件中。如果直接使用 7188 模块，则包含头文件 7188.h 即可。即：这两个头文件完成了相同的工作，只需选其一。下文所介绍的函数定义在 Comm.h 头文件中，需要包含 BIOS_COM.h 或者 7188.h 头文件。由于数据的收发涉及数据编码与校验技术，因而，还需要包含 19.1 节和 19.2 节中的头文件。

19.3.2 字节数组和字符串的发送

SendBytes 函数完成数据发送功能，第一个参数是发送数据的串口号 nPort，第二个参数是待发送的字节数组的头指针 bBuffer，第三个参数是字节数组的长度 nLength。SendBytes 函数在一个循环中调用 ToCom 函数将字节数组中的数据逐个发送出去，其源代码如下。

```
void SendBytes(int nPort, unsigned char *bBuffer, int nLength)
{
    int i;
    if (nLength == 0) return;
    for(i=0; i<nLength; i++) ToCom(nPort, bBuffer[i]);
    ClearCom(nPort);
    return;
}
```

SendText 函数发送字符串数据，由于字符串是以"\0"结尾的，因而，不需要指定数据长度，只需逐个发送数据，如果遇到"\0"，则表示终止数据发送。SendText 的源代码如下。

```
void SendText(int nPort, char *cBuffer)
{
    char *p = cBuffer;

    while(*p != 0)
    {
        ToCom(nPort, *p);
        p++;
    }

    ClearCom(nPort);
    return;
}
```

19.3.3 结尾码的发送

无论是字节数组和字符串数据，其结尾码都以相同的字节存放于内存，因而可以共用一个函数 SendEndMark 完成结尾码的发送。bEndData 字节数组中存放结尾码，如果结尾码枚举 nEndMark 不在范围内，则直接返回；否则就调用 SendBytes 函数发送结尾码，这里将 nEndMark 兼用数据长度，Add_None(0)不发送结尾码，Add_CR(1)发送 0x0d，Add_CRLF(2)则发送所有两个字节。SendEndMark 函数的源代码如下。

```
void SendEndMark(int nPort, int nEndMark)
{
    unsigned char bEndData[] = {0x0d, 0x0a}; /* '\r', '\n' */
    if ((nEndMark < Add_None) || (nEndMark > Add_CRLF)) return;
    SendBytes(nPort, bEndData, nEndMark);
    ClearCom(nPort);
    return;
}
```

19.3.4 附加校验码和结尾码的数据发送

对于待发送的字节数组，只要给定字节长度、所采用的校验方式和结尾码，都可以自动在字节数组后面添加校验码和结尾码，从指定串口发送出去。SendBytesPackage 函数实现这一功能，首先调用 GetParity_Bytes 函数获取校验码存入 uBytes_Chk 数组中，将返回的校验码长度存入 nLength_Chk 中。然后依次发送原始字节数组、校验码和结尾码。SendBytesPackage 的源代码如下。

```
void SendBytesPackage(int nPort, unsigned char *bBuffer, int nLength,
```

```
                int nCheckMode, int nEndMark)
    {
        unsigned char uBytes_Chk[2];
        int nLength_Chk;
        nLength_Chk = GetParity_Bytes(bBuffer, uBytes_Chk, nLength, nCheckMode);

        SendBytes(nPort, bBuffer, nLength);
        SendBytes(nPort, uBytes_Chk, nLength_Chk);
        SendEndMark(nPort, nEndMark);
        return;
    }
```

SendTextPackage 函数对字符串数据附加校验码和结尾码并从指定串口发送，存放 cVals_Chk 校验码的字符串数组的最大长度为 5，因为字符串的结尾标志占一个字节。SendTextPackage 函数的源代码如下。

```
void SendTextPackage(int nPort, char *cBuffer, int nCheckMode, int
nEndMark)
    {
        char cVals_Chk[5];   /* cVals_Chk ended with 0 */
        GetParity_String(cBuffer, cVals_Chk, nCheckMode);

        SendText(nPort, cBuffer);
        SendText(nPort, cVals_Chk);
        SendEndMark(nPort, nEndMark);
        return;

    }
```

19.3.5　带延迟的数据接收方法

ReadBytesDelay 函数采用图 2.4 所示的数据接收算法，读取来自 nPort 串口的间隔在 nDelayMs 毫秒内的数据，存于 bBuffer 开头的缓冲区，并返回读取的字节数。变量 iIndex 用作数组的下标，也对收到的字节计数。GetTimeTicks 函数读取以毫秒为单位的当前时间，定义在 Ticks.h 头文件中，7188 模块的支持函数库中也包含该函数。ReadBytesDelay 函数的源代码如下。

```
 int ReadBytesDelay(int nPort, unsigned char *bBuffer, unsigned long
nDelayMs)
    {
        int iIndex=0;    /* iIndex for nLength of bBuffer */
        unsigned long lStartTime = GetTimeTicks();

        while(GetTimeTicks() - lStartTime < nDelayMs)
```

```
    {
        if(IsCom(nPort)==QueueIsNotEmpty)
        {
            bBuffer[iIndex] = ReadCom(nPort);
            iIndex++;

            lStartTime = GetTimeTicks();
        }
    }

    ClearCom(nPort);
    return iIndex;
}
```

读取串口的字符串数据采用 ReadTextDelay 函数，主要调用 ReadBytesDelay 函数读取数据，存入字符串缓冲区 cBuffer 中，需要在末尾补充字符串标志。如果收到的数据长度大于 0，则返回 1，表示接收数据成功；否则返回 0，表示接收数据失败。ReadTextDelay 函数的源代码如下。

```
int ReadTextDelay(int nPort, char *cBuffer, unsigned long nDelayMs)
{
    int nLength = ReadBytesDelay(nPort, (unsigned char *)cBuffer, nDelayMs);
    if (nLength>0)
    {
        cBuffer[nLength] = 0;
        return 1; /* receive successfully */
    }
    else
        return 0;
}
```

19.3.6　带回车符的字符串数据快速接收方法

对于带回车符的字符串数据，如果采用带延迟的数据接收算法，即使收到了回车符也不能及时提交数据。18.2.3 节已经采用.NET 技术实施了数据的快速接收与处理。ReadTextDelay 函数直接调用 ReadBytesDelay 函数读取所有数据，无法在接收到回车符即提交数据。因而，采用 ReadTextDelayWithCR 函数全程进行数据的接收，如果收到回车符，则立即退出；否则采用延迟算法正常接收数据。ReadTextDelayWithCR 函数将收到的字符串保存在 cBuffer 开头的缓冲区中，接收成功则返回 1，错误则返回 0。

```
int ReadTextDelayWithCR(int nPort, char *cBuffer, unsigned long nDelayMS)
{
    int iIndex=0;
```

```
    unsigned long lStartTime = GetTimeTicks();

    while(GetTimeTicks() - lStartTime < nDelayMS)
    {
        if(IsCom(nPort)==QueueIsNotEmpty)
        {
            cBuffer[iIndex] = ReadCom(nPort);
            iIndex++;
          if (cBuffer[iIndex-1]==0x0d) break;
            lStartTime = GetTimeTicks();
        }
    }

    if (iIndex>0)
    {
        cBuffer[iIndex] = 0;
        ClearCom(nPort);
        return 1; /* receive successfully */
    }
    else
        return 0;
}
```

19.4 应用实例

以查询 I-7013D 的温度为例，首先要按照顺序引用所需头文件，如果该程序直接运行在 7188 内部，则用 7188.h 或相关头文件来替代其中的 BIOS_COM.h 和 Ticks.h 头文件。由于串口号的使用频率较高，为了增加可读性，同时也方便调整，需要对 I-7013D 使用的串口号及调试串口号进行宏定义。接收数据的延迟 nDelay 的值通过 TestPort 测试所得，取发送查询命令到收到返回数据所经历的毫秒数。P_Read 为查询模块数据的协议，常用协议都需要定义。cBuffer 为接收到的数据的缓存区，处理后得到温度值 fT。基本定义见如下代码。

```
#include "BIOS_COM.h"
#include "BytePrc.h"
#include "BlockChk.h"
#include "Ticks.h"
#include "COMM.h"

#define Port_7013     COM1
#define Port_Debug  COM2
```

```
#define nDelay 50

char *P_Read = "#22";
char cBuffer[16];
float fT;
```

ProcessData 函数处理接收到的数据，实参 cBuffer 通过传地址传送给形参 cData。ProcessData 调用 CheckEntirePackage 函数检查数据包是否正确，如果错误，则直接返回；如果正确，则进一步调用 GetFloatData 函数得到温度数据。

```
float ProcessData(char *cData)
{
    int nRet;
    float fTemp;
    char *p = cData;
    nRet = CheckEntirePackage((unsigned char *)p, 0, Chk_Add, Add_CR,
CharMode);
    if(0 == nRet) return;
    fTemp = GetFloatData(cData, ">%f", 9);
    return fTemp;
}
```

GetFloatData 在 BytePrc.h 中定义，对于带累加和校验码的数据">+20.00000E9"，使用">%f"格式符，结果会将校验码"E9"当做指数进行转换，因而，为了避免这一情况，需要指定一个结尾码的位置，该位置在校验码之前，并且替换成回车符，这样能够确保数据转换正确。GetFloatData 的源代码如下所示。

```
float GetFloatData(char *cBuffer, char *cFormat, int nEndPoint)
{
    float fRet;
    char p[30];
    strcpy(p, cBuffer);
    if (nEndPoint>0) p[nEndPoint] = '\n';
    sscanf(p, cFormat, &fRet);
    return fRet;
}
```

主程序的代码一般分为两个部分，第一部分为初始化部分，主要对串口、变量等进行初始化，如果所要完成的工作较多，为了增加代码的可读性，可以设置一个子程序 InitSystem，将所有初始化任务放入其中。第二部分为一个死循环，执行常规工作，即重复"发送查询命令→接收数据→处理数据"。对于具体的硬件设备，通常会提供一个定时器，常规工作放在定时器函数中，在指定的间隔时间内进行。

```
void main(void)
{
    int nRet;
    nRet = InstallCom(Port_7013, 9600L, 8, 0, 1);
```

```
        if (ERROR == nRet) return;
        nRet = InstallCom(Port_Debug, 9600L, 8, 0, 1);
        if (ERROR == nRet) return;

        while(1)
        {
            SendTextPackage(Port_7013, P_Read, Chk_Add, Add_CR);
            nRet = ReadTextDelayWithCR(Port_7013, (char*)cBuffer, nDelay);
            SendText(Port_Debug, (char *)cBuffer);   /* debug */
            ProcessData(cBuffer);
        }
        return;
    }
```

本节介绍的实例需要硬件环境才能运行，主要提供理论参考。调试串口系统可以借助 TestPort 工具，从 I-7013D 接收到的数据可以通过调试串口 Port_Debug 转发到 TestPort；同理，发送到 I-7013D 的查询命令也可通过调试串口 Port_Debug 转发到 TestPort.

19.5　本章小结

本章详细介绍了串行通信的 C 语言解决方案，最后给出了一个应用实例。通过这些给定的函数包可以较好地解决串行通信问题，并快速开发计算机监控系统的受控机软件。另外，本章的通用数据处理函数可以直接用于单片机编程，跟硬件相关的基本通信函数(参见 19.3.1 节)只要适当变通，也可用于单片机的串行通信。知识产权[9]的实用新型专利"计算机监控学习机"由于采用了这些技术，数据处理简捷，通信可靠。

教 学 提 示

7188 系统中的 MiniOS 7 适合 Windows XP SP2，本章介绍的 C 语言通信函数的操作系统环境主要采用 Windows XP 系统。数据编码与处理技术及数据包的校验技术的学习，需要逐个调用函数，并使用 printf 函数打印结果。从串口发送附加校验码和结尾码的数据分为三个部分，即原始数据、校验码与结尾码。接收数据的延迟通过 TestPort 测试而得，所收到的数据是否有效，通过调用 CheckEntirePackage 函数一次解决。如果数据有效，则可以利用数据编码技术提取其中的有效数据。以此思路为主线，分析各个常用函数的主要功能及调用技巧。

思考与练习

1. 模仿应用实例，分别定义 DCON 和 ModbusRTU 协议，附加校验码后发送，利用 TestPort 接收，观察效果，并理解函数的基本原理。

2. 用 TestPort 模拟 I-7013D 和 M-7065D 发送响应数据，编写数据接收程序，利用

Display_Bytes 显示收到的字节，利用 CheckEntirePackage 函数检查数据并提取出其中的有效数据。

3. 将数据发送和接收结合起来，模仿应用实例，以自动模式(输出跟随输入)分别对 M-7065D 和 I-7065D 进行监控。

附录 A　计算机监控系统的开发步骤

A.1　需求分析

　　本书以仿真模块为例,完整地介绍了计算机监控系统的主控机软件和受控机软件的主要技术。但是,对于实际的工程项目如何操作? 首先需要弄清楚有多少输入和输出。假设有 4 个开关量输入,1 个模拟量输入(温度),要求开关量有输入信号或者温度超过警戒值时,报警灯亮,因而,需要对应的 5 个输出开关。根据基本功能需求分析,可以选择 I-7065D、I-7013D 和 7188E5-485 模块。系统架构如图 A.1 所示,7188E5-485(下文简称 7188)充当受控机,通过 RS-485 总线与 I-7065D 及 I-7013D 连接;受控机与主控机(工控机或普通 PC 机)之间通过网线相连,受控机中运行的 C 语言程序通过网线从主控机下载。

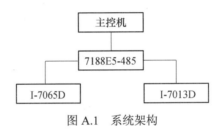

图 A.1　系统架构

　　计算机监控系统一般采用两级以上架构模式,主控机不直接与 I/O 模块连接,而是通过受控机来获取数据或控制输出,因为受控机一般功耗更低,运行更可靠。

A.2　I/O 模块的设置与测试

　　分别查阅 I-7065D(I-7000 and M-7000 DIO User's Manual)与 I-7013D(7013-33-15_english)模块用户手册,了解硬件的基本结构、接线方法与通信协议。接上电源和通信电缆后,使用 18.1 节中的模块工作参数设置软件设置模块的工作参数;使用 TestPort 工具测试通信协议,并获取通信延迟参数。7188 通过设置的 I/O 模块的参数与其通信。

　　查阅 7188 的快速使用指南(7188EX-QuickStart)、硬件手册(7188Ehh)和软件手册(7188Ess),了解硬件结构、接线方法与软件性能。通过交换机或者交叉网线将计算机与7188 连接起来并接通电源。使用"虚拟串口实用程序"用户手册(VxComm_Utility_User_Manual_v1.3)中介绍的方法修改 7188E5-485 模块的工作参数。

　　将计算机的 IP 地址设置为 192.168.255.10,子网掩码为 255.255.0.0,网关为 192.168.0.1,运行 VxComm Utility,如图 A.2 所示。点击【Add Server(s)】即可添加 7188E5 服务器。另外,还可添加虚拟串口,如果 I-7065D 连接在 7188 的 Port 2 口,则通过计算机的虚拟 COM6口即可直接向 I-7065D 发送命令,7188 相当于充当了一个网口到 RS-485 的接口转换器。

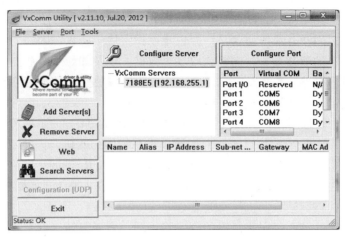

图 A.2　VxComm Utility 主界面

　　在图 A.2 中点击【Web】按钮,显示如图 A.3 所示的网页,可以对 7188 的 IP 地址、子网掩码和网关进行设置,设置完毕后断开 7188 的电源,再接通电源使其重新启动;计算机的相关设置也应作对等调整。虚拟串口的工作参数也可以设置,但一般在 7188 的初始化子程序中对各个串口重新初始化。在 INIT 与 GND 短接的情况下,7188E5 服务器不能工作,因而,无法调出图 A.3 所示的网页。

7188E5 Setup Page

Device Information

Module name :	7188E5
Firmware version :	v3.2.25[06/18/2008]
TCP/IP library version :	1.23
TCP/IP library date :	Aug 25 2010

Network Setting	Current	New
IP Address	192.168.255.1	192.168.255.1
Subnet Mask	255.255.0.0	255.255.0.0
Gateway	192.168.0.1	192.168.0.1

COM Port Setting

COM1:0,0,N,0
COM2:9600,8,N,1
COM3:9600,8,N,1
COM4:9600,8,N,1
COM5:9600,8,N,1

Port	Baud rate	Data bits	Parity	Stop bits
COM1 ∨	115200 ∨	7 ∨	None ∨	1 ∨

图 A.3　7188E5 参数设置网页

A.3　受控机程序的设计与调试

　　深入阅读 7188 的软件手册。7188 中运行的程序为受控机程序,负责数据采集,执行控制命令。如果以自动方式运行,即输出跟随输入,温度超过开机时的室温且达到指定数值,将根据采集到的数据,自行做出决策(控制)。受控机通过网线与主控机连接,受控机以服务器(X Server)方式工作,开放 10000 端口。

用 TestTCP 工具测试 19 号用户命令。有操作 I-7065D 和 I-7013D 的通信协议，但是，主控机与受控机之间没有通信协议，厂家也难以指定通信协议，因为无法预测受控机系统硬件架构，也不知道开发人员需要获取多少数据，以及如何获取数据。因而，在熟知软件手册和开发环境外，在开发之前需要制订主控机与受控机之间的通信协议。在 7188 软硬件资料中提供了中文版的相关资料。

从软件手册中可以看出，开发受控机程序，在 Borland C++ 3.1 环境中进行，而且只需要修改 user.c 中的几个函数：UserInit 函数用于系统的初始化，一般还要添加一个定时器；UserCmd 函数用于处理 19 号用户命令，将数据放入 Response 字符串中时，将自动发送给主控机；UserCount 函数执行定时操作(时钟周期在 UserInit 函数中设定)，主要完成定期查询，根据查询任务，执行相关命令。

受控机程序中的核心代码是数据的收发与处理，为了方便软件开发人员快速开发系统，厂家都提供了丰富的库函数。但是，库函数版本不一致，将无法编译。因而，最简单的办法是寻找合适的例程，这需要经验。7188 的实例在光盘中的如下目录，在此例程的基础之上，即可快速完成受控机程序设计。

\7000_8000\Napdos\7188e\Tcp\Xserver\Demo\BC3225

调试受控机程序时，使用 TestTCP 工具，通过 10000 端口连接到 7188，测试用户自定义协议是否可行。7188 有 4 个 RS-485 接口和 1 个 RS-232 接口，系统只用了其中的两个 RS-485 接口，其他接口都可以用作调试接口。例如，如果怀疑 TestTCP 发送给 7188 的数据，7188 可能没有收到，那么，可以将收到的数据再转发到调试接口，用 TestPort 来接收，观察效果。如果温度数据采集不到，可以将查询命令发送给 I-7013D 以后，再转发到调试接口，通过 TestPort 观察效果。

A.4 受控机程序的下载

将受控机程序下载到 7188 通过 MiniOS7 Utility 进行，其主界面如图 A.4 所示。下载程序前，确保关闭 7188 的电源，然后将 INIT 与 GND 短接，再打开电源。

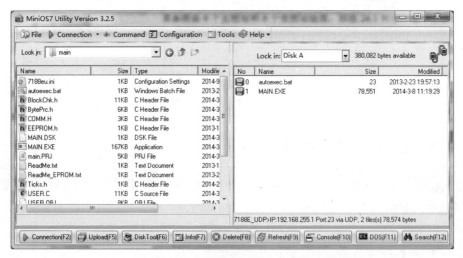

图 A.4 MiniOS7 Utility 主界面

图 A.4 的左侧是本地资源，右侧是 7188 系统中的内容。点击【File】菜单的【Hot List】子菜单项，打开如图 A.5 所示的界面，在这里可以添加修改目录。第一行是本项目的工作目录，点击【Goto】按钮，图 A.4 的左侧将显示工作目录中的内容。

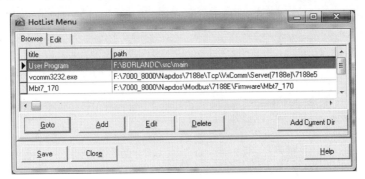

图 A.5　HotList Menu 界面

在图 A.4 的【Connection】菜单中，点击【New Connection】子菜单，出现如图 A.6 所示的 Connection 界面，在连接方式中选择 UDP，设置好 IP 地址和端口号，点击【OK】即可完成连接。连接成功后，在图 A.4 的右上角将显示连接成功图示。

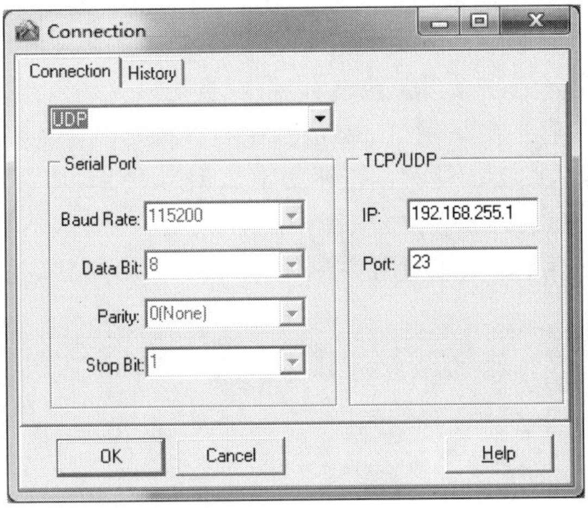

图 A.6　Connection 界面

7188 中的初始程序在如下目录中，可执行程序的运行参数必须和 autoexec.bat 中的一致，否则，7188 不能正常工作。右击图 A.4 右侧文件区域，选择【Erase Disk】菜单项删除原来的内容，然后右击左侧区域中的 autoexec.bat 文件，选择【Upload】下载到 7188，再用同样的方法下载 main.exe 文件。关闭 7188 的电源，断开 INIT 与 GND 之间的连接，重新打开电源，7188 即可正常工作。

```
\7000_8000\Napdos\7188e\Tcp\VxComm\Server(7188e)\7188e5
```

A.5　如何设计和调试主控机程序

在主控机中运行的 TestTCP 工具可以测试与受控机之间的所有通信协议。主控机程序就是将 TestTCP 的测试结果可视化，即将从受控机中读取的数据进行合适的显示，设置主控机的工作参数等。同时，用 TestPort 观察调试端口的数据。图 A.7 是针对嵌入式系统 7188 的主控软件界面。

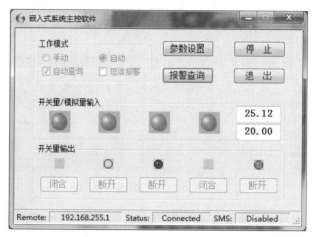

图 A.7　嵌入式系统主控软件界面

图 A.7 所示为自动工作模式。无论是手动还是自动模式，都不能直接通过单选按钮选择。输入受环境传感器影响，输出通过手动或自动进行控制。因为处于自动模式，所以，控制按钮全部禁用。点击【报警查询】，可以查询温度超过指定幅度时的报警温度、时间等信息，该部分内容主要采用 DataGridView 模板实现。点击【停止】按钮，将断开与远程 7188 服务器的连接，同时，按钮文本显示为"启动"；同理点击【启动】将连接 7188 服务器。如果在连接过程中发生错误，主控程序将尝试不断重连，该技术已经在 18.5.4 节做了介绍。点击【参数设置】，将显示图 A.8 所示的参数设置界面。

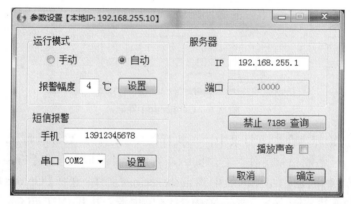

图 A.8　参数设置界面

只有在主控程序跟 7188 服务器建立连接的情况下，图 A.8 中的运行模式才能修改，这里设为自动模式，当前温度大于开机温度 4℃以上时记录报警信息，但是，能否发送报警短信，需要进行短信报警设置。设置短信报警信息时，需要连接发送短信设备，指定手机号码和连接的端口号，然后点击【设置】按钮发送测试命令，如果能收到正确的回复，则图 A.7 中的【短信报警】复选框有效。如果点击【禁止 7188 查询】，则可以通过 10001 端口向 7188 的 COM1 发送数据，通过 10002 端口向 COM2 发送数据……以此类推，这时，7188 充当了一个网口到串口的接口转换器。

A.6　总结与思考

附录中介绍的主控机与受控机软件已经全部实现并在仰恩大学计算机监控系统开发与实战实验室投入运行，经过优化的全部源代码全部列于光盘。光盘中的"泓格科技技术文档"是硬件提供商的技术文档，全部是英文原版；"开发人员技术文档"是作者根据项目需要翻译摘录而成，还包括主控机与受控机之间的自定义通信协议。由于本附录所涉及的技术问题已在正文中做了介绍，这里不再赘述。

没有 7188 模块怎么办？可以充分理解并分析受控机源代码，然后利用.NET 技术模拟 7188 模块的功能，即对两个 I/O 模块进行监控，与主控机通信。主控机与受控机之间的通信协议存于"开发人员技术文档"目录下的数据库中，受控机与主控机的"会话"内容在 UserCmd 函数中通过 19 号命令进行。主控程序 Test7188 发送了什么数据，可以使用第 17 章的通用 TCP 服务器进行观察。完成受控机软件的仿真后，可以自行尝试主控机软件 Test7188 的研发。

参 考 文 献

[1]   马玉春.通用多功能计算机监控系统测试软件[P].中国, 2011SR025314,2011.

[2]   马玉春,李壮.GSM 模块综合测试软件[P].中国, 2011SR068766,2011-9-23.

[3]   马玉春，刘杰民.支持来电显示的 Modem 仿真软件[P].中国,2011SR074855,2011-10-19.

[4]   马玉春,孙冰.模拟量输入与开关量输出模块仿真软件[P].中国,2012SR062411,2012-7-12.

[5]   马玉春.一种模拟量输入与开关量输出模块的仿真方法[P].中国,CN102636997A,2012-8-15.

[6]   马玉春.基于 TCP 服务器的 DI/DO 模块仿真软件[P].中国,2012SR079261,2012-08-27.

[7]   马玉春.基于 TCP 客户机的计算机监控系统测试软件[P].中国,2012SR092178,2012-09-27.

[8]   马玉春.一种支持来电显示的 MODEM 仿真方法[P].中国,CN102821213A,2012-12-12.

[9]   马玉春,黎盛彬. 计算机监控学习机[P].中国,ZL 201220353615.9,2013-03-27.

[10]   马玉春.I-7065D 模块仿真软件[P].中国, 2014SR069070,2014-05-29.